# 非线性滑模重构观测器设计
# 与饱和主动容错控制

李颖晖 刘 聪 徐浩军 著

科学出版社

北京

# 内 容 简 介

非线性滑模观测器设计及饱和容错控制一直是非线性控制领域研究的热点和难点。本书从线性系统滑模观测器出发，根据系统特点和应用需求，提出仿射、不匹配、微弱及多故障非线性系统的滑模重构观测器设计新思路。在此基础上，根据工程应用需求，提出两种饱和主动容错控制设计方法。最后对所提的理论方法进行应用研究，力图理论结合实际，突出工程应用。

本书可作为控制科学与工程、航空航天等专业教研人员或研究生参考图书。

图书在版编目(CIP)数据

非线性滑模重构观测器设计与饱和主动容错控制/李颖晖，刘聪，徐浩军著.—北京：科学出版社，2023.6

ISBN 978-7-03-075684-8

Ⅰ.①非… Ⅱ.①李… ②刘… ③徐… Ⅲ.①非线性器件-观测仪器-设计②非线性器件-观测仪器-容错技术 Ⅳ.①TH73

中国国家版本馆CIP数据核字(2023)第102160号

责任编辑：张海娜 赵微微/责任校对：王 瑞
责任印制：吴兆东/封面设计：蓝正设计

科学出版社 出版
北京东黄城根北街16号
邮政编码：100717
http://www.sciencep.com
北京虎彩文化传播有限公司 印刷
科学出版社发行 各地新华书店经销
*
2023年6月第 一 版 开本：720×1000 B5
2024年1月第二次印刷 印张：12
字数：239 000
定价：98.00元
(如有印装质量问题，我社负责调换)

# 前　言

随着现代控制系统结构的组成越来越复杂，系统的工作环境越发严峻，构成系统的执行器、传感器很容易发生故障，如果不及时排除或者处理这些故障，很可能造成系统性能降低甚至严重后果。例如，2006 年 6 月 3 日，我国一架预警机在安徽境内遭遇结冰，舵面控制失效最终导致机毁人亡。又如，2014 年 10 月 29 日，携带美国"天鹅座"宇宙飞船的"安塔瑞斯"号火箭发动机故障，升空 6s 后便发生了爆炸。总结以上事故原因，受当时软件和硬件技术条件限制，系统在设计之初没有针对故障情形采取有效的应对策略，从而导致了严重后果。随着软件冗余技术的日益发展，通过设计技术方案，可以避免系统故障。本书以典型非线性系统为研究对象，提出非线性滑模故障重构观测器设计方法，并结合实际工程应用需求，研究饱和主动容错控制策略，将非线性滑模重构观测器和饱和主动容错控制理论应用于飞行控制系统和飞行模拟转台伺服系统，为非线性系统主动容错控制设计提供一种新思路。

滑模重构观测器本质上采用滑模控制的不变性，利用等效输出误差注入原理，在一定条件下，通过解算观测器的控制输入切换项，实现故障的在线重构。滑模重构观测器对未知不确定性具有良好的不变性，能得到精确的故障重构结论，因此在非线性系统故障重构领域得到了广泛应用。其得到的准确故障诊断结论，为主动容错控制提供了理论基础和前提。考虑到执行器饱和约束在实际系统中广泛存在，例如，飞机舵面偏角具有一定的幅值和速率限制，机械传动装置仅能提供有限的力和力矩，因此研究饱和控制设计方法，对于解决实际非线性系统的容错控制问题更有意义。如果在主动容错控制器设计过程中忽略饱和特性，很可能造成系统性能下降甚至会引起失稳，为此，本书将饱和容错控制器设计方法作为重点阐述，以期结合滑模重构观测器为实际工程系统的主动容错控制方案提供方法和参考。

Edwards 等最早于 2000 年将滑模观测器应用于线性系统故障重构领域，近年来在非线性系统得到广泛应用，取得了一大批研究成果。考虑到实际系统不可避免地存在未知扰动、未建模动态等不确定性，区分扰动和故障的鲁棒性策略一直是滑模故障重构观测器设计的焦点问题。此外，执行器及传感器同时故障，执行器饱和以及滑模匹配条件不满足等情形在实际控制系统中也时常存在，因而设计实用的滑模故障重构观测器及饱和容错控制策略一直是学者和研究人员关注的重点，作者的研究团队多年来一直密切跟踪国外非线性滑模观测器和饱和容错控制研究成果，同时致力于非线性滑模观测器和饱和容错控制研究。在本书撰写过程中，作者认真查阅国内外非线性滑模观测器及饱和容错控制应用方面的文献，注重结合滑模观测器的基本理论和最近的研究热点，使读者能够系统学习和把握非线性滑模观测器最新的研究动态，力求语言简练通畅、内容扼要实用。

本书主要介绍非线性滑模重构观测器及饱和容错控制设计的相关内容。全书共 8 章，包括四部分，第一部分为第 1 章，主要介绍滑模控制和滑模观测器的基础理论，使读者对滑模观测器有一个全面的认识，同时为后续章节的非线性滑模观测器设计奠定基础。第二部分包括第 2～5 章，主要介绍三类典型的非线性系统滑模重构观测器设计及故障诊断程式，第 2 章主要介绍一类仿射非线性系统鲁棒滑模观测器设计方法，提出将全局微分同胚变换和鲁棒高增益观测器设计方法相结合，得到鲁棒故障诊断程式；第 3 章主要研究一类故障上界未知不匹配非线性系统的滑模故障重构观测器设计程式，引入相对阶向量构造辅助输出，同时设计高增益观测器以实现辅助输出的估计，并在此基础上提出综合自适应律的滑模重构观测器设计方法，并基于线性矩阵不等式技术给出观测器增益矩阵设计程式；第 4 章提出二阶非奇异终端非线性滑模故障重构设计程式，通过引入高阶滑模以减小抖振引起的故障重构误差；第 5 章给出执行器、传感器同时故障非线性系统的两种鲁棒滑模观测器设计程式，一种主要是通过引入 $H_\infty$ 控制给出鲁棒故障重构策略，另一种通过构造增维向量设计广义系统，实现鲁棒重构。第三部分包括第 6、7 章，主要介绍两种执行器饱和情形下非线性系统主动容错控制器设计方法，第 6 章采用凸组合描述综合自适应律提出饱和主动容错控制设计程式，第 7 章结合椭球体吸引域给出了饱和非线性系统多目标主动容错控制器设计方法。第四部分即第 8 章，主要是将全书提出的设计方法应用到飞行模拟转台伺服系统和飞机飞行控制系统，以期理论与实践应用统一。

针对不同非线性系统的特点，本书提出相应的滑模重构观测器设计程式，并给出仿真分析和应用实例，读者可根据需要，选择其中一部分详细阅读，也可全书通读，以了解非线性滑模故障重构观测器和饱和主动容错控制的基本原理和典型应用。

由于作者的学识有限，书中难免存在不足之处，恳请广大专家、读者批评指正。

作 者
2023 年 1 月

# 目　　录

# 第1章 线性滑模故障重构观测器设计方法

采用滑模方法设计状态观测器是非线性控制领域的热点方向。其主要思想是，在观测器中设计关于状态估计误差的滑模控制切换项，得到状态精确估计，以便开展系统控制或故障诊断等[1]。对于线性系统而言，当故障、扰动等未知因素出现时，通过设计有效的控制策略，利用滑模的鲁棒性和不变性，观测器可以得到有效的故障诊断结论。基于滑模观测器实现故障诊断的方法一般有两种思路：一种是当系统发生故障时，观测器的滑模运动被破坏，此时系统产生残差信号进行故障检测，根据相关理论设置阈值，当残差信号超过阈值时，判定系统发生故障；另一种是即使系统发生故障，也能够通过设计滑模控制输入信号使得滑模运动维持在滑模面，并依据等效输出误差注入原理实现故障重构。

基于滑模观测器的故障重构方法采用等效输出误差注入原理，在一定条件下，通过观测器的控制输入切换项，可以实现故障的在线重构。该方法一经 Edwards 等[2]提出便迅速在线性系统及非线性系统中得到广泛应用。当系统存在干扰及噪声等不确定性时，故障重构信号只能当作故障信号的估计值，观测器中的切换控制项仅能维持输出误差的滑模运动，而无法消除不确定项对重构值的影响，因此开展区分故障与干扰的鲁棒故障重构问题研究十分必要。考虑系统的非线性特性会使鲁棒故障重构问题变得更加复杂，一方面，如何设计滑模观测器，使得在非线性特性的影响下，状态估计误差能够快速有界稳定；另一方面，如何确保滑模运动能克服未知的故障及干扰项影响，在有限时间内快速到达并维持在滑模面，从而保证故障重构的精确性。另外，实际系统可能存在观测器匹配条件不满足、一阶滑模抖振易造成故障误判漏判、多故障同时发生及输出干扰影响等情形，因而研究基于滑模观测器的鲁棒故障重构技术成为近年来的难点问题。

本章首先回顾滑模变结构控制基本原理，介绍状态观测器的基本概念，在此基础之上，重点分析两种典型线性滑模故障重构观测器，即 Utkin 滑模观测器及 Walcott-Zak 滑模观测器，此外，对于含不确定项的线性系统，基于线性矩阵不等式（linear matrix inequality，LMI），给出线性滑模故障重构观测器设计方法，为后续介绍非线性系统滑模故障重构观测器设计方法打下理论基础。

## 1.1 滑模变结构控制基本理论

作为一种非线性控制设计方法，变结构控制一经 Emelyanov 提出便迅速得到广泛关注，成为控制科学中的重要分支，被大量应用于工程领域[3,4]。一般而言，变结构控制系统从形式上主要分两种：一种不包含滑动模态；另一种包含滑动模态。常规的变结构控制一般是指包含滑模模态的这一类控制，称为滑模变结构控制。本书的观测器设计和一些容错控制方法主要是基于滑模控制展开的，为此本节将详细介绍滑模的一些理论基础。

### 1.1.1 滑模控制基本原理

对于如下形式的非线性系统：

$$\dot{x} = f(x,t) + b(x,t)u \qquad (1.1)$$

其中，$x \in \mathbf{R}^n$ 为系统的状态向量；$u \in \mathbf{R}^m$ 为系统的控制输入；$f(x,t)$ 和 $b(x,t)$ 为对应维数的向量函数。滑模变结构控制是通过设计控制输入 $u \in \mathbf{R}^m$，确保以下三个条件成立：

(1) 从任意初始位置开始的滑模运动均能到达滑模面 $s = \{x | s(x) = 0\}$ 上；

(2) 在滑模运动到达滑模面后，系统状态向着平衡点运动；

(3) 当滑模运动穿过滑模面时，系统控制输入改变符号，确保滑模运动能够到达滑模面。

#### 1. 滑模面设计方法

通过选取和设计合适的滑模面，可以保证滑模控制良好的控制性能。一般而言，滑模面的设计方法包括最优控制法、几何法、特征结构分配法及 Lyapunov 方程等，出现了线性滑模、终端滑模、积分滑模等多种滑模面设计方法，下面将主要介绍本书用到的几种。

1) 线性滑模

由系统状态的线性组合构成的滑模面称为线性滑模面，表达形式如下所示：

$$s(x) = Cx = \sum_{i=1}^{n-1} c_i x_i + x_n \qquad (1.2)$$

其中，$x = [x_1, x_2, \cdots, x_n]^T \in \mathbf{R}^n$ 为状态向量，且满足 $x_i = x^{(i-1)}, i = 1, 2, \cdots, n$。按照式 (1.2) 可以定义常值对角矩阵 $C = \mathrm{diag}\{c_1, c_2, \cdots, c_{n-1}, 1\} \in \mathbf{R}^n$，则由矩阵 $C$ 元素构成的多项式 $p^{n-1} + c_{n-1}p^{n-2} + \cdots + c_2 p + c_1$ 是赫尔维茨 (Hurwitz) 稳定的，其中 $p$ 为拉普拉斯算子。

按照式 (1.2) 设计滑模面，通过设计矩阵 $C$ 可以决定滑模运动渐近收敛到滑模面及平衡点的速度，但同时可知，采用任何的设计方案，都无法使系统状态在有

限时间内收敛到零[4]，这也是线性滑模难以应用到精度要求较高的非线性系统的
主要原因。

2) 终端滑模

为确保进入滑模运动的系统状态能够及时收敛到平衡点，将分数阶非线性函
数引入滑模面的设计中，产生了终端滑模面。按照文献[4]所述，给出一类终端滑
模面如下所示：

$$s = \dot{x} + \beta x^{p/q} \qquad (1.3)$$

其中，$x \in \mathbf{R}^n$ 为系统的状态向量；$\beta > 0$；$p$ 及 $q$ 均是待设计的正奇数，并有
$1/2 < p/q < 1$。

当系统的滑模运动到达滑模面时，有式 (1.4) 成立：

$$\dot{x} + \beta x^{p/q} = 0 \qquad (1.4)$$

通过求解式 (1.4)，便可得出系统从任何初始位置到达平衡点 $x = 0$ 的时间，如
式 (1.5) 所示：

$$t_s = \frac{q}{\beta(q-p)} |x(0)|^{(q-p)/q} \qquad (1.5)$$

滑模面中非线性项 $\beta x^{p/q}$ 的引入，能够确保系统状态在有限时间内收敛到平
衡点，且离平衡点越近，收敛速度越快，但是在远离平衡点时，收敛速度反而比
线性滑模慢，并且在解算控制输入时存在奇异点，这是终端滑模的一个严重不足，
为此有学者提出了非奇异终端滑模。

3) 非奇异终端滑模

非奇异终端滑模面的表达形式如下所示：

$$s = x + \frac{1}{\beta} \dot{x}^{p/q} \qquad (1.6)$$

其中，$x \in \mathbf{R}^n$ 为系统状态变量；$\beta > 0$；$p$ 和 $q$ 为待设计的正奇数，并有 $1 < p/q < 2$。

令 $s = 0$，解算式 (1.6)，便可得出系统从任何初始位置到达平衡点 $x = 0$ 的时
间，如式 (1.7) 所示：

$$t_s = \frac{p}{\beta^{q/p}(p-q)} |x(0)|^{(p-q)/p} \qquad (1.7)$$

这样，按照式 (1.6) 设计的非奇异终端滑模，既可确保系统状态能及时收敛到

平衡点，又避免了控制输入解算时的奇异点，具有比线性及终端滑模更优越的性能。

2. 滑动模态的到达条件

滑模变结构控制的一个关键问题是，设计合适的控制输入，确保滑模运动能够到达滑模超平面。滑模可达性的充分条件可表示为

$$s(x)\dot{s}(x) < 0 \tag{1.8}$$

若式(1.8)成立，表明任意状态初始点均可向滑模面 $s=0$ 收敛。此外式(1.8)也可写成一种李雅普诺夫函数的形式，如式(1.9)所示：

$$\dot{V}(s(x)) = s(x)\dot{s}(x) < 0, \quad V(s(x)) = \frac{1}{2}s^2(x) \tag{1.9}$$

其中，$V(s(x)) = \frac{1}{2}s^2(x)$ 为选定的李雅普诺夫(Lyapunov)函数。另外式(1.8)只能保证滑模运动渐近收敛到滑模面，即 $t \to \infty$ 时，滑模 $s(x) \to 0$，为确保滑模运动在有限时间内到达滑模面，进一步将滑模的到达条件写为[4]

$$\dot{V}(s(x)) = s(x)\dot{s}(x) < -\eta\|s(x)\| \tag{1.10}$$

其中，$\eta > 0$ 为设计参数，在这一条件下，即可确保系统状态在有限时间 $t \leq \|s(0)\|/\eta$ 内收敛到滑模面 $s=0$。

### 1.1.2 等效控制与滑动模态方程

针对研究的系统(1.1)，假设构造合适的控制输入，使得系统状态能够收敛到滑模面，此时 $s(x) = \dot{s}(x) = 0$，于是有

$$\dot{s} = \frac{\partial s}{\partial t} + \frac{\partial s}{\partial x}[f(x,t) + b(x,t)u] \tag{1.11}$$

从式(1.11)解算求得系统的控制输入 $u$，称为等效控制。进一步，若 $\frac{\partial s}{\partial x}b(x,t)$ 的逆存在，则由式(1.11)求得系统的等效控制量为

$$u_{eq} = -\left[\frac{\partial s}{\partial x}b(x,t)\right]^{-1}\left[\frac{\partial s}{\partial t} + \frac{\partial s}{\partial x}f(x,t)\right] \tag{1.12}$$

将式(1.12)代入式(1.1)，得到滑动模态方程为

$$\dot{x} = \left\{I - b(x,t)\left[\frac{\partial s}{\partial x}b(x,t)\right]^{-1}\frac{\partial s}{\partial x}\right\}f(x,t) - b(x,t)\left[\frac{\partial s}{\partial x}b(x,t)\right]^{-1}\frac{\partial s}{\partial t} \tag{1.13}$$

式 (1.13) 所描述的微分方程，只要满足一定条件，就能使方程有唯一解。另外，一般的滑模控制律可分为两部分，如式 (1.14) 所示：

$$u = u_{eq} + u_{vss} \tag{1.14}$$

其中，$u_{eq}$ 为等效控制量；$u_{vss}$ 为克服不确定性而设计的切换控制量。

### 1.1.3 滑动模态的不变性

采用滑模控制实现的系统状态运动过程可以分为趋近态和滑动态两种。当滑模运动到滑模面后，系统状态不再受外界扰动等不确定项的影响，维持在滑模面并收敛至平衡点，这就是滑模重要的"不变性"，下面将进一步阐述这种不变性需要满足的条件。

考虑系统 (1.1) 受不确定性及外扰影响，于是有以下状态方程：

$$\dot{x} = f(x,t) + \Delta f(x,t,p) + \left[ b(x,t) + \Delta b(x,t,p) \right] u + d(x,t,p) \tag{1.15}$$

其中，$\Delta f(x,t,p)$、$\Delta b(x,t,p)$ 表示不确定性；$d(x,t,p)$ 表示外扰；$p$ 为引起系统变化的不确定参数。设计滑模面为 $s(x)$，于是有

$$\dot{s} = \frac{\partial s}{\partial t} + \frac{\partial s}{\partial x} \left[ (f + \Delta f) + (b + \Delta b)u + d \right] \tag{1.16}$$

假设 $\dfrac{\partial s}{\partial x}(b + \Delta b)$ 的逆存在，则当系统状态收敛到滑模面时，可以得到系统等效控制量的表达式如下所示：

$$u_{eq} = -\left[ \frac{\partial s}{\partial x}(b + \Delta b) \right]^{-1} \left[ \frac{\partial s}{\partial t} + \frac{\partial s}{\partial x}(f + \Delta f + d) \right] \tag{1.17}$$

将式 (1.17) 代入式 (1.15)，有

$$\dot{x} = f + \Delta f + d - (b + \Delta b)\left[ \frac{\partial s}{\partial x}(b + \Delta b) \right]^{-1} \left[ \frac{\partial s}{\partial t} + \frac{\partial s}{\partial x}(f + \Delta f + d) \right] \tag{1.18}$$

当存在 $\tilde{f}$、$\tilde{b}$、$\tilde{d}$，使得

$$\Delta f = b\tilde{f}, \quad \Delta b = b\tilde{b}, \quad d = b\tilde{d} \tag{1.19}$$

成立时，式 (1.19) 称为滑模的匹配条件，此时将式 (1.19) 代入滑模方程可得

$$\dot{x} = \left[ I - b\left( \frac{\partial s}{\partial x}b \right)^{-1} \frac{\partial s}{\partial x} \right] f - b\left( \frac{\partial s}{\partial x}b \right)^{-1} \frac{\partial s}{\partial t} \tag{1.20}$$

　　由式(1.20)可以看出，系统的状态变化不受未知不确定性影响，表明当满足式(1.19)条件时，系统的滑模运动保证了不变性。

　　进一步，滑模的匹配条件(1.19)也可用秩条件表示[4]，即

$$\text{rank}(b, \Delta f) = \text{rank}(b, \Delta b) = \text{rank}(b, d) = \text{rank}(b) \tag{1.21}$$

### 1.1.4　抖振问题

　　滑模控制对系统的参数变化和干扰等有较强的鲁棒性，但要求控制输入的高频切换保持理想特性，实际系统通常达不到这种要求，因此产生了一阶滑模的抖振问题。本书以一个数值仿真算例说明滑模的抖振问题。

　　对于如式(1.22)所示的非线性系统：

$$\begin{cases} \dot{x}_1 = x_2 \\ \dot{x}_2 = 0.05x_1 + 0.1x_2 + u \end{cases} \tag{1.22}$$

设计控制输入函数 $u = -\varphi x_1$（$\varphi = 0.15$ 或 $-0.15$），设在下列直线上改变系统结构：$x_1 = 0, s = cx_1 + x_2 = 0, c = \text{const} > 0$。其中 $c$ 的大小选择要适当，使得 $s = 0$ 位于 $x_1$ 轴和 $\varphi = -a$ 时抛物线的渐近线之间，如果 $\varphi$ 采用如式(1.23)所示的控制结构设计策略：

$$\varphi = \begin{cases} 0.15, & x_1 s > 0 \\ -0.15, & x_1 s < 0 \end{cases} \tag{1.23}$$

此时系统的相轨迹示于图 1.1。

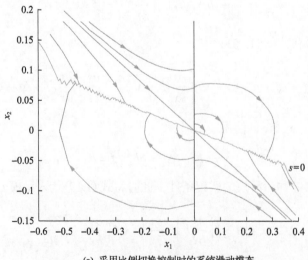

(a) 采用比例切换控制时的系统滑动模态

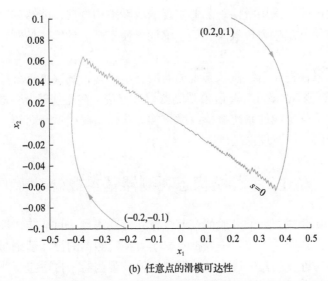

(b) 任意点的滑模可达性

图 1.1 系统的滑动模态及其可达性(切换开关具有时间滞后特性)

从图 1.1 可以看出,系统此时工作在滑动模态状态,$s = s(x)$ 称为系统滑模控制的切换函数,从初始状态 $(-0.6, 0.15)$、$(0.4, -0.1)$、$(0.2, 0.1)$ 和 $(-0.2, -0.1)$ 出发的相轨迹到达由切换函数确定的切换线 $s = 0$ 附近后在两种不稳定的结构中进行高频切换,沿切换线运动到平衡点,切换的频率取决于控制系统的采样频率;同时可以看出,对于这类具有时间滞后切换开关的系统,运动点在 $s = 0$ 附近进行衰减振荡,这种衰减振荡是滑模变结构控制系统一种特有的抖振现象。

为了减小抖振对控制结果的影响,国内外专家学者如高为炳[3]、刘金琨等[5]、Chen 等[6]、Chung 等[7]、Ha 等[8]分别从不同的角度提出了抗抖振方法,主要包括准滑动模态法、连续函数近似法、边界层设计法、趋近律法、模糊逻辑法及高阶滑模法[9,10]等。所提方法都是针对某一具体问题的,对复杂问题可以综合各种方法来减小滑模抖振。应该指出,滑模控制器的输入信号都是通过实际系统的执行机构实现的,而滑模观测器不一样,观测器的滑模控制输入只需通过量测输出、系统输入和设计算法就能实现,因此削弱滑模观测器的抖振现象可以通过设计算法及添加各种补偿策略来实现[11]。

滑模变结构控制具有良好鲁棒性,可以不依赖系统精确的数学模型,当存在模型不确定、参数变化以及外部扰动等条件时,能够得到较好的控制性能,可以用来设计跟踪系统状态和实现在线监测的故障检测观测器。自从 Edwards 等[2]于 2000 年首次提出线性系统滑模观测器故障重构技术,滑模观测器以其独特优越性成为故障重构领域的主要方法。滑模观测器以其强鲁棒性和对未知输入的强跟踪能力,在复杂系统故障重构领域得到广泛应用。

根据前面所述，采用滑模观测器实现的故障重构方法，能够得到更深层次的故障信息，方便判定故障位置及类型，继而方便实现主动容错控制，因而更有应用价值。

本章接下来首先介绍滑模状态观测器的基本概念，其次重点分析两种针对线性系统的 Utkin 及 Walcott-Zak 滑模观测器设计方法，在此基础上，根据现有的研究成果，介绍不确定线性系统鲁棒故障重构方法，为后续章节介绍非线性系统的鲁棒故障重构内容打下理论基础。

## 1.2　滑模状态观测器基本概念

20 世纪 70 年代，人们开始研究非线性状态观测器，目前非线性状态观测器在控制领域中得到广泛关注，一大批专家学者在观测器的设计理论与方法上取得了一系列突破与进展。其中代表性的有未知输入观测器、自适应观测器、反推观测器等。滑模状态观测器通过设计切换输入项，将观测器状态估计误差从初始状态收敛至滑模超平面，确保观测器估计值能够跟踪上系统状态值。状态估计误差的收敛情况不受外界扰动等未知特性影响，因此滑模状态观测器具备鲁棒性和状态的强跟踪能力，在实际系统中应用广泛。

与基于残差的故障诊断方法相同,鲁棒性也是故障重构所需关注的重点问题。对于线性不确定系统，Tan 等[12]最早借鉴滤波器思想，设计包含 $H_\infty$滤波器的鲁棒滑模重构观测器，使干扰对执行器故障重构的影响最小，其后又进一步采用两级滑模观测器拓展了该方法的应用范围[13]；2005 年其提出采用右特征向量配置的方法实现传感器的精确故障重构[14]，但这种配置方法是将误差的一阶非齐次方程转化为求解齐次方程，对系统的初始条件要求较高；为进一步放松线性不确定系统鲁棒故障重构的条件，其从 2009 年开始连续发文[15-19]，采用两级及多级滑模观测器实现了鲁棒故障重构，但存在算法解算过程较为复杂的问题。考虑系统的非线性特性会使得区分干扰与故障的问题变得更加困难，非线性项的存在可能会引起观测器的状态估计误差发散，导致滑模运动无法到达滑模面。Yan 等[20]针对一类干扰上界已知、含 Lipschitz 非线性项的不确定系统，采用 LMI 技术使得观测器增益矩阵设计转化为一类优化问题，保证了状态估计误差的收敛性，同时给出了一种干扰完全解耦的故障重构方法，这种处理非线性项的方法通用性较好，但是所提的鲁棒性算法在实际应用中有一定限制，之后又提出了结合自适应律和滑模观测器的方法，实现了干扰分布矩阵变化系统的鲁棒故障重构[21]。文献[22]～[24]均结合 $H_\infty$滤波器设计了鲁棒滑模观测器，且文献[22]、[24]中所研究的系统同时包含输出干扰，这进一步拓展了采用滑模观测器鲁棒故障重构的应用范围，但这些方法对于故障上界未知的系统不能适用。Dimassi 等[25]结合滑模和未知输入观测器设计了连续重构观测器,对非线性项采用自适应补偿的方法实现了未知输入的在线重构。文献[26]采用线性变换及降阶滑模观测器实现了非线性 Lipschitz 系统执行器故障重构。国内的进展基本与国外同步,朱芳来等[27,28]基于全维和降维滑模观测器并结合数值解法实现了非线性系统执行器故障的鲁棒重构。Jiang 等[29]结合 T-S 模糊模型和离散滑模观测器,开展网络控制系统的执行器故障研究。于金泳等[30]通过构建增维状态设计滑模观测器,并基于 $L_2$ 增益优化方法实现了车辆电子稳定性控制系统的传感器鲁棒故障重构。赵瑾等[31]采用不等式放缩法实现了不匹配系统的鲁棒故障重构,但是这种放松滑模匹配条件的方法不具备通用性。在应用方面,文献[32]、[33]均将滑模观测器用于线性模型描述飞机的故障重构;闫鑫[34]、Zhang 等[35]、栾家辉[36]均将滑模观测器用于卫星姿控系统的故障重构中。通过以上分析可以发现,实际系统中的干扰与故障解耦条件苛刻,要求系统的系数矩阵满足匹配条件,即滑模鲁棒性存在条件,而实际系统的系数矩阵并不满足这一条件,因而解除匹配条件约束设计非线性系统故障重构滑模观测器,以实现干扰解耦的鲁棒故障重构成为该方法的关键;考虑系统的实际运行特性,研究故障信息未知(如故障上界未知或故障变化率上界未知即不能区分快变或缓变故障)前提下的精确故障重构方法具有十分重要的现实意义。

　　滑模观测器利用不连续切换项实现滑动模态,高频不连续输入切换项的引入会引起系统抖振,给故障重构造成不利影响,容易造成微小故障的误判和漏判。高阶滑模将高频切换控制添加到滑模变量的高阶导数上,能有效减小抖振,在故障诊断观测器设计中得到了广泛应用[37-43]。朱芳来等[38,39]针对一类仿射非线性系统提出了高阶滑模观测器的未知输入重构方法。Alwi 等[41]应用二阶滑模观测器实现线性时变系统的故障重构,且噪声对估计影响小,故障重构效果较好。Chen 等[42]采用高阶滑模微分器解除了系统相对阶条件的限制,实现了线性系统的执行器故障诊断,但结论很难推广到非线性系统。Fridman 等[43]通过微分同胚变换及高阶滑模观测器开展了一类非线性系统的未知输入重构研究,但这种线性化条件比较苛刻。Alwi 等[44]设计了一种自适应超螺旋滑模微分器实现执行器摆动故障重构,引入自适应律实时更新滑模增益,消除了噪声及故障对滑模运动造成的干扰,但要求故障变化率上界已知,而实际系统发生微小故障时,故障的变化率无法预知,这也在一定程度上限制了这一方法的推广使用。另外,实际系统中执行器及传感器同时故障的情形也得到了研究人员的关注。滑模观测器实现的故障重构,必须使滑模运动在有限时间内到达滑模面,即输出误差在有限时间内收敛到零。输出端传感器故障及干扰的存在,会影响滑模运动的可达性,并且传感器故障会影响系统反馈控制回路的精度,因而这种多故障并发情形的故障重构更具研究价值。Tan 等[45]最早在线性系统中采用添加后置滤波器的方法,实现了执行器及传感器同时故障重构,后来 Ben Brahim 等[46]又将这种处理方法应用到含干扰影响的线性系统实现了鲁棒故障重构。Liu 等[47]提出将执行器及传感器当作系统状态构建广义增维系统的方法，实现不确定线性系统的多故障重构。Raoufi 等[48]采用线性变换及广义系统滑模观测器实现了非线性 Lipschitz 系统的多故障同时重构，但是该方法没有考虑系统干扰的影响，难以将其推广使用。

综合所述，滑模状态观测器在故障诊断与重构、主动容错控制等领域取得了丰硕成果，为便于读者理解本书后续内容和知识体系，本节主要介绍能观性、渐近状态观测器、能观性与构造状态观测器的关系以及滑模观测器匹配条件等基础概念，为后文滑模观测器设计与故障重构提供理论基础。

### 1.2.1　能观性

设计状态观测器，建立在分析系统能观性基础之上，而实际系统，特别是非线性系统能观性则表现出复杂性特征。最早对非线性系统的能观性进行系统讨论的是 Hermann 和 Krener[49]，他们指出非线性系统的能观性不再是能控性严格的对偶概念，并采用了微分几何方法研究非线性系统的能观、局部能观、弱能观、局部弱能观等重要性质及其关系并给出了系统局部弱能观的秩条件，详情见图 1.2。但是系统局部弱能观并不能反推出其一定满足秩条件，针对这一不足，文献[50]提出了 Lyapunov 能观性。此后，文献[51]针对镇定问题提出了可检测(detectability)概念，文献[52]讨论非线性系统的能观性，文献[53]讨论单输入非线性系统判别不同初始状态的统一输入函数。另外，我国张嗣瀛院士研究组开展了非线性大系统的弱能观性研究，通过判别各个子系统的能观性对偶分布即可得到非线性大系统的弱能观性，为复杂大系统的观测器设计提供了理论支持[54]。这些工作都为推动非线性系统状态观测器的研究起到了很好的促进作用，然而研究表明，非线性系统的能观性不再直接蕴含状态观测器的存在，而只是一个很起码的必要条件[55]。

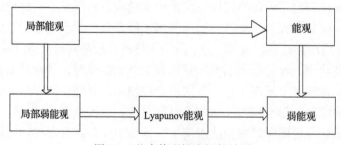

图 1.2　几个能观性之间的关系

非线性系统的能观性实际上就是从空间几何的观点出发，阐述局部流形上状态轨迹曲线在输入激励下的不可接近性。线性控制系统的几何理论是在 21 世纪 70 年代前后提出的，应用几何理论能够对一些困难问题给出明确的解释。对应于一个给定的线性系统，可以把状态空间分解为一些特定的子空间，如能控子空间、能观子空间、不变子空间等。而线性系统的状态轨线、输出或干扰等，只属于某些子空间或由其生成的超平面。因此，讨论这些子空间的性质即可了解线性系统的性质。而这些子空间以及有关的反馈控制都可以用线性代数的方法算出。

对于非线性系统，不管是状态轨线还是输出等，一般都不能用子空间来描述。它们往往只属于某些低维子流形。粗略地说，就是 $\mathbf{R}^n$ 中的一些低维曲面。类似于线性系统的几何理论，可以通过对低维子流形的讨论来了解非线性系统的性质。这样，微分流形的方法就可以有效地应用到非线性系统研究中。但是，直接讨论低维子流形往往是比较困难的，借助 Frobenius 定理、Chow 定理及其推广，将低维子流形与它们的切向量场所形成的分布联系起来。这些分布，对流形上的每一点来说，是切向量空间的子空间。对于这些子空间，讨论起来有许多便利之处。因此，可以把对低维子流形的讨论转换为对向量场及分布性质的研究。从子流形到分布，这是非线性系统几何方法讨论中比线性系统几何方法多出的一个环节，也是非线性系统的一种特征。

### 1. 全局能观性

系统的全局能观性是构造全局状态观测器一个很起码的必要条件。但是由前面关于系统局部弱能观性的分析可以看出，如果系统的局部弱不可区分点 $I_U\{x_0\} \neq \{x_0\}$，则这样的不可区分性可以把状态空间分为若干类。定义拓扑空间上的一个等价关系 ~，它满足如下条件。

(1) 自反性：$x \sim x$；

(2) 对称性：如果 $x \sim y$，那么 $y \sim x$；

(3) 传递性：如果 $x \sim y$，$y \sim z$，那么 $x \sim z$。

局部弱能观性并不是状态空间上的一个等价关系，因为系统在 $U$ 上的限制不是完备的，所以其不具有传递性。

**定义 1.1**[56]　在拓扑空间 $(M, \tau)$ 中，如果存在一个等价关系 ~，$\forall x \in M$，记 $\{x\}$ 为 $x$ 的等价类，则从 $M$ 到它的等价类集合 $M/\sim$ 之间存在一个自然映射 $f : x \to \{x\}$，对 $M/\sim$ 中的一个子集 $U$，如果它在 $f$ 下的原像 $f^{-1}(U)$ 是 $M$ 中的开集，则称 $U$ 为 $M/\sim$ 中的开集，即令 $\psi \overset{\text{def}}{=\!=} \{U \mid f^{-1}(U) \in \tau\}$，那么 $(M/\sim, \psi)$ 也是一个拓扑空间，称这个空间为 $M$ 在等价关系 ~ 下的商空间。

一般意义上的 $M' = M/I$ 并不是连通的和可区分的（即为 Hausdorff 空间），所以由系统的局部弱能观并不能保证全局弱能观。但是定义在强不可区分意义上的局部弱能观是能够保证全局弱能观的。

**定义 1.2**[57]　　如果存在一条连续曲线 $\alpha:[0,1] \to M$, s.t. $\alpha(0) = x_0$, $\alpha(1) = x_1$ 且 $x_0 I \alpha(s)$, $\forall s \in [0,1]$，则称 $x_0$ 与 $x_1$ 为强不可区分的（记为 $x_0 SI x_1$）。

强不可区分性是 $M$ 上的一个正则等价关系，则由等价关系的传递性，如果在全空间上 $\forall x_1, x_2 \in M$, s.t. $x_1 SI x_2$，则系统是完全不可观测的；反之，如果存在若干强不可区分点集，则可以在强不可区分关系商空间的补集上研究全局可观测性；我们说系统是全局完全可观测的，则点与点之间的强不可区分性在全状态空间上处处不成立。

**定义 1.3**　　如果 $\exists u(t) \in \mathbf{R}^m$, s.t. $\forall t \geqslant 0 : y(t, x_{01}, u(t)) \neq y(t, x_{02}, u(t))$，则称初始状态 $x_{01} \in \mathbf{R}^n$ 和 $x_{02} \in \mathbf{R}^n$ 是可区分的，否则称它们是不可区分的（记为 $x_{01} I x_{02}$）。

集合 $I(x_0) = \{x \in \mathbf{R}^n \mid x 和 x_0 是不可分的\}$ 包含所有与 $x_0$ 不可区分的点。

为了说明不可区分这一概念，以式（1.24）描述的系统为例进行说明。考虑如式（1.24）所示非线性系统（van der Po 方程）：

$$\begin{cases} \dot{x}_1 = x_2 \\ \dot{x}_2 = -x_1 + (u - x_1^2)x_2 \\ y = x_1 + u + x_1^2 x_2^3 \end{cases} \tag{1.24}$$

其中，$u \in \mathbf{R}^1$ 为控制输入。

采用数值仿真方法开展研究，图 1.3（a）说明了在指定控制输入 $u = 1$，初始状态不同时系统存在状态不可区分点的情况，这时系统是不可观测的；图 1.3（b）说明了在指定控制输入 $u = -3$ 时系统对同样的两点可区分，即这时系统是可观测的。由此可见，系统的可观测性随控制输入的不同而发生了改变。

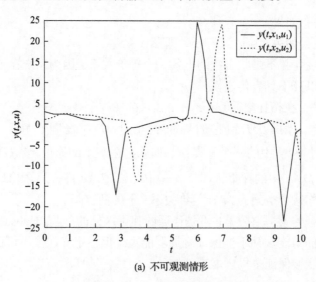

(a) 不可观测情形

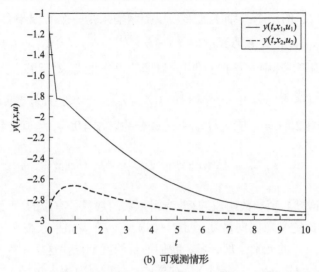

(b) 可观测情形

图 1.3　控制输入不同时对初始状态 $x_{01} = [1,1]^T$ 和 $x_{01} = [0.8, 0.1]^T$ 的可观测性发生变化

由以上数值算例可以看出，非线性系统的能观性严重依赖控制输入 $u$，且非线性系统状态解的多值性(如分岔非线性系统)往往使得系统的可观测性并不是全局的，但却在一个确定范围内能观测从而可以构造局部状态观测器。因此，构造非线性系统的状态观测器必须要对系统的可观测性有一个全面的认识。

2. 局部能观性

**定义 1.4**　如果 $\exists u \in \mathfrak{R} \subset \mathbf{R}^m, \text{s.t.} \forall x \in M, I_x = \{x\}$，则称系统为可观测的。

根据此定义，系统的能观性并不意味着对任何输入都有 $I_x = \{x\}$；同时可以看出这种能观性是一种全局(空间和时间)意义的能观性，即系统可能在大范围或较长时间内才能区分开流形上的某两个点。由于实际的非线性系统往往是时间连续的并且工作在某一平衡点附近，这里引入局部弱能观性的定义。

**定义 1.5**　如果 $\forall x \in M$，$\exists x$ 的开邻域 $U$，$\text{s.t.} \forall x \in V$，$V \subseteq U$，$I_V(x) = x$，则称系统为局部弱能观的。

对复杂的非线性系统而言，局部弱能观性是一种更具有实际应用意义的能观性。那么对于给定的系统，如何判断其局部弱能观性，是否存在如同线性系统一样的统一判据，Hermann 与 Krener 教授在提出局部弱能观定义的基础上应用李代数方法给出了能观性秩判据。$\forall x_0, x_1 \in V$，如果系统弱能观则 $y(t, x_0, u) \neq y(t, x_1, u)$。

现取 $u_1 \in \mathfrak{R} \subset \mathbf{R}^m$ 且 $f_1(x) = f(x, u_1) \neq 0$，令单参数变换群 $t \to \gamma_t^1(x)$ 为向量场 $f_1$ 通过 $x$ 点的积分曲线，即 $\dfrac{\mathrm{d}}{\mathrm{d}t} \gamma_t^1(x) = f_1(\gamma_t^1(x))$，则 $\exists \varepsilon > 0$，集合 $V_1 = \{\gamma_t^1(x) : 0 <$

$t < \varepsilon\}$ 为开邻域 $U$ 的一个一维子流形。设控制输入是一个有限集合：$u_1, \cdots, u_k \in \Re \subset \mathbf{R}^m$，$0 < k < \infty$，类似地有：$V^k = \{\gamma_{t_k}^k \circ \gamma_{t_{k-1}}^{k-1} \circ \cdots \circ \gamma_{t_1}^1(x) : (t_1, \cdots t_k)\}$ 为开邻域 $U$ 的一个 $k$ 维子流形，其中 $\gamma_{t_i}^i(x)$ 为对应向量场的积分曲线。对足够小的 $t_1, \cdots, t_k \geqslant 0$，如果 $\exists x_0, x_1 \in V$ 使得 $x_0 \mathrm{I}_V x_1$，则必有 $h_i\left(\gamma_{t_k}^k \circ \gamma_{t_{k-1}}^{k-1} \circ \cdots \circ \gamma_{t_1}^1(x_0)\right) = h_i\left(\gamma_{t_k}^k \circ \gamma_{t_{k-1}}^{k-1} \circ \cdots \circ \gamma_{t_1}^1(x_1)\right)$，$\forall i = 1, 2, \cdots, p$。依次对 $t_k, \cdots, t_1$ 微分并取 $t_k = 0, \cdots, t_1 = 0$ 得到：

$$L_{f_1} L_{f_2} \cdots L_{f_k}(h_i)(x_0) = L_{f_1} L_{f_2} \cdots L_{f_k}(h_i)(x_1) \tag{1.25}$$

注意到由这样的李导数构成的 $C^\infty$ 光滑函数的数目是有限的，不妨设其组成的集合为 $\Gamma$，由此定义对偶向量场：$\mathrm{d}\Gamma = \{\mathrm{d}\phi : \phi \in \Gamma\}$。如果系统在 $x_0$ 存在不可区分点 $x_1$，则必有 $\Gamma$ 的元素全部为零，我们的目的就是寻找这样一种条件，当其得以满足时有 $\forall \phi \in \Gamma$，$\phi(x_0) \neq \phi(x_1)$。这样的条件就是对偶向量场 $\mathrm{d}\Gamma$ 在 $x_0$ 点的维数为 $n$，称其为系统在 $x_0$ 点满足能观性秩条件，因为如果 $\mathrm{d}\Gamma(x_0) = n$，必有 $\phi_1, \phi_2 \cdots, \phi_n \in \Gamma$ 使得 $\mathrm{d}\phi_1(x_0), \mathrm{d}\phi_2(x_0), \cdots, \mathrm{d}\phi_n(x_0)$ 彼此线性独立。这样，映射 $\Phi : x \mapsto \mathrm{col}(\phi_1(x), \cdots, \phi_n(x))$ 在 $x_0$ 点的 Jacobian 矩阵非奇异，故 $\Phi$ 建立了 $x_0$ 点邻域的一个光滑同胚，不妨设此邻域为 $U$。对此邻域内的任何一点 $x_1 \neq x_0$，至少有一个 $\phi_i \in \Gamma$，s.t. $\phi_i(x_1) \neq \phi(x_0)$。由于系统局部弱能观的一个充分条件是前面阐述的 $\forall \phi \in \Gamma$，$\phi(x_0) \neq \phi(x_1)$，故可得到 $\mathrm{I}_V(x_0) = x_0$。至此，从分析非线性系统定义在流形一点的不可区分性得到了局部弱能观的充分条件。

以上给出了局部能观性、全局能观性、弱能观等相关概念，为便于理解能观性相关概念，本书以基于 $d$-$q$ 模型方程描述的永磁同步电机以及某非线性系统为例，说明能观性的分析过程。

基于 $d$-$q$ 模型方程描述的永磁同步电机模型如式 (1.26) 所示：

$$\Sigma : \begin{cases} \dfrac{\mathrm{d}\theta}{\mathrm{d}t} = \omega \\[2mm] \dfrac{\mathrm{d}\omega}{\mathrm{d}t} = \dfrac{3K_E}{2J} i_q - \dfrac{T_L}{J} \\[2mm] \dfrac{\mathrm{d}i_q}{\mathrm{d}t} = -\dfrac{R}{L} i_q - \omega i_d - \dfrac{K_E}{L} \omega + \dfrac{1}{L} u_q \\[2mm] \dfrac{\mathrm{d}i_d}{\mathrm{d}t} = -\dfrac{R}{L} i_d + \omega i_q + \dfrac{1}{L} u_d \\[2mm] h_1(x) = i_q \\[2mm] h_2(x) = i_d \end{cases} \tag{1.26}$$

其中，各参数的物理含义如表 1.1 所示。

**表 1.1 永磁同步电机参数说明**

| 参数 | 参数说明 | 参数 | 参数说明 |
|---|---|---|---|
| $\theta$ | 转子位置角 | $\omega$ | 转子角速度 |
| $i_q(u_q)$ | 定子电流(电压)在 $q$ 轴分量 | $K_E$ | 反电势常数 |
| $L$ | 折算后的定、转子互感 | $R$ | 定子电阻 |
| $i_d(u_d)$ | 定子电流(电压)在 $d$ 轴分量 | $T_L$ | 负载转矩 |
| $J$ | 电机驱动惯量 | | |

将式(1.26)写成集总参数形式，如式(1.27)所示：

$$\Sigma : \begin{cases} \dot{x} = f(x) + \sum_{i=1}^{3} g_i(x)u_i \\ y_j = h_j(x), \quad j = 1,2 \end{cases} \tag{1.27}$$

其中，$x = [x_1, x_2, x_3, x_4]^{\mathrm{T}} = [\theta, \omega, i_q, i_d]^{\mathrm{T}}$；$f(x) = [x_2, (3K_E/(2J))x_3, -(R/L)x_3 - x_2 x_4 - (K_E/L)x_2,$ $-(R/L)x_4 + x_2 x_3]^{\mathrm{T}}$；$g_1(x) = [0, 0, 1/L, 0]^{\mathrm{T}}$，$g_2(x) = [0, 0, 0, 1/L]^{\mathrm{T}}$，$g_3(x) = [0, -1/J, 0, 0]^{\mathrm{T}}$；$u_1 = u_q$，$u_2 = u_d$，$u_3 = T_L$，$h_1(x) = x_3$，$h_2(x) = x_4$。

显然，系统(1.27)为定义在一个四维流形 $M = \{x = [x_1, x_2, x_3, x_4]^{\mathrm{T}}\}$ 上的仿射非线性多变量系统。对这一系统：$[f, g_1] = [0, -3K_E/(2JL), R/L^2, -x_2/L]^{\mathrm{T}}$，$[f, g_2] = [0, 0, x_2/L, R/L^2]^{\mathrm{T}}$，$[f, g_3] = [1/J, 0, -x_4/J - K_E/(JL), x_3/J]^{\mathrm{T}}$。如果构造分布 $\Delta = \mathrm{span}\{g_1, g_2, g_3, [f, g_3]\}$，则 $|\Delta(x)| = 1/(J^2 L^2) \neq 0$ 且 $[f, g_1] \subset \Delta$，$[f, g_2] \subset \Delta$，故 $\Delta$ 是包含 $\Delta_0 = \mathrm{span}\{f, g_1, g_2, g_3\}$ 且关于系统是不变的最小分布，由于 $\dim[\Delta(x)] = 4 = n$，可知系统在 $M$ 上是弱可控的；进一步通过计算可以得到：$L_f(dh_1) = [0, -x_4 - K_E/L, -R/L, -x_2]$，$L_f(dh_2) = [0, x_3, x_2, -R/L]$，$L_{[f, g_3]}(dh_1) = [0, 0, 0, -1/J]$，$L_{[f, g_3]}(dh_2) = [0, 0, 1/J, 0]$，$L_{g_i}(dh_j) = [0, 0, 0, 0]$，$\forall i = 1, 2, 3; j = 1, 2$；不难证明 $\omega(x) = \mathrm{span}\{dh_1,$ $dh_2, L_f(dh_1)\}$ 是包含 $\omega_0 = \mathrm{span}\{dh_1, dh_2\}$ 且关于系统是不变的最小对偶分布。显然，由于 $\forall x \in M, \dim[\omega(x)] = 3 < 4 = n$，故系统不满足能观性秩条件，所以永磁同步电机的动态系统是非局部弱能观的，即非弱能观的。

以上通过分析永磁同步电机能观性秩条件得到了系统能观性结论，接下来通过数值仿真的形式分析某非线性系统的能观性。

考虑如式(1.28)所示的非线性系统[58]：

$$\begin{cases} \dot{x}_1 = -0.13x_1 + \dfrac{1.797}{12.237(0.04x_2^4 - 3.23)}p - \dfrac{0.792x_2^2}{0.029(0.198x_2^2 + 1.797)} \\ \dot{x}_2 = -\left(0.13 + \dfrac{1.797q}{12.237r}\right)x_2 \\ y = x_1 + x_2 \end{cases} \tag{1.28}$$

其中，$p = -0.792x_1x_2^4 + (-0.309 + 1.584x_1^2)x_2^3 - (29.335x_1 + 0.792x_1^3)x_2^2 - (7.188x_1^2 + 269.09)x_2 + (266.231x_1 + 7.188x_1^3)$，$q = 151.335 - 4x_1^2 + 4x_1x_2$，$r = 0.198x_2^2 - 1.797$。

如果取 $x_1$ 的初始值 $x_{11}$、$x_{12}$ 分别为 $x_{11} = 360$，$x_{12} = -360$，则对 $x_2$ 的不同初始值可以作出系统的相图，如图 1.4(a) 所示。这里输出为线性映射，选取有代表

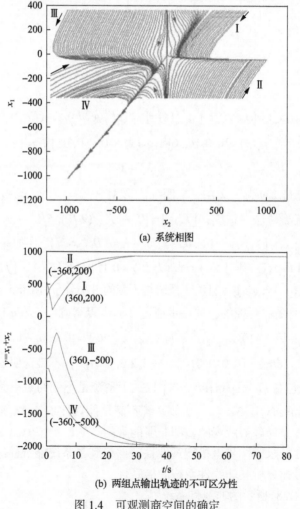

(a) 系统相图

(b) 两组点输出轨迹的不可区分性

图 1.4　可观测商空间的确定

性的两组点（±360, 200）、（±360, –500），其输出轨迹的不可区分性如图 1.4（b）所示。

可以看出，区间Ⅰ、Ⅱ与Ⅲ、Ⅳ分别为互不可区分的，由此可确定该系统的不可观测商空间为：$M/\mathrm{SI}$。据此仿真结果可以发现，系统是不可观的。

### 1.2.2　渐近状态观测器

对于一般实际系统，通常用如下形式描述，如式（1.29）所示：

$$\Sigma : \begin{cases} \dot{x} = f(x,u,t) \\ y = h(x,u,t) \end{cases} \tag{1.29}$$

其中，$x \in \mathbf{R}^n$，$u \in \mathbf{R}^m$，$y \in \mathbf{R}^p$ 分别为系统的状态变量、输入变量和输出变量，$f : \mathbf{R}^n \times \mathbf{R}^m \times \mathbf{R} \to \mathbf{R}^n$ 和 $h : \mathbf{R}^n \times \mathbf{R}^m \times \mathbf{R} \to \mathbf{R}^p$。对于式（1.29）这样的一般实际系统，如果存在另一系统（$\Sigma'$）：

$$\Sigma' : \dot{\hat{x}} = g(\hat{x}, u, y, t) \tag{1.30}$$

其中，$\hat{x} \in \mathbf{R}^n$，$g : \mathbf{R}^n \times \mathbf{R}^m \times \mathbf{R}^p \times \mathbf{R} \to \mathbf{R}^n$ 为连续可微分，输入是 $u$ 和 $y$，输出是 $\hat{x}$。记式（1.29）和式（1.30）相对于同一输入及分别经过 $x_0$ 和 $\hat{x}_0$ 的解为 $x(t, x_0, u)$ 和 $\hat{x}(t, \hat{x}_0, u)$（简记为 $x(t)$ 和 $\hat{x}(t)$），使得：

（1）当 $x_0 = \hat{x}_0$ 时，$x(t) = \hat{x}(t)$，在 $\forall t \geqslant 0$ 和所有的输入条件下。

（2）当 $x_0 \neq \hat{x}_0$ 时，存在原点的一个开邻域 $U \in \mathbf{R}^n$ 使得 $x_0 - \hat{x}_0 \in U$，意味着 $x(t) - \hat{x}(t) \in U$ 并且 $\lim\limits_{t \to \infty} \| x(t) - \hat{x}(t) \| = 0$，那么，系统（1.30）就称为系统（1.29）的一个（局部）渐近状态观测器。

（3）当 $x_0 \neq \hat{x}_0$ 时，存在原点的一个开邻域 $U \in \mathbf{R}^n$ 使得 $x_0 - \hat{x}_0 \in U$，意味着 $x(t) - \hat{x}(t) \in U$ 并且 $\lim\limits_{t \to \infty} \| x(t) - \hat{x}(t) \| \leqslant M \cdot \exp(-ct)$，其中 $M, c \in \mathbf{Z}^+$。那么，系统（1.30）就称为系统（1.29）的一个渐近状态观测器。

### 1.2.3　能观性与构造状态观测器的关系

如果构造全局状态观测器，则应满足全局能观性的条件（即在全局范围内状态轨迹对任意输入总是可区分的），至少也应满足全局可检测条件，即 $\forall u \in \Re \subset \mathbf{R}^m$，满足 $\forall \hat{x} \in I_u(x)$，s.t. $\lim\limits_{t \to \infty} \| \gamma_u^t(\hat{x}) - \gamma_u^t(x) \| = 0$，其中 $\gamma_u^t(x)$ 为系统经过 $x$ 点的解轨迹。满足 Lipschitz 条件的一类非线性系统就是这样的例子，对这类系统，基于非线性映射的坐标变换方法显然比较实用。

在很多情况下，系统往往工作在某一平衡点附近，只要保证在工作点附近观测器具有足够快的收敛性与稳定性就达到了设计要求。此时系统在工作点附近应满足局部弱可观性条件(即前面讨论的可观性秩条件)，至少也应该满足局部可检测条件，即对 $x \in M$ ，$\forall u \in \Re \subset \mathbf{R}^m$ ，$\exists x$ 的一个开邻域 $V_x$ ，s.t. $\forall \hat{x} \in V_x \bigcap I_{V_x}(x)$ ，$\lim_{t \to \infty} \| \gamma_u^t(\hat{x}) - \gamma_u^t(x) \| = 0$ 。绝大部分观测器设计方法是针对这一工作条件而设计的。

综合以上分析，可得到关于非线性系统状态观测器存在的一个基本定理。

**定理 1.1**[27]　　如果 d$\Gamma(x)$ 的维数为 $k < n$ ，则 SI 为 $M$ 上的一个正则等价关系且存在一个 $k$ 维非 Hausdorff 流形 $M' = M$ / SI 上的局部弱可观系统 $\Sigma'$ ，$\Sigma'$ 与 $\Sigma$ 具有相同的输入输出特性。即如果 $\pi : M \to M'$ 为光滑映射，则对任何 $x_0 \in M$ ，$(\Sigma, x_0)$ 与 $(\Sigma', \pi(x_0))$ 的输入输出特性相同。

定理 1.1 实际上也给出了观测器的存在域，即可以在 $M' = M$ / SI 上构造系统的局部状态观测器。接下来的问题就是找出那些不可区分点的集合，也就是确定商空间 $M$ / SI 。由于非线性系统动态方程的复杂性，其解轨迹呈现复杂的性态，相应的不可区分等价类也错综复杂，这是在设计非线性系统状态观测器时必须考虑的问题。

### 1.2.4　滑模观测器匹配条件

在 1.1.3 节中，提到了滑动模态的不变性，需要满足匹配条件，对于滑模观测器而言，为了保证状态估计误差能够有界收敛到滑模面，仍然要求系统需要满足匹配条件，为此本节提出滑模观测器匹配条件的概念。

对于形如式(1.31)所示的系统：

$$\begin{cases} \dot{x}(t) = Ax(t) + Bu(t) + E\xi(t) + Ff(t,u) \\ y(t) = Cx(t) \end{cases} \tag{1.31}$$

其中，$x(t)$ 、$y(t)$ 和 $u(t)$ 分别表示系统状态、系统输出和控制输入；$\xi(t)$ 为未知扰动项；$f(t,u)$ 为系统故障非线性特性项；$A$ 、$B$ 、$C$ 、$E$ 、$F$ 为系统系数矩阵。

针对式(1.31)所示的系统设计滑模状态观测器，为确保状态估计误差具备滑模不变性，根据 1.1.3 节中给出的结论，系统(1.31)系数矩阵应该满足如式(1.32)所示的匹配条件：

$$\mathrm{rank}\big(C[E \quad F]\big) = \mathrm{rank}[E \quad F] \tag{1.32}$$

式(1.32)给出了形如式(1.31)所示系统的滑模观测器匹配条件，对于其他形式的非线性系统而言，可以将观测器状态估计误差描述为如式(1.15)所示的形式，

然后根据式 (1.19) 或者式 (1.21)，检验系统是否满足滑模观测器的匹配条件。

## 1.3　Utkin 滑模观测器设计方法

对于形如式 (1.33) 所示的一类线性系统：

$$\begin{cases} \dot{x} = Ax + Bu \\ y = Cx \end{cases} \tag{1.33}$$

其中，$x \in \mathbf{R}^n$、$u \in \mathbf{R}^m$、$y \in \mathbf{R}^p$ 分别为系统的状态、控制输入及可测输出向量；$A \in \mathbf{R}^{n \times n}$、$B \in \mathbf{R}^{n \times m}$、$C \in \mathbf{R}^{p \times n}$ 为系数矩阵，且 $p \geqslant m$。

设 $B$、$C$ 为列满秩矩阵，且系统矩阵 $(A,C)$ 能观，另外系统的输出矩阵 $C$ 可写作 $C = [C_1, C_2]$，其中，$C_1 \in \mathbf{R}^{p \times (n-p)}$，$C_2 \in \mathbf{R}^{p \times p}$，$\det(C_2) \neq 0$，于是可以定义如下非奇异变换矩阵 $T$：

$$T = \begin{bmatrix} I_{n-p} & 0 \\ C_1 & C_2 \end{bmatrix} \tag{1.34}$$

此时在 $T$ 的作用下，可以得到 $TAT^{-1} = \begin{bmatrix} A_{11} & A_{12} \\ A_{21} & A_{22} \end{bmatrix}$，$TB = \begin{bmatrix} B_1 \\ B_2 \end{bmatrix}$，$CT^{-1} = \begin{bmatrix} 0 & I_p \end{bmatrix}$。于是经过线性变换，系统 (1.22) 变为

$$\begin{cases} \dot{x}_1 = A_{11}x_1 + A_{12}y + B_1u \\ y = A_{21}x_1 + A_{22}y + B_2u \end{cases} \tag{1.35}$$

根据式 (1.35) 设计 Utkin 滑模观测器如下所示[11]：

$$\begin{cases} \dot{\hat{x}}_1 = A_{11}\hat{x}_1 + A_{12}\hat{y} + B_1u + Lv \\ \dot{\hat{y}} = A_{21}\hat{x}_1 + A_{22}\hat{y} + B_2u - v \end{cases} \tag{1.36}$$

其中，"^" 分别表示各向量的估计值；$L \in \mathbf{R}^{(n-p) \times p}$ 为设计的观测器增益矩阵，满足 $A_{11} + LA_{21}$ 为 Hurwitz 矩阵；$v$ 为设计的滑模控制输入项，如下所示：

$$v_i = M \cdot \mathrm{sgn}(\hat{y}_i - y_i), \quad M \in \mathbf{R}^+ \tag{1.37}$$

其中，sgn 为符号函数。

定义状态及输出误差为 $e_1 = \hat{x}_1 - x_1, e_y = \hat{y} - y$，于是由式 (1.35) 和式 (1.36) 可得系统的误差方程如式 (1.38) 所示：

$$\begin{cases} \dot{e}_1 = A_{11}e_1 + A_{12}e_y + Lv \\ \dot{e}_y = A_{21}e_1 + A_{22}e_y - v \end{cases} \tag{1.38}$$

定义非奇异矩阵 $T_s = \begin{bmatrix} I_{n-p} & L \\ 0 & I_p \end{bmatrix}$，并令 $\begin{bmatrix} x_1' \\ y \end{bmatrix} = T_s \begin{bmatrix} x_1 \\ y \end{bmatrix}$，于是经过线性变换 $T_s$ 作用后系统的误差方程变为

$$\begin{cases} \dot{e}_1' = A_{11}'e_1' + A_{12}'e_y \\ \dot{e}_y = A_{21}e_1' + A_{22}'e_y - v \end{cases} \tag{1.39}$$

其中，$A_{11}' = A_{11} + LA_{21}$，$A_{12}' = A_{12} + LA_{22} - A_{11}'L$，$A_{22}' = A_{22} - A_{21}L$。根据文献[8]中所示的相关结论，当滑模控制输入 $v$ 中的系数 $M$ 取得足够大时，系统的输出误差将在有限时间到达滑模面，$e_y = 0$，$\dot{e}_y = 0$，于是式(1.39)进一步变为

$$\dot{e}_1' = A_{11}'e_1' \tag{1.40}$$

由于 $A_{11}'$ 为 Hurwitz 矩阵，于是有 $e_1' \to 0$，由此可知 $\hat{x}_1 \to x_1$，$\hat{x}_2 = C_2^{-1}(y - C_1\hat{x})$。

## 1.4　Walcott-Zak 滑模观测器设计方法

研究受不确定性因素影响的线性系统：

$$\begin{cases} \dot{x}(t) = Ax(t) + Bu(t) + Dd(x,u,t) \\ y(t) = Cx(t) \end{cases} \tag{1.41}$$

其中，$d(x,u,t)$ 为未知不确定性，且 $\|d(x,u,t)\| \leqslant \rho$，$\rho$ 值已知，其他系数描述与式(1.33)相同。

**假设 1.1**　对于式(1.41)所示的系统，存在着增益矩阵 $L \in \mathbf{R}^{m \times p}$，使得 $A_0 = A - LC$ 为 Hurwitz 矩阵，并且有以下的李雅普诺夫方程成立：

$$A_0^{\mathrm{T}}P + PA_0 = -Q \tag{1.42}$$

其中，$P$、$Q$ 均为待设计的对称正定矩阵。

**假设 1.2**　对于式(1.41)所示的系统，存在矩阵 $F \in \mathbf{R}^{m \times p}$，使得式 $C^{\mathrm{T}}F^{\mathrm{T}} = PB$ 成立。

针对式(1.41)，在假设 1.1 和假设 1.2 成立的条件下，可以设计 Walcott-Zak 滑模观测器如下所示[59]：

$$\dot{\hat{x}} = A\hat{x} + Bu + L\big(C\hat{x}(t) - y(t)\big) + v \tag{1.43}$$

其中，$v$ 为设计的滑模控制不连续项，表达式如下：

$$v = \begin{cases} -\rho \dfrac{P^{-1}C^{\mathrm{T}}F^{\mathrm{T}}FCe}{\lVert FCe \rVert}, & FCe \neq 0 \\ 0, & FCe = 0 \end{cases} \tag{1.44}$$

其中，$e$ 为观测器状态误差，即 $e = \hat{x} - x$。

对于线性系统(1.41)设计 Walcott-Zak 滑模观测器的一个重要前提是假设 1.2 必须成立，即存在正定矩阵 $P$ 使得传递函数 $G_F(s) = FC(sI - A_0)^{-1}B$ 严格正实[11]。

## 1.5　线性矩阵不等式滑模观测器设计方法

研究同时具有不确定项和执行器故障的线性系统：

$$\begin{cases} \dot{x}(t) = Ax(t) + Bu(t) + Dd(x,u,t) + Ff(t,u) \\ y(t) = Cx(t) \end{cases} \tag{1.45}$$

其中，$F \in \mathbf{R}^{n \times q}$，$f(t,u): \mathbf{R}^n \times \mathbf{R}^+ \to \mathbf{R}^q$ 为未知有界的执行器故障，其他系数矩阵与前文相同，假设 $p > q$，$C$、$F$、$D$ 均为列满秩矩阵。

**假设 1.3**　故障 $f(t)$ 及干扰 $d(x,u,t)$ 有界且上界已知，有 $\lVert f(t) \rVert \leqslant \alpha$，$\lVert d(x,u,t) \rVert \leqslant \beta$，$\alpha$、$\beta$ 为已知常数。

**假设 1.4**　系统 $(A,F,C)$ 是最小相位的，即系统 $(A,F,C)$ 的不变零点均在左半开复平面内，或若 $\mathrm{rank}(F) = q$，则有

$$\mathrm{rank}\begin{bmatrix} sI - A & F \\ C & 0 \end{bmatrix} = n + q \tag{1.46}$$

若观测器匹配条件满足，即 $\mathrm{rank}(CF) = \mathrm{rank}(F) = q$，根据文献[59]的结论，存在线性变换矩阵使得系统(1.45)的系数矩阵可变为

$$A = \begin{bmatrix} A_{11} & A_{12} \\ A_{21} & A_{22} \end{bmatrix}, \quad F = \begin{bmatrix} 0 \\ F_2 \end{bmatrix}, \quad C = \begin{bmatrix} 0 & T \end{bmatrix}, \quad D = \begin{bmatrix} D_1 \\ D_2 \end{bmatrix} \tag{1.47}$$

根据文献[12]的结论，可建立如下状态观测器：

$$\dot{z}(t) = Az(t) + Bu(t) - G_l e_y + G_n v \tag{1.48}$$

其中，$G_l$ 为待设计的观测器矩阵；滑模控制输入 $v$ 和 $G_n$ 表达式如下：

$$v = \begin{cases} -\rho(t)\dfrac{P_0 e_y}{\|P_0 e_y\|}, & e_y \neq 0 \\ 0, & \text{其他} \end{cases}, \quad G_n = \begin{bmatrix} -LT^{\mathrm{T}} \\ T^{\mathrm{T}} \end{bmatrix} \tag{1.49}$$

其中，$P_0$、$L$ 为待设计矩阵；$\rho(t)$ 为滑模增益，设计方法在后文中给出。

由式(1.45)和式(1.48)可得观测器状态估计误差方程为

$$\dot{e}(t) = A_0 e(t) + G_n v - Dd(x,u,t) - Ff(t,u) \tag{1.50}$$

系统的滑模面为 $s = \{e_y : e_y = 0\}$。为衡量干扰对故障重构的影响，定义从干扰到故障重构的传递函数为 $G(s)$，令 $\gamma = \|G(s)\|_\infty$，为使状态观测误差有界，同时使得干扰对故障重构影响最小，由文献[12]的结论，给出以下两个引理。

**引理 1.1**[12]   对于满足假设条件的系统(1.45)，若下列在 LMI 约束下的最优化问题有解：

$$\min \gamma$$
$$\text{s.t.} \begin{cases} \begin{bmatrix} P_{11}A_{11} + A_{11}^{\mathrm{T}}P_{11} + P_{12}A_{21} + A_{21}^{\mathrm{T}}P_{12}^{\mathrm{T}} & -(P_{11}D_1 + P_{12}D_2) & E_1^{\mathrm{T}} \\ -(P_{11}D_1 + P_{12}D_2)^{\mathrm{T}} & -\gamma I & H_2^{\mathrm{T}} \\ E_1 & H_2 & -\gamma I \end{bmatrix} < 0 \\ P = \begin{bmatrix} P_{11} & P_{12} \\ P_{12}^{\mathrm{T}} & P_{22} \end{bmatrix} > 0 \\ \gamma > 0 \end{cases} \tag{1.51}$$

其中，$E_1 = -WA_{21}$，$H_2 = WD_2$，且存在非奇异矩阵 $K_1 \in \mathbf{R}^{p \times p}$，$K = [K_1, 0] \in \mathbf{R}^{p \times (p+q)}$，$L = P_{11}^{-1}P_{12}$，$P_2 = P_{22} - P_{12}^{\mathrm{T}}P_{11}^{-1}P_{12}$，$P_0 = TP_2T^{\mathrm{T}}$，则观测状态误差将有界稳定，且误差收敛界满足 $\Omega_e = \{e : \|e\| < (2\mu_1\beta/\mu_0) + \varepsilon\}$，$\varepsilon$ 为任意小的正常数，则有 $G_l = \gamma_{\min}P^{-1}C^{\mathrm{T}}(KK^{\mathrm{T}})^{-1}$，$\mu_0 = -\lambda_{\max}(PA_0 + A_0^{\mathrm{T}}P)$，$A_0 = A - G_lC$，$\mu_1 = \|PD\|$。

**注 1.1**   本书所指矩阵或向量的范数 $\|\cdot\|$，如 $\|x\|$ 表示向量 $x$ 的 Euclidean 范数，即 $\|x\| = \sqrt{x^{\mathrm{T}}x}$；$\|A\|$ 表示矩阵 $A$ 的谱范数，即 $\|A\| = \sqrt{\lambda_{\max}(A^{\mathrm{T}}A)}$；$A^{\mathrm{T}}$ 表示矩阵 $A$ 的转置，$I_n$ 表示 $n$ 阶单位矩阵，$\lambda_{\max}(A)$ 表示对称实矩阵 $A$ 的最大特征值。

**引理 1.2**[12]   对于满足假设 1.3、假设 1.4 及式(1.51)成立的观测器(1.48)，若滑模增益满足式(1.52)，则滑模运动将在有限时间到达滑模面。

$$\rho \geqslant 2\|\overline{A}_{21}\|\mu_1\beta/\mu_0 + \|\overline{D}_2\|\beta + \|\overline{F}_2\|\alpha + \rho_0 \tag{1.52}$$

其中，$T_1^{-1}\begin{bmatrix} A_{11} & A_{12} \\ A_{21} & A_{22} \end{bmatrix}T_1=\overline{A}=\begin{bmatrix} \overline{A}_{11} & \overline{A}_{12} \\ \overline{A}_{21} & \overline{A}_{22} \end{bmatrix}$，$T_1=\begin{bmatrix} I_{n-p} & L \\ 0 & T \end{bmatrix}$，$\begin{bmatrix} \overline{D}_1 \\ \overline{D}_2 \end{bmatrix}=T_1\begin{bmatrix} D_1 \\ D_2 \end{bmatrix}$，

$\overline{F}_2=T_1F_2$，$\rho_0$ 为选定的任意大于 0 的常数。

为减小控制切换带来的抖振，可将滑模控制输入项修正为

$$v_{\text{eq}} = \begin{cases} -\rho(t)\dfrac{P_0e_y}{\|P_0e_y\|+\delta}, & e_y \neq 0 \\ 0, & \text{其他} \end{cases} \tag{1.53}$$

若引理 1.1 和引理 1.2 均能成立，则执行器故障的鲁棒故障重构值可用式(1.54)表示：

$$\hat{f}(t,u)=WT^{\text{T}}v_{\text{eq}} \tag{1.54}$$

针对上述提出的基于滑模观测器的故障重构方法，本书将给出一仿真算例对该故障重构方法进行分析验算。

**算例 1.1** 考虑如下不确定线性系统，系数矩阵为

$$A = \begin{bmatrix} 0 & 1 & 0 & 0 \\ -15.566 & -0.0731 & 0 & 2.634 \\ 0 & 0 & 0 & 1 \\ 0.8138 & 0.0038 & 0 & -1.7977 \end{bmatrix}, \quad F = B = \begin{bmatrix} 0 \\ -0.4248 \\ 0 \\ 0.2899 \end{bmatrix}$$

输出及不确定性的系数矩阵为

$$C = \begin{bmatrix} 1 & 0 & 0 & 0 \\ 0 & 0 & 1 & 0 \\ 0 & 0 & 0 & 1 \end{bmatrix}, \quad D = \begin{bmatrix} 0 & 0 \\ 7.5033 & 0 \\ 0 & 0 \\ 0 & 0.2677 \end{bmatrix}$$

由以上给出的系数矩阵可以得出，系统能观且满足假设条件，故可采用本节方法实现执行器故障鲁棒重构。

根据系统矩阵，式(1.45)中的系数矩阵变换为式(1.47)所示形式的变换矩阵，

即为 $\begin{bmatrix} 1 & 0.2899 & 1 & 0.4248 \\ 1 & 0 & 0 & 0 \\ 0 & 0 & 1 & 0 \\ 0 & 0 & 0 & 1 \end{bmatrix}$，由式 (1.47) 所示的结论可知 $T = I_3$，设计非奇异变

换矩阵为 $K_1 = I_3$，根据引理 1.1 和引理 1.2，可以解算出观测器增益矩阵为

$$G_l = \begin{bmatrix} 12.5981 & 0 & 0.0235 \\ 4.3261 & 0 & 0.0034 \\ 0 & 1.7787 & 0 \\ 0.0235 & 0 & 1.7787 \end{bmatrix}, \quad G_n = \begin{bmatrix} 1.6262 & 0 & 0.0101 \\ 1 & 0 & 0 \\ 0 & 1 & 0 \\ 0 & 0 & 1 \end{bmatrix}$$

滑模增益 $\rho$ 取 50，$\delta = 0.001$。在设计滑模观测器的基础上，开展执行器的故障重构仿真研究，分别以两种故障类型为例开展仿真研究，干扰信号设为幅值为 0.5 的白噪声，故障类型 1 是幅值为 0.2 的方波信号，故障发生时间为 2~6s，故障类型 2 是周期为 2s、幅值为 0.4 的正弦信号，故障发生时间为 2~4s，结果如图 1.5 和图 1.6 所示。

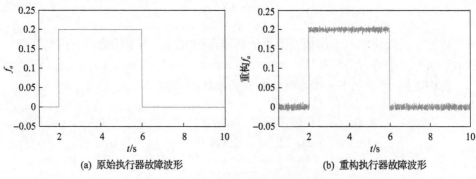

(a) 原始执行器故障波形　　　　　　　　(b) 重构执行器故障波形

图 1.5　执行器故障类型 1 及重构波形

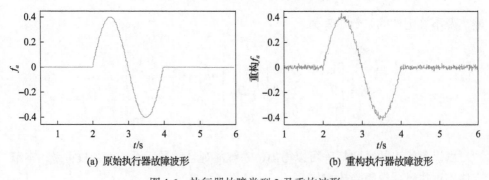

(a) 原始执行器故障波形　　　　　　　　(b) 重构执行器故障波形

图 1.6　执行器故障类型 2 及重构波形

由以上故障重构结果可以看出，无论是快变型还是缓变型故障，在线性系统

存在干扰的条件下，采用滑模观测器的方法可以实现执行器的故障重构，但同时也要看到，采用鲁棒设计方法可以在一定程度减小干扰对故障重构的影响，但不能彻底避免重构误差。

## 1.6　小　　结

本章主要介绍滑模控制以及滑模观测器相关的基础理论知识，为后续滑模观测器设计作铺垫。首先从基本原理、等效控制、不变性等方面介绍了滑模控制相关理论，然后从能观性、渐近状态观测器、能观性与构造状态观测器的关系、滑模观测器匹配条件等方面，给出了滑模观测器相关的基本概念，最后给出了典型滑模观测器中的 Utkin、Walcott-Zak 以及 LMI 滑模观测器设计方法，并给出了仿真算例。本章的重点和难点主要在滑模状态观测器基本概念部分，需要读者具备相关非线性控制理论基础。

# 第 2 章　基于全局微分同胚变换的
# 鲁棒高增益滑模观测器设计

## 2.1　引　　言

全局能观性是系统构造全局状态观测器的一个必要条件。但是对于许多实际非线性系统而言，很多都无法满足全局能观条件，这给非线性系统的滑模观测器设计带来了诸多困难。

之前发展起来的非线性系统微分几何理论[56,60,61]，从几何角度深入地分析了非线性系统的许多一般性质，为系统设计滑模观测器提供了新思路。微分几何理论的主要思想是将状态变量看成 $n$ 维光滑流形 $M$ 上的局部坐标；非线性映射则视为光滑流形上的切向量场，系统输出函数是流形上的光滑函数。由于光滑流形上的切向量场及光滑函数具有重要的线性结构(切向量场在流形一点上所诱导的切向量组成的切空间规定了该点处任意光滑函数的一个线性结构；而光滑流形 $M$ 一点处的余切空间规定了该点处任意切向量的一个线性结构)，正是线性结构的存在，使得应用微分几何理论研究非线性系统成为可能。通过对比研究线性系统中的不变子空间与非线性系统的不变分布，在理论上更好地解释了非线性系统的能观性、能控性及动态解耦等一些基本概念，因而成为研究非线性系统的有力数学工具。微分几何理论建立了线性系统与非线性系统几何方法之间近似的对应关系，详情如表 2.1 所示。

表 2.1　线性系统与非线性系统几何方法之间近似对应关系

| 线性系统 | 非线性系统 |
| --- | --- |
| 状态空间 | 微分流形 |
| 向量 | 向量场 |
| 子空间 | 子流形，分布 |
| 线性代数方法 | 李代数方法 |

应用微分几何理论研究非线性系统的能观性，实际上就是从空间几何的观点出发，阐述局部流形上状态轨迹曲线在输入激励下的不可接近性。线性控制系统的几何理论是在 20 世纪 70 年代前后提出的，应用几何理论能够对一些困难问题给出明确的解释。对应于一个给定的线性系统，可以将状态空间分解为一些特定

的子空间，如能控子空间、能观子空间、不变子空间等。而线性系统的状态轨线、输出或干扰等，只属于某些子空间或由其生成的超平面。因此，讨论这些子空间的性质即可了解线性系统的性质。而这些子空间以及有关的反馈控制都可以用线性代数的方法算出。

对于非线性系统，不管是状态轨线还是输出等，一般来说，都不能用子空间来描述。它们往往只属于某些低维子流形。粗略地说，是 **R**$^n$ 中的一些低维曲面。类似于线性系统的几何理论，我们可以通过对低维子流形的讨论来了解非线性系统的性质。这样，微分流形的方法就被有效地应用到非线性系统研究中去了。但是，直接讨论低维子流形往往是比较困难的，借助于 Frobenius 定理、Chow 定理及其推广，低维子流形与它们的切向量场所形成的分布就联系起来了。这些分布，对流形上的每一点来说，是切向量空间的子空间。对于这些子空间，讨论起来有许多便利之处。因此，可以把对低维子流形的讨论转换为对向量场及分布性质的研究。从子流形到分布，这是非线性系统几何方法讨论中比线性系统几何方法多出的一个环节，也是非线性系统的一种特征。

此外，鲁棒性一直是基于观测器故障诊断领域关注的重点和难点问题。采用观测器方法实现的故障诊断，理想的结果是系统在无故障条件下残差为零，而实际系统存在的未知干扰等不确定因素都影响残差的生成，区分干扰与故障的鲁棒性问题，几乎是所有基于观测器故障诊断技术要关注的重点。由于系统的不确定性可以分为结构和非结构不确定性[62]，且研究的对象包含多种类型，因而故障诊断的鲁棒性也有不同的处理方案。目前基于观测器鲁棒故障诊断的方法主要包括未知输入扰动解耦法、观测器/滤波器法及自适应学习法等。

未知输入解耦法是采用干扰解耦技术实现不确定性，对状态估计误差无影响，或者减小故障对估计误差的影响[63]。Caliskan 等[64]提出采用未知输入观测器（unknown input observer，UIO）方法开展线性不确定系统鲁棒故障检测研究，并将这一方法应用在频控电源系统中，其鲁棒性是通过设计与干扰分布矩阵结构正交的观测器矩阵实现的。Hamdi 等[65]针对 T-S 多模型描述形式的非线性系统设计了 UIO，并采用 LMI 技术得到了鲁棒故障检测的充分条件。文献[66]～[69]分别针对不同系统采用 UIO 方法实现鲁棒故障检测。应该指出，采用 UIO 方法实现鲁棒性的前提是系统的干扰分布矩阵必须满足一定的数值解耦条件，且可测输出维数必须大于未知输入维数。另外，微分几何也可作为扰动解耦的方法，其主要思想是采用微分几何变换，使得变换后的系统中干扰与故障分离，这样便可实现故障诊断的鲁棒性。文献[70]和[71]均采用这一原理实现了鲁棒故障诊断，同时也要看到，采用微分几何实现的鲁棒性也必须满足一定的约束条件，如严格正实。除此之外，特征结构配置法也在扰动解耦的鲁棒故障诊断中得到应用[72]。应该说，采用未知干扰完全解耦的方法可以实现干扰与故障完全分离，得到最精确的故障诊断结果，但是这种处理方法只能针对某一类系统，有些系统的系数矩阵和假设条件并不能满足要求，这也是这种处理方法推广使用的难点。

　　鉴于一些实际系统无法完全消除干扰对观测器残差造成的影响，观测器/滤波器法是实现鲁棒故障诊断的一种有效途径。它是在观测器的基础上添加滤波器，并使不确定性对残差的影响最小，从而将观测器的设计方法转化为一类优化问题。Karimi 等[73]针对包含时滞及非线性特性的不确定系统设计了 $H_\infty$ 故障检测滤波器，并给出了实现鲁棒性诊断的 LMI 形式解。Li 等[74]对于同一故障模型(状态及输出方程包含同一执行器或传感器故障)的不确定线性时变系统，给出了满足 $H_-/H_\infty$、$H_2/H_\infty$ 及 $H_\infty/H_\infty$ 指标的鲁棒故障检测滤波器设计方法。董全超等[75]针对包含时滞环节的不确定非线性系统，设计了 $H_\infty$ 故障检测滤波器，采用 Lyapunov-Krasovskii 法推导了观测器解存在的条件。有关观测器/滤波器方法实现鲁棒故障诊断的研究理论成果较多[76-82]，其主要是针对不同系统将观测器设计方法变为 $H_\infty$ 故障检测滤波器问题，或将滤波器设计方法转化为满足 $H_-/H_\infty$(或 $H_\infty/H_\infty$、$H_2/H_\infty$)约束指标的优化问题[83]。无论哪一种设计思路都无法彻底消除不确定性对残差的影响，此时基于阈值设置的残差评价方法特别重要。在应用方面，吴丽娜[62]将滤波器方法应用到卫星姿态控制系统中，得到了传感器鲁棒故障检测滤波器的 LMI 形式解，使得设计的检测滤波器包含鲁棒性、灵敏度等多项性能指标。应该指出，当系统的干扰分布矩阵已知时，采用未知输入扰动解耦法或观测器/滤波器法能够取得比较有效的鲁棒故障诊断效果，而对包含非结构不确定性效果一般，此时自适应学习法成为实现鲁棒故障诊断的主要途径。Zhang 等[84]采用自适应阈值设置方法来实现一类非线性动态系统的鲁棒故障检测，并基于奉献估计器思想实现了故障隔离，但是故障隔离的条件较为苛刻。文献[85]提出一种将自适应观测器及滤波器相结合的方法，以实现微小传感器故障的鲁棒检测，但自适应律选取大都依赖经验。冒泽慧等[86]运用神经网络给出了在线自适应阈值的残差评价方法，取得了较好的检测效果。

　　通过以上分析可以看出，基于残差方法实现的故障诊断，其鲁棒性重点要从残差生成和残差评价两方面着手，根据实际系统的不确定性结构特性，采用与之相对应有效的鲁棒性策略。对于干扰分布矩阵已知的不确定系统，在一定的条件和前提下可以采用未知输入观测器、观测器与滤波器结合等多种方法实现故障诊断的鲁棒性。对于分布矩阵未知的系统，采用自适应学习等方法会更具针对性。目前采用观测器的鲁棒故障诊断还有其他多种方法，如模糊观测器法、奉献观测器法、滑模观测器法等。

　　本章针对一类不能完全满足全局能观的非线性系统，在介绍微分流形、李导数、李代数及相对阶等概念基础之上，采用全局微分同胚变换，将原始系统转换为局部能观系统，在此基础之上，考虑到高增益观测器在非线性控制输出反馈镇定中，能够快速跟踪系统状态的特性，同时，结合模控制处理非线性系统参数变化及扰动强鲁棒性特点，本章综合高增益观测器和滑模观测器的设计优点，提出非线性系统高增益滑模观测器设计程式，通过开展数值仿真，检验鲁棒观测器设计方法的有效性。

## 2.2　预 备 知 识

为了便于读者理解本章后续部分高增益滑模观测器的设计过程，首先给出微分流形、李导数、李代数、相对阶、高增益观测器等基本概念，同时给出相关算例，以便加深理解。

### 2.2.1　微分流形

为了给出说明微分流形的概念，需要首先给出流形的基本定义。流形一般用维数来描述，对于采用状态方程描述的非线性系统而言，流形表示的是系统状态维数。从这个意义上讲，$n$ 维流形是指由多个同为 $n$ 维曲面所构成的超平面。

微分流形指光滑流形，采用"光滑"描述指流形有任意阶或指定阶导数 $n$ 维曲面。为了进一步说明微分流形的概念，引入光滑函数的概念进行说明。光滑函数是指函数的任意阶偏导数存在且连续。

针对式 (2.1) 所描述的非线性系统：

$$\dot{x}(t) = f(x) \tag{2.1}$$

其中，$f(x)$ 为光滑函数，表示 $f(x)$ 对 $x \in \mathbf{R}^n$ 的 $n$ 阶偏导数存在。此时，系统 (2.1) 所描述的状态空间是一个 $n$ 维微分流形。

### 2.2.2　李导数、李代数

以下给出微分同胚变换相关的李导数和李代数相关概念。

**定义 2.1**[87]　设 $\lambda$ 是定义在流形 $N$ 上的一个光滑实值函数，同时设 $f$ 是 $N$ 上的一光滑向量场。函数 $\lambda$ 沿向量场 $f$ 方向的李导数定义为

$$L_f \lambda(x) = \sum_{i=1}^{n} f_i(x) \frac{\partial \lambda}{\partial x_i} = \frac{\partial \lambda}{\partial x^{\mathrm{T}}} f(x) \tag{2.2}$$

从式 (2.2) 可以看出，函数 $\lambda$ 沿向量场 $f$ 方向的李导数 $L_f \lambda$ 就是向量场 $f$ 左乘一个行向量 $\partial \lambda / \partial x^{\mathrm{T}}$ 后的值。如果用记号 $\mathrm{d}\lambda$ 表示该行向量，也就是

$$\mathrm{d}\lambda = \frac{\partial \lambda}{\partial x^{\mathrm{T}}} = \begin{bmatrix} \dfrac{\partial \lambda}{\partial x_1} & \cdots & \dfrac{\partial \lambda}{\partial x_n} \end{bmatrix} \tag{2.3}$$

此时，函数 $\lambda$ 的李导数等于 $\mathrm{d}\lambda$ 和向量场 $f$ 的点积，即

$$L_f\lambda(x) = \langle \mathrm{d}\lambda, f \rangle \qquad (2.4)$$

式(2.2)给出了一阶李导数的定义，从一阶李导数的定义过程，给出 $k$ 阶李导数的定义如式(2.5)所示：

$$L_f^k\lambda(x) = L_f\left(L_f^{k-1}\lambda(x)\right) \qquad (2.5)$$

式(2.2)和式(2.5)给出了李导数的定义，对于非线性滑模观测器设计而言，有时还需要综合李代数的相关概念，为此给出李代数的定义。

**定义 2.2** 设 $\lambda$ 是定义在流形 $N$ 上的一个光滑实值函数，同时设 $f$、$g$ 是 $N$ 上的两个光滑向量场，此时李代数定义为

$$[f,g](x) = \frac{\partial g}{\partial x^{\mathrm{T}}}f(x) - \frac{\partial f}{\partial x^{\mathrm{T}}}g(x) \qquad (2.6)$$

从式(2.6)可以看出，通过李代数运算得到的仍然是一向量场，需要指出的是，为便于对李代数进行记号描述，通常将式(2.6)对应的李代数表述为如式(2.7)所示的形式：

$$[f,g](x) = ad_f g(x) \qquad (2.7)$$

式(2.6)和式(2.7)给出的是一阶李代数的表达式，而二阶李代数的表达式如式(2.8)所示：

$$[f,[f,g]](x) = ad_f^2 g(x) = [f, ad_f g] \qquad (2.8)$$

更进一步，三阶李代数的表达式如式(2.9)所示：

$$[f,[f,[f,g]]](x) = ad_f^3 g(x) = [f, ad_f^2 g] \qquad (2.9)$$

为了说明李代数的计算公式，以一个数值算例说明其求解过程。

**算例 2.1** 假设有两个向量场 $f(x)$、$g(x)$，表达式如式(2.10)所示：

$$f(x) = \begin{bmatrix} x_2 \\ -\sin x_1 - x_2 \end{bmatrix}, \quad g(x) = \begin{bmatrix} 0 \\ x_1 \end{bmatrix} \qquad (2.10)$$

通过以上李代数的定义可以得到：

$$[f,g](x) = ad_f g(x) = \begin{bmatrix} 0 & 0 \\ 1 & 0 \end{bmatrix}\begin{bmatrix} x_2 \\ -\sin x_1 - x_2 \end{bmatrix} - \begin{bmatrix} 0 & 1 \\ -\cos x_1 & -1 \end{bmatrix}\begin{bmatrix} 0 \\ x_1 \end{bmatrix} = \begin{bmatrix} -x_1 \\ x_1 + x_2 \end{bmatrix}$$

而二阶李代数的计算结果如下：

$$ad_f^2 g(x) = \begin{bmatrix} -x_1 - 2x_2 \\ x_1 + x_2 - \sin x_1 - x_1 \cos x_1 \end{bmatrix}$$

### 2.2.3 相对阶

考虑一仿射非线性系统如式 (2.11) 所示：

$$\begin{cases} \dot{x} = f(x) + g(x)u \\ y = h(x) \end{cases} \tag{2.11}$$

其中，$f(x)$、$g(x)$、$h(x)$ 均为一维光滑函数；$x$、$u$、$y$ 为对应状态、控制输入及输出向量。

**定义 2.3**　如果对于 $x_0$ 的一个邻域中的所有 $L_g h(x) = \cdots = L_g^{r-2} h(x) = 0$，则称系统 (2.11) 在点 $x_0$ 具有相对阶 $r$。

定义 2.3 给出的是，当 $f(x)$、$g(x)$ 及 $h(x)$ 均为一维光滑函数时相对阶的定义。如果 $f(x)$、$g(x)$ 及 $h(x)$ 为多维光滑函数，此时系统在点 $x_0$ 处具有相对阶向量 $(r_1, \cdots, r_m)$。

### 2.2.4 高增益观测器

高增益观测器的设计思想源自非线性控制系统的输出反馈镇定理论[88,89]。其主要针对的是如式 (2.12) 所示的二阶非线性系统，设计非线性系统的状态观测器：

$$\begin{cases} \dot{x}_1 = x_2 \\ \dot{x}_2 = \varPhi(x,u) \\ y = x_1 \end{cases} \tag{2.12}$$

其中，$u = \gamma(x)$ 为全状态反馈控制变量，使闭环系统稳定工作在平衡点；$\varPhi(x,u)$ 为非线性函数向量，设计系统的状态观测器为如下形式：

$$\begin{cases} \dot{\hat{x}}_1 = \hat{x}_2 + h_1(y - \hat{x}_1) \\ \dot{\hat{x}}_2 = \varPhi(\hat{x},u) + h_2(y - \hat{x}_1) \end{cases} \tag{2.13}$$

其中，$h_1$、$h_2$ 为常数，则观测器的偏差方程为

$$\begin{cases} \dot{\tilde{x}}_1 = -h_1 \tilde{x}_1 + \tilde{x}_2 \\ \dot{\tilde{x}}_2 = -h_2 \tilde{x}_1 + \delta(x,\tilde{x}) \end{cases} \tag{2.14}$$

其中，$\delta(x,\tilde{x}) = \varPhi(x,\gamma(\hat{x})) - \varPhi(\hat{x},\gamma(\hat{x}))$，$\tilde{x} = x - \hat{x}$。增益矩阵的选取使 $\lim_{t \to \infty} \tilde{x}(t) = 0$，

当干扰项 $\delta(x,\tilde{x})$ 不存在时，只要使 $A_0 = \begin{bmatrix} -h_1 & 1 \\ -h_2 & 0 \end{bmatrix}$ 为 Hurwitz 矩阵(矩阵 $A_0$ 的特征值全部小于 0 即可)；当干扰项 $\delta(x,\tilde{x})$ 存在时，观测器增益矩阵的选取同时要考虑如何消除 $\delta(x,\tilde{x})$ 对估计偏差 $\tilde{x}$ 的影响。简单推导可得到 $\tilde{x}$ 对 $\delta(x,\tilde{x})$ 的传递函数为

$$H_0(s) = \frac{\tilde{x}(s)}{\delta(s)} = \frac{1}{s^2 + h_1 s + h_2}\begin{bmatrix} 1 \\ s + h_1 \end{bmatrix} \tag{2.15}$$

可见，只要选取 $h_2 \gg h_1 \gg 1$，则 $H_0(s) \to 0$，这就达到了观测器设计的目的。此即为反馈镇定系统中高增益观测器设计的基本思想，该观测器由于对状态估计的鲁棒性以及对干扰较强的抑制能力而受到广泛的研究与应用[90-92]。将其推广到一般的具有变输入的多输入多输出(multiple input and multiple output, MIMO)非线性系统的观测器设计当中，就是本节要讨论的高增益观测器设计问题。

为了说明高增益观测器的设计过程，本节以某一非线性数值算例开展仿真研究，说明高增益观测器的设计过程。

考虑如式 (2.16) 所示的非线性系统：

$$\begin{cases} \dot{x} = \begin{bmatrix} 0 & 1 & 0 \\ 2.5 & 8.75 & -0.25 \\ -0.5 & 0.25 & -0.75 \end{bmatrix}x + u\begin{bmatrix} -0.5 & 0.75 & -0.25 \\ 12 & 8.5 & 14.5 \\ 1 & 0 & 4 \end{bmatrix}x \\ y = \begin{bmatrix} 1 & 0 & 0 \\ 0 & 0 & 1 \end{bmatrix}x \end{cases} \tag{2.16}$$

为了便于设计高增益观测器，采用线性变换方式，简化观测器设计过程。针对式 (2.16)，取坐标变换 $z = \Phi(x) = [h_1, h_2, L_f h_2]^T$，令 $f(x) = \begin{bmatrix} 0 & 1 & 0 \\ 2.5 & 8.75 & -0.25 \\ -0.5 & 0.25 & -0.75 \end{bmatrix}x$，

$h(x) = \begin{bmatrix} 1 & 0 & 0 \\ 0 & 0 & 1 \end{bmatrix}x$。在线性变换 $z = \Phi(x)$ 的作用下，系统 (2.16) 变换为如式 (2.17) 所示的形式：

$$\begin{cases} \dot{z} = \begin{bmatrix} 2 & 3 & 4 \\ 0 & 0 & 1 \\ 4 & 5 & 6 \end{bmatrix}z + u\begin{bmatrix} 1 & 2 & 3 \\ 1 & 4 & 0 \\ 5 & 6 & 7 \end{bmatrix}x \\ y = \begin{bmatrix} 1 & 0 & 0 \\ 0 & 1 & 0 \end{bmatrix}x \end{cases} \tag{2.17}$$

对于式 (2.17)，设计变换后系统的观测器如式 (2.18) 所示：

$$
\begin{bmatrix} \dot{\hat{z}}_1 \\ \dot{\hat{z}}_2 \\ \dot{\hat{z}}_3 \end{bmatrix} = \begin{bmatrix} 0 & 0 & 0 \\ 0 & 0 & 1 \\ 0 & 0 & 0 \end{bmatrix} \begin{bmatrix} \hat{z}_1 \\ \hat{z}_2 \\ \hat{z}_3 \end{bmatrix} + \begin{bmatrix} 2 & 3 & 4 \\ 0 & 0 & 0 \\ 4 & 5 & 6 \end{bmatrix} \begin{bmatrix} y_1 \\ y_2 \\ \hat{z}_3 \end{bmatrix} + u \begin{bmatrix} 1 & 2 & 3 \\ 1 & 4 & 0 \\ 5 & 6 & 7 \end{bmatrix} \begin{bmatrix} y_1 \\ y_2 \\ \hat{z}_3 \end{bmatrix}
$$

$$
+ \begin{bmatrix} T^{-1} & 0 & 0 \\ 0 & T^{-1} & 0 \\ 0 & 0 & T^{-2} \end{bmatrix} \begin{bmatrix} 1 & 0 \\ 0 & 3 \\ 0 & 2 \end{bmatrix} \begin{bmatrix} y_1 - \hat{z}_1 \\ y_2 - \hat{z}_2 \end{bmatrix} \tag{2.18}
$$

针对式(2.18)所设计的观测器，考虑系统包含的输出量测噪声情形，分两种(有输出量测噪声和无输出量测噪声)展开仿真研究。从式(2.18)可以看出，观测器状态跟踪值与所选取的时间常数 $T$ 有关，为此本书选取 $T=0.1$ 和 $T=1$ 两个数值分别展开仿真研究，得到的仿真结果为如图 2.1 所示的高增益观测器状态跟踪误差图。其中，图 2.1(a)为 $T=0.1$ 且无输出量测噪声的观测器状态误差收敛图，从图中的仿真结果可以看出，当 $T=0.1$ 时，如果不考虑输出的量测噪声，高增益观测器具有良好的状态跟踪特性。图 2.1(b)为 $T=1$ 且无输出量测噪声的观测器状态误差收敛图，从图中的仿真结果可以看出，当 $T=1$ 时，如果也不考虑输出的量测噪声，高增益观测器状态估计误差同样会快速收敛到 0，说明观测器具有良好的状态跟踪特性。图 2.1(c)为 $T=1$ 且系统有输出量测噪声(假设输出量测噪声为高斯白噪声，均值为 0，偏差度为 0.01)情况的状态估计误差收敛曲线，从图中可以看出，当 $T=1$ 时，即便系统有输出量测噪声，高增益观测器仍然具备较好的状态跟踪性能。图 2.1(d)为 $T=0.1$ 且系统有输出量测噪声(假设输出量测噪声为高斯白噪声，均值为 0，偏差度为 0.01)情况的状态估计误差收敛曲线，从图中可以看出，当 $T$ 的取值减小至 0.1 时，高增益观测器误差呈现较大波动，特别是状态 $z_3$ 的估计误差明显发散，此时观测器误差波动特别显著，呈现出微分器的特性，说明高增益观测器的性能显著降低，无法得到有效的状态估计结论。

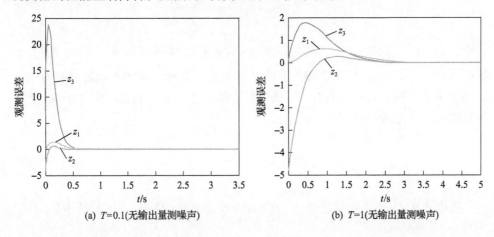

(a) $T=0.1$(无输出量测噪声)　　　　　　(b) $T=1$(无输出量测噪声)

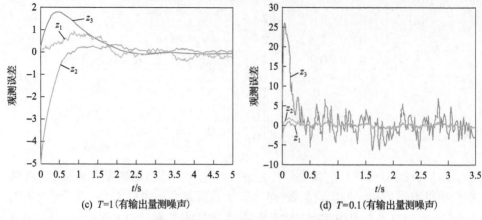

(c) $T=1$（有输出量测噪声）　　　　　　(d) $T=0.1$（有输出量测噪声）

图 2.1　高增益观测器的状态跟踪误差

从图 2.1 所示的数值仿真结果可以看出，高增益观测器在应对 MIMO 系统的非线性方面具有一定优势，只要满足一定的结构条件就可以构造具有任意非线性项系统的状态观测器；同时，这种观测器增益的选择只依赖增益系数 $T$，这使得观测器在不同的工作状态根据需要变换增益具有极大的灵活性。同时也要看到，高增益观测器的不足之处是第一步坐标变换的计算量较大，需要试探性地选择满足要求的结构参数。但总体来说是一种应用较为成熟与广泛的非线性系统状态观测器的设计方法。

## 2.3　多输入多输出仿射非线性系统描述

考虑一类具有执行器故障的多输入多输出仿射非线性系统为

$$\begin{cases} \dot{x} = f(x) + \sum_{i=1}^{m} g_i(x)u_i + d(x) + \beta(t-\tau)\xi(x,u) \\ y = h(x) \end{cases} \tag{2.19}$$

其中，$x \in \mathbf{R}^n$ 为系统状态，不可完全测量；$u \in \mathbf{R}^m$ 为系统控制输入；$y \in \mathbf{R}^p$ 为系统的可测输出；$f$、$g$ 为 $\mathbf{R}^n$ 及 $\mathbf{R}^m$ 上的已知光滑向量场，描述系统的动态特性；$d(x)$ 为未知干扰；$\xi(x,u)$ 为系统的执行器故障向量；$\beta(t-\tau)$ 为一时间函数，$\tau$ 为执行器故障发生的时刻，$\beta(t-\tau)$ 定义为

$$\beta(t-\tau) = \begin{cases} 0, & t < \tau \\ 1, & t \geqslant \tau \end{cases} \tag{2.20}$$

**假设 2.1**　对于非线性系统 (2.19)，系统状态 $x_{01} \in \mathbf{R}^n$ 与 $x_{02} \in \mathbf{R}^n$ 是可区分的，

即满足条件：$\exists u(t) \in \mathbf{R}^m$, s.t. $\forall t \geqslant 0: y(t, x_{01}, u) \neq y(t, x_{02}, u)$。

**假设 2.2**　无论系统是否出现故障，系统 (2.19) 的状态和控制信号保持有界，即存在某一稳定的 $\Omega \in \mathbf{R}^n \times \mathbf{R}^m$，使得 $(x(t), u(t)) \in \Omega$，$\forall t \geqslant 0$。

**假设 2.3**　当系统的不确定性为零且正常工作时，系统在原点邻域 $x \subset \mathbf{R}^n$ 是能观的，即满足 $\mathrm{rank}\left(\mathrm{d}h_i(x), \cdots, \mathrm{d}L_f^{n-1}h_i(x) : 1 \leqslant i \leqslant p\right) = n$。

在设计非线性系统的状态观测器之前，先给出与其相关的概念和基本知识。

**定义 2.4**[93]（非线性系统的能观性）　对于给定的非线性系统，如果对任意一个给定点 $x_0$，它的不可区分点集只有它本身，则称系统在 $x_0$ 是能观测的。若系统对所有的点 $x$ 均能观测，则称系统能观测。

**定义 2.5**[94]（相对阶向量）　设 $x_0 \in X$，如果存在 $x_0$ 的邻域 $U$ 及整数向量 $(\eta_1, \eta_2, \cdots, \eta_p)$ 使系统 (2.19) 满足下列条件：

(1) $L_{g_j} L_f^k h_i(x) = 0, \forall x \in U, 1 \leqslant j < m, 0 \leqslant k \leqslant \eta_i - 2$；

(2) 矩阵 $B(x) = \begin{bmatrix} L_{g_1} L_f^{\eta_1-1} h_1(x) & \cdots & L_{g_m} L_f^{\eta_1-1} h_1(x) \\ L_{g_1} L_f^{\eta_2-1} h_2(x) & \cdots & L_{g_m} L_f^{\eta_2-1} h_2(x) \\ \vdots & & \vdots \\ L_{g_1} L_f^{\eta_p-1} h_p(x) & \cdots & L_{g_m} L_f^{\eta_p-1} h_p(x) \end{bmatrix}$ 是非奇异的，$\forall x \in U$，称

$(\eta_1, \eta_2, \cdots, \eta_p)$ 为式 (2.19) 所描述系统的相对阶向量。

**定义 2.6**[94]（Lipschitz 条件）　设函数 $f$ 是定义在 $[a, b]$ 上的实函数，若有实数 $\psi > 0$，使对 $[a, b]$ 中的任何两点 $x_1$、$x_2$ 满足 $|f(x_1) - f(x_2)| \leqslant \psi_f |x_1 - x_2|$，则称函数 $f$ 在 $[a, b]$ 上满足 Lipschitz 条件，或称函数 $f$ 是 Lipschitz 的。

对于式 (2.19) 所描述的非线性系统，由于系统的非线性程度较高，且包含扰动、噪声等未知项，为了得到有效的状态估计，进而获取准确的故障诊断结论，本章尝试将高增益观测器和滑模观测器两种设计方法综合，充分利用高增益观测器在多输入多输出非线性系统中，经过特别设计能快速跟踪系统状态的特点，以及滑模观测器可以处理非线性系统参数变化及扰动鲁棒性较强的特性，得到系统 (2.19) 有效的状态估计结论。注意到 2.2.4 节中提到过，高增益观测器设计的前提要求系统为一能观规范型，然而系统 (2.19) 并不能完全满足这一条件，为此，在进行观测器设计之前，首先要通过全局微分同胚变换将系统 (2.19) 转换为能观规范型。

## 2.4　全局微分同胚变换

针对式 (2.19) 所述的仿射非线性系统，在假设条件的基础上，采用全局微分

同胚映射，将系统变换为能观规范型，如式(2.21)所示：

$$\begin{cases} \dot{z} = Az + \alpha(z) + \gamma(z)u + v(z) + \delta(z) \\ y = Cz \end{cases} \tag{2.21}$$

其中，坐标变换定义为 $z = \Phi(x) = [h_1, L_f h_1, \cdots, L_f^{\eta_1-1} h_1, \cdots, h_p, L_f h_p, \cdots, L_f^{\eta_p-1} h_p]^{\mathrm{T}}$，且有

$$A = \begin{bmatrix} A_1 & & \\ & \ddots & \\ & & A_p \end{bmatrix}, \quad A_k = \begin{bmatrix} 0 & 1 & \cdots & 0 \\ \vdots & & \ddots & \\ 0 & \cdots & 0 & 1 \\ 0 & \cdots & 0 & 0 \end{bmatrix} \tag{2.22}$$

其中，$A_k$ 的阶数为 $\eta_k (k = 1, 2, \cdots, p)$，且满足 $\sum_{i=1}^{p} \eta_i = n$。另外式(2.21)中的各向量组成的表达式如下：

$$\alpha(z) = \begin{bmatrix} \alpha_1 & \cdots & \alpha_n \end{bmatrix}^{\mathrm{T}} = \left[ \frac{\partial \Phi}{\partial x} f(x, u) - Az \right]\Big|_{x = \Phi^{-1}(z)}, \quad v(z) = \frac{\partial \Phi}{\partial x} d(x, u)\Big|_{x = \Phi^{-1}(z)}$$

$$\delta(z) = \frac{\partial \Phi}{\partial x} \xi(x, u)\Big|_{x = \Phi^{-1}(z)}, \quad \gamma(z) = \begin{bmatrix} \gamma_1 & \cdots & \gamma_n \end{bmatrix}^{\mathrm{T}} = \frac{\partial \Phi}{\partial x} g(x, u)\Big|_{x = \Phi^{-1}(z)}$$

$$\tag{2.23}$$

其中，$\alpha(z)$、$v(z)$、$\delta(z)$、$\gamma(z)$ 均为有界且满足 Lipschitz 条件，系统输出矩阵的表达式为

$$C = \begin{bmatrix} C_1 & & \\ & \ddots & \\ & & C_p \end{bmatrix}, \quad C_k = \begin{bmatrix} 1 & 0 & \cdots & 0 \end{bmatrix}_{1 \times \eta_k} \tag{2.24}$$

## 2.5   观测器控制增益设计

对式(2.21)所述的系统设计高增益滑模观测器：

$$\begin{cases} \dot{\hat{z}} = A\hat{z} + \alpha(\hat{z}) + \gamma(\hat{z})u + L(y - C\hat{z}) + u_r(t) \\ \hat{y} = C\hat{z} \end{cases} \tag{2.25}$$

其中，上标 "∧" 代表相应量所对应的观测值；$L$ 为观测器增益矩阵，其设计方法在后续章节中给出；$u_r(t)$ 为滑模变结构输入信号，表达式为

$$u_r(t) = \begin{cases} \rho \dfrac{y - C\hat{z}}{\|y - C\hat{z}\|}, & y \neq C\hat{z} \\ 0, & y = C\hat{z} \end{cases} \tag{2.26}$$

其中，滑模增益 $\rho$ 的选取方法将由定理 2.2 给出。

根据文献[95]和[96]中高增益观测器的设计原理，观测器增益矩阵 $L$ 设计为

$$L = S_\theta^{-1} C^T \tag{2.27}$$

其中，$S_\theta$ 为满足 Lyapunov 方程 (2.28) 的解，其计算值可通过式 (2.29) 求得，$\theta$ 为一正常数：

$$\theta S_\theta + A^T S_\theta + S_\theta A - C^T C = 0 \tag{2.28}$$

$$S_\theta(i,j) = \frac{(-1)^{i+j} C_{i+j-2}^{j-1}}{\theta^{i+j-1}}, \quad 1 < i, j < n, \quad C_n^r = \frac{n!}{(n-r)!r!} \tag{2.29}$$

**注 2.1**　按照式 (2.27) 方法选取观测器增益矩阵，是使得观测器的估计状态 $\hat{z}$ 能较快跟踪系统状态 $z$，且满足 $\|\hat{z} - z\| \leqslant K(\theta)\|\hat{z}_0 - z_0\|$，其详细的证明过程参考文献[96]，本书不再证明。

### 2.5.1　控制增益设计

**定理 2.1**　在假设成立的情况下，当没有执行器故障出现时，存在 $\theta$ 值，使得 $\theta > \theta_0$，其中，$\theta_0 = 2n(l_\alpha + l_\gamma u_{\max}) + 2M$，则由式 (2.25) 确定的高增益滑模观测器状态能够渐近趋近原系统 (2.21) 的状态。

**证明**　定义 $e = \hat{z} - z$，$e_y = \hat{y} - y$，则由式 (2.21)、式 (2.25) 和式 (2.27) 可得

$$\dot{e} = (A - S_\theta^{-1} C^T C)e + \alpha(\hat{z}) - \alpha(z) + [\gamma(\hat{z}) - \gamma(z)]u + u_r(t) - v(z) \tag{2.30}$$

为方便分析，定义一对角阵 $\Delta_\theta$，其表达式为 $\Delta_\theta = \mathrm{diag}\{\Delta_{\theta_{\eta_1}}, \Delta_{\theta_{\eta_2}}, \cdots, \Delta_{\theta_{\eta_p}}\}$，$\Delta_{\theta_{\eta_i}} = \mathrm{diag}\left\{1, \dfrac{1}{\theta}, \cdots, \dfrac{1}{\theta^{\eta_i - 1}}\right\}$，于是有式 (2.31) 成立：

$$S_\theta = \frac{1}{\theta}\Delta_\theta S_1 \Delta_\theta, \quad \Delta_\theta A \Delta_\theta^{-1} = \theta A, \quad C\Delta_\theta = C\Delta_\theta^{-1} = C \tag{2.31}$$

式 (2.31) 中 $S_1$ 为 $\theta = 1$ 时的矩阵，令 $\varsigma = \Delta_\theta e$，于是有

$$\begin{aligned} \dot{\varsigma} = \Delta_\theta\left(A - S_\theta^{-1} C^T C\right)\Delta_\theta^{-1}\varsigma + \Delta_\theta[\alpha(\hat{z}) - \alpha(z)] \\ + \Delta_\theta[\gamma(\hat{z}) - \gamma(z)]u + \Delta_\theta[u_r(t) - v(z)] \end{aligned} \tag{2.32}$$

将式(2.31)代入式(2.32)可得

$$
\begin{aligned}
\dot{\varsigma} = {} & \theta(A - S_1^{-1} C^{\mathrm{T}} C)\varsigma + \Delta_\theta \left[\alpha(\hat{z}) - \alpha(z)\right] + \Delta_\theta \left[\gamma(\hat{z}) - \gamma(z)\right] u \\
& + \Delta_\theta \left[u_r(t) - v(z)\right]
\end{aligned}
\tag{2.33}
$$

定义 Lyapunov 函数为 $V = \varsigma^{\mathrm{T}} S_1 \varsigma$，则 $V$ 沿式(2.33)的导函数为

$$
\begin{aligned}
\dot{V} = {} & \varsigma^{\mathrm{T}} \theta \left[(A - S_1^{-1} C^{\mathrm{T}} C)^{\mathrm{T}} S_1 + S_1(A - S_1^{-1} C^{\mathrm{T}} C)\right] \varsigma \\
& + 2\varsigma^{\mathrm{T}} S_1 \Delta_\theta \left\{\alpha(\hat{z}) - \alpha(z) + \left[\gamma(\hat{z}) - \gamma(z)\right] u\right\} + 2\varsigma^{\mathrm{T}} S_1 \Delta_\theta \left[u_r(t) - v(z)\right]
\end{aligned}
\tag{2.34}
$$

由式(2.28)可知

$$
\varsigma^{\mathrm{T}} (A^{\mathrm{T}} S_1 + S_1 A)\varsigma = \varsigma^{\mathrm{T}} (C^{\mathrm{T}} C - S_1)\varsigma
\tag{2.35}
$$

将式(2.35)代入式(2.34)得

$$
\begin{aligned}
\dot{V} = {} & -\theta \varsigma^{\mathrm{T}} S_1 \varsigma - \theta \|C\varsigma\|^2 + 2\varsigma^{\mathrm{T}} S_1 \Delta_\theta \left\{\alpha(\hat{z}) - \alpha(z) + \left[\gamma(\hat{z}) - \gamma(z)\right] u\right\} \\
& + 2\varsigma^{\mathrm{T}} S_1 \Delta_\theta \left[u_r(t) - v(z)\right] \\
\leqslant {} & -\theta V + 2\varsigma^{\mathrm{T}} S_1 \Delta_\theta \left\{\alpha(\hat{z}) - \alpha(z) + \left[\gamma(\hat{z}) - \gamma(z)\right] u\right\} + 2\varsigma^{\mathrm{T}} S_1 \Delta_\theta \left[u_r(t) - v(z)\right]
\end{aligned}
\tag{2.36}
$$

由假设 2.3 及干扰信号和输入信号有界性可知，经坐标变换后的 $\alpha(z)$ 及 $\gamma(z)$ 满足 Lipschitz 条件，即满足

$$
\begin{cases}
\left\|\alpha_j(\hat{z}) - \alpha_j(z)\right\| \leqslant l_{\alpha_j} \|\hat{z} - z\| \\
\left\|\gamma_j(\hat{z}) - \gamma_j(z)\right\| \leqslant l_{\gamma_j} \|\hat{z} - z\| \\
\left\|u_r(\hat{z}) - v(z)\right\| \leqslant M \|\hat{z} - z\|
\end{cases}
\tag{2.37}
$$

其中，$l_{\alpha_j}$、$l_{\gamma_j}$ 分别为各自对应的 Lipschitz 常数，$M = |\rho_0 + v_{\max}|$（$\rho_0$ 由下文的定理 2.2 给出），$\|v(z)\| \leqslant v_{\max}$，则由式(2.37)可得不等式成立：

$$
\begin{aligned}
& \left\|\Delta_\theta \left\{\alpha(\hat{z}) - \alpha(z) + \left[\gamma(\hat{z}) - \gamma(z)\right] u\right\}\right\| \\
\leqslant {} & \sum_{j=1}^{\eta_i} \left|\frac{1}{\theta^{j-1}} \left\{\alpha_j(\hat{z}) - \alpha_j(z) + \left[\gamma_j(\hat{z}) - \gamma_j(z)\right] u\right\}\right| \\
\leqslant {} & \sum_{j=1}^{\eta_i} (l_\alpha + l_\gamma u_{\max}) \left|\frac{e_j}{\theta^{j-1}}\right| \\
\leqslant {} & n(l_\alpha + l_\gamma u_{\max}) \|\varsigma\|
\end{aligned}
\tag{2.38}
$$

其中，$l_\alpha = \sup_j |l_{\alpha_j}|$ 和 $l_\gamma = \sup_j |l_{\gamma_j}|$ 是 $\alpha(z)$ 和 $\gamma(z)$ 最大的 Lipschitz 常数，$\|u\| \le u_{max}$，于是有

$$
\begin{aligned}
\left\| \Delta_\theta \left[ u_r(t) - v(z) \right] \right\| &= \left\| \Delta_\theta \left[ \rho \frac{y - C\hat{z}}{\|y - C\hat{z}\|} - v(z) \right] \right\| \\
&\le \left\| \Delta_\theta (\rho + v_{max}) e \right\| \\
&\le M \|\varsigma\|
\end{aligned}
\tag{2.39}
$$

将式(2.38)和式(2.39)代入式(2.36)，得

$$
\begin{aligned}
\dot{V} &\le -\theta V + 2n(l_\alpha + l_\gamma u_{max})V + 2MV \\
&= -\left[ \theta - 2n(l_\alpha + l_\gamma u_{max}) - 2M \right] V
\end{aligned}
\tag{2.40}
$$

由式(2.40)可知，当 $\theta > 2n(l_\alpha + l_\gamma u_{max}) + 2M = \theta_0$ 时，$\dot{V} \le -qV \le 0$，$q = \theta - 2n(l_\alpha + l_\gamma u_{max}) - 2M > 0$。证毕。

从定理 2.1 的证明过程可看出，通过定义 Lyapunov 函数，分析系统的稳定性，可求出高增益滑模观测器状态收敛的约束条件。同时，为确保设计的观测器具有鲁棒稳定性，即使得由式(2.26)所示的滑模控制项能克服系统的参数变化、干扰等带来的影响，必须求出相应的约束条件，由定理 2.2 给出。

### 2.5.2　滑模增益设计

**定理 2.2**　在假设成立的情况下，当没有执行器故障出现时，观测器增益取值满足 $\theta > \theta_0$，此时存在 $\rho_0$，且 $\rho_0 = e_{2max} + v_{max}$，使得当滑模增益 $\rho > \rho_0$ 时，滑模运动将收敛到滑模面 $s = \{e_y : e_y = Ce = 0\}$ 上。

**证明**　定义 Lyapunov 函数为 $V_1 = \frac{1}{2} e_y^T e_y$，由于 $\dot{e}_y = Ce$，于是有 $\dot{V}_1 = \frac{1}{2}\dot{e}^T(C^TC)e + \frac{1}{2}e^T(C^TC)\dot{e}$，将式(2.27)、式(2.28)及式(2.30)代入得

$$
\begin{aligned}
\dot{V}_1 &= -\theta e^T(C^TC)e - \frac{1}{2}e^T\left[ \left(S_\theta^{-1}A^TS_\theta\right)^T C^TC + C^TC\left(S_\theta^{-1}A^TS_\theta\right) \right]e \\
&\quad + \left[ \alpha(\hat{z}) - \alpha(z) + (\gamma(\hat{z}) - \gamma(z))u \right]^T C^TCe \\
&\quad + \left[ u_r(t) - v(z) \right]^T C^TCe
\end{aligned}
\tag{2.41}
$$

由式(2.37)和式(2.38)可得

$$\dot{V}_1 < -n\theta\|e\|^2 + nl_\alpha\|e\|^2 + nl_\gamma u_{\max}\|e\|^2 + C^{\mathrm{T}}\left[\left(S_\theta^{-1}A^{\mathrm{T}}S_\theta\right)^{\mathrm{T}}e + v(z) - u_r\right]C$$
$$< C^{\mathrm{T}}\left[\left(S_\theta^{-1}A^{\mathrm{T}}S_\theta\right)^{\mathrm{T}}e + v(z) - u_r\right]C \tag{2.42}$$

令 $e_2 = \left(S_\theta^{-1}A^{\mathrm{T}}S_\theta\right)^{\mathrm{T}}e$，$\|e_2\| \leqslant e_{2\max}$，则由定理 2.1 的结论及式 (2.24) 中 $C$ 的定义可知，当 $\rho > e_{2\max} + v_{\max}$ 时，$\dot{V}_1 < 0$。证毕。

**注 2.2**　由定理 2.1 和定理 2.2 可得，为实现状态估计量 $\hat{z}$ 在有限时间内趋近真实量 $z$，滑模控制输入高频切换引起抖振。为避免抖振，将滑模控制输入式 (2.26) 调整为

$$u_r(t) = \begin{cases} \rho\dfrac{y - C\hat{z}}{\|y - C\hat{z}\|}, & \|z - \hat{z}\| \geqslant \varepsilon \\ 0, & \|z - \hat{z}\| < \varepsilon \end{cases} \tag{2.43}$$

其中，$\varepsilon$ 是充分小的正常数。这样，状态误差将限定在一个很小的邻域内。

## 2.6　鲁棒故障检测程式

由定理 2.1 和定理 2.2 可知，当系统正常工作时，通过设计观测器增益矩阵能够实现状态的快速跟踪，选取合适的滑模增益能够使得观测器误差不受未知扰动等不确定性的影响；当系统出现故障时，按照定理 2.2 设计的滑模增益使得滑模运动偏离滑模面，导致观测器无法跟踪系统状态而产生偏差，故通过分析系统的输出误差便能判定系统是否出现故障。从以上分析可知输出误差受执行器的影响，而不受干扰影响，因而设计的高增益滑模观测器对故障敏感而对未知干扰具有鲁棒性。于是可以通过以下逻辑划分来判断系统是否发生执行器故障：

$$\begin{cases} \|e_y\| < J_0, & \text{无执行器故障} \\ \|e_y\| \geqslant J_0, & \text{至少有一个执行器故障} \end{cases} \tag{2.44}$$

其中，$J_0$ 为人为设定的故障阈值，其大小应大于无故障时残差范数的最大值。

## 2.7　数　值　算　例

以某永磁同步电机模型为例，采用本章方法开展执行器故障检测仿真研究，当电机正常工作时，在旋转坐标轴 $d$-$q$ 下的系统模型可以描述为

$$
\begin{cases}
\dot{x}_1 = -a_1 x_1 + a_2 x_2 x_3 + b_1 u_1 \\
\dot{x}_2 = -a_1 x_2 - a_2 x_1 x_3 - a_2 a_3 x_3 + b_2 u_2 \\
\dot{x}_3 = -a_5 x_3 + a_2 a_4 x_2 - b_3 u_3 \\
y_1 = x_1 \\
y_2 = -a_1 x_1 + a_2 x_2 x_3 \\
y_3 = x_2
\end{cases}
\tag{2.45}
$$

其中，$[x_1, x_2, x_3]^{\mathrm{T}} = [i_d, i_q, \omega]^{\mathrm{T}}$，$[u_1, u_2, u_3]^{\mathrm{T}} = [u_d, u_q, T_L]^{\mathrm{T}}$，$b_1 = b_2 = 1/L_0$，$[y_1, y_2]^{\mathrm{T}} = [i_d, i_q]^{\mathrm{T}}$，$a_1 = R/L_0$，$a_2 = n_p$，$a_3 = K_E/L_0$，$a_4 = 3K_E/(2J)$，$a_5 = f/J$，$b_3 = 1/J$，电机的主要参数如表 2.2 所示。

**表 2.2　电机主要参数**

| 参数 | 数值 | 参数 | 数值 |
|---|---|---|---|
| 定子绕组电阻 $R$ | 0.39Ω | 定子绕组互感 $L_0$ | 0.444mH |
| 极对数 $n_p$ | 3 | 转动惯量 $J$ | 0.035kg·m² |
| 反电势常数 $K_E$ | 0.1105V·s | 黏滞摩擦系数 $f$ | 0.0037N·m·rad/s |

依据相对阶向量，选取系统的坐标变换为 $z = \Phi(x) = [x_1, -a_1 x_1 + a_2 x_2 x_3, x_2]^{\mathrm{T}}$，经全局同胚映射后系统变换为

$$
\begin{cases}
\dot{z}_1 = z_2 + b_1 u_1 + m_1 \sin z_3 \\
\dot{z}_2 = \alpha_2(z) - a_1 b_1 u_1 + \dfrac{b_2 u_2 (z_2 + a_1 z_1)}{z_3} - a_2 b_3 q z_3 + v_2(z) \\
\dot{z}_3 = \alpha_3(z) + b_2 u_2 + m_2 \sin z_3 \\
y = Cz
\end{cases}
\tag{2.46}
$$

其中，$\alpha_2(z) = -(a_1^2 + a_1 a_5) z_1 - (2a_1 + a_5) z_2 + a_2^2 a_4 z_3^2 - \dfrac{(z_1 + a_3)(z_2 + a_1 z_1)^2}{z_3^2}$，$v_2(z) =$
$-a_1 m_1 \sin z_3 + m_2 \dfrac{z_2 + a_1 z_1}{z_3} \sin z_3 + a_2 m_3 z_3 \sin z_3$，$\alpha_3(z) = -a_1 z_3 - \dfrac{(z_1 + a_3)(z_2 + a_1 z_1)}{z_3}$，

于是有 $A = \begin{bmatrix} 0 & 1 & 0 \\ 0 & 0 & 0 \\ 0 & 0 & 0 \end{bmatrix}$，$C = \begin{bmatrix} 1 & 0 & 0 \\ 0 & 1 & 0 \\ 0 & 0 & 1 \end{bmatrix}$，将 $n=3$ 代入式（2.29），容易求出 $S_\theta$ 及 $S_\theta^{-1}$ 的表达式。

由定理 2.1 和定理 2.2 可求得观测器增益为 $L = \begin{bmatrix} 12 & 48 & 64 \\ 48 & 320 & 512 \\ 64 & 512 & 1024 \end{bmatrix}$；系统输入为

$[-10.4, 59.1, 2]^T$，初始状态设置为 $[0, 0, 2500]^T$，当电机正常工作时，设置系统所受的扰动为 $[m_1 \sin x_2, m_2 \sin x_2, m_3 \sin x_2]^T$，干扰系统取值为 $[1, 2, 2]^T$，设置 40s 时输入转矩由 $2N \cdot m$ 增加为 $10N \cdot m$，在 70s 减小为 $2N \cdot m$ 时，对比有滑模项和无滑模项时观测器的转速输出，并与实际值比较，结果如图 2.2 所示。

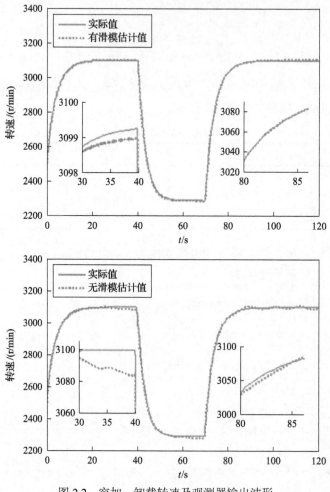

图 2.2　突加、卸载转速及观测器输出波形

对比图 2.2 可以看出，在观测器设计时引入的滑模项可以很好地消除干扰的影响，使得观测器的状态输出更接近于实际值，为实现准确的故障检测打下了坚实的基础。为了说明观测器的故障检测效果，设定执行器在第 40s 发生故障类型 1，且故障类型 1 为 $[\xi_1(t), 0, 0]^T$，$\xi_1(t)$ 是幅值为 0.08、频率为 400Hz 的正弦信号，滑模增益为 $\rho_0 = 2$，$\theta_0 = 4$，设定 $\varepsilon = 0.001$，此时系统与观测器的残差范数曲线如图 2.3 所示，从仿真结果可以看出，在故障未发生时，残差范数在零附近波动，

说明本节设计的观测器可以很好地抑制干扰对残差范数输出的影响，当故障发生时，系统残差范数明显偏离零值，所设计的观测器具有很强的鲁棒性，故障检测时间短，对故障的灵敏度高，检测效果好。

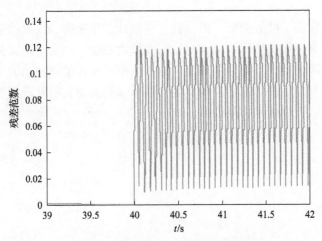

图 2.3　故障类型 1 的残差范数曲线

为了检验本章设计观测器方法在强干扰条件下的鲁棒故障检测效果，设系统模型所受的干扰是能量为 0.5 的白噪声，故障类型 2 突变幅值为 6，故障发生时间为 $t$ =10s，系统的残差范数曲线如图 2.4 所示。

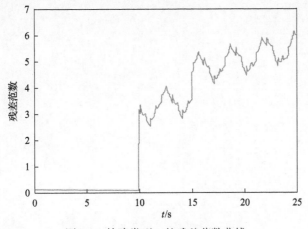

图 2.4　故障类型 2 的残差范数曲线

从图 2.3 和图 2.4 可看出，当出现强干扰条件时，若系统没有发生执行器故障，系统的观测器输出的残差范数在 0 附近，当系统发生突变故障时，观测器的滑模运动破坏，观测器输出的残差范数大于 0，且变化无规律，此时可判定系统发生故障，但无法给出故障的具体类型。与基于残差的观测器方法不同，采用故障重构的观测器设计方法可以实现故障的准确定位。

## 2.8 小　结

本章首先介绍了微分流形、李导数、李代数、相对阶、高增益观测器等相关基础知识，针对一类含执行器故障的仿射非线性系统，结合全局微分同胚映射变换，从增益矩阵、滑模控制增益两方面给出了用于鲁棒故障检测的高增益滑模观测器设计方法，并开展了仿真算例研究，结果表明高增益滑模观测器方法可以快速地实现鲁棒状态估计和故障检测。

# 第 3 章　不匹配非线性系统滑模故障重构观测器设计

## 3.1　引　　言

在第 1 章中已经提到，采用滑模观测器开展故障重构研究的前提是系统需要满足观测器匹配条件，然而对于许多实际系统而言，匹配条件并不能满足，研究不匹配条件下的滑模重构观测器设计方法，对于解决实际系统的故障诊断与容错控制问题更有意义。此外，近年来，采用滑模观测器的故障重构方法在线性系统中成果丰硕，但在非线性系统中进展缓慢；一方面非线性系统本身存在建模、控制不完善的问题，另一方面实际系统的非线性种类繁多，无法提出统一的故障重构方法。因此，针对非线性系统在滑模匹配条件不满足的前提下，研究故障重构观测器设计方法具有重大现实意义。

自从 Edwards 等[2]于 2000 年首先提出采用滑模等效输出误差注入原理实现线性系统故障重构，滑模观测器以其独特的优越性成为故障重构领域的主要方法，得到了广泛应用。与基于残差的故障诊断方法相同，鲁棒性也是故障重构所需关注的重点问题。开展基于滑模观测器的故障重构研究重点要把握两个问题：一是设计观测器使状态估计误差为零或误差范数维持在某一范围很小的邻域内；二是设计滑模增益确保滑模运动能克服未知干扰、故障等不确定项的影响，经过有限时间到达滑模面。本书提到的滑模重构观测器设计也是基于这两点展开的。

采用滑模观测器的故障重构技术能够在线重构系统的执行器故障，从而实现故障的准确定位，但需要满足观测器匹配条件，且非线性项的引入可能使得观测器状态估计误差不收敛，同时未知故障的影响可能使得滑模运动不能收敛到滑模面，从而无法实现精确的故障重构。本章正是针对这些问题，研究观测器匹配条件不满足时非线性 Lipschitz 系统的故障重构问题，考虑故障信息未知的情形，设计自适应滑模观测器以实现故障的在线重构。在设计滑模重构观测器增益矩阵的过程中，会涉及 LMI、Schur 补引理等相关基础理论知识，为此本章首先给出相关基础理论知识的描述。

## 3.2　预　备　知　识

LMI 一开始是用于求解数学上的优化问题，后来被大量用于控制领域。系统中很多约束优化问题可以转化为 LMI 的形式，一旦问题转化为 LMI 的形式，接下来的重点就是寻找有效的算法来求解凸优化问题，而当很多用矩阵等式约束表达的多目标多约束优化问题很难求出解析解时，采用LMI技术往往能求得最优解，这也是其得到广泛应用的原因之一。

**定义 3.1**[97]　LMI 的通用表达式为

$$F(x) = F_0 + \sum_{i=1}^{m} x_i F_i > 0 \tag{3.1}$$

其中，$F_i = F_i^{\mathrm{T}} \in \mathbf{R}^{n \times n}, i = 0,1,\cdots,m$ 为给定的对称矩阵；$x = [x_1,\cdots,x_m]^{\mathrm{T}} \in \mathbf{R}^m$ 是未知的决策向量，元素 $x_i$ 称为决策变量。表达式 $F(x) > 0$ 表明 $F(x)$ 为正定矩阵，即对任意给定的非零向量 $v \in \mathbf{R}^n$，均满足 $v^{\mathrm{T}} F(x) v > 0$ 或矩阵 $F(x)$ 的 $\lambda_{\min}(F(x))$ 均大于零。若 $F(x) > 0$，则式 (3.1) 为严格的 LMI，若 $F(x) \geqslant 0$，则说明该 LMI 是非严格的。当集合 $\{x \mid F(x) > 0\}$ 包含可行的 $x$ 时，说明该 LMI 有解。另外也注意到，采用消除 LMI 中隐含等式约束的办法，任何非严格的 LMI 都可以等价转化为严格的 LMI。

若 $x_1$ 和 $x_2$ 均为满足式 (3.1) 的两个变量，即 $F(x_1) > 0, F(x_2) > 0$，则存在可行的 $\lambda \in (0,1)$，使得

$$F(\lambda x_1 + (1-\lambda)x_2) = \lambda F(x_1) + (1-\lambda)F(x_2) \tag{3.2}$$

集合 $\{x \mid F(x) > 0\}$ 是一个凸集，即式 (3.1) 描述的 LMI 是一组凸约束。另外，多组 LMI 可以通过一组 LMI 来表示，例如：$F^1(x) > 0$，$F^2(x) > 0$，$\cdots$，$F^m(x) > 0$，可以等效转化为一组 LMI，如下所示：

$$F(x) = \begin{bmatrix} F^1(x) & & & \\ & F^2(x) & & \\ & & \ddots & \\ & & & F^m(x) \end{bmatrix} = F_0 + \sum_{i=1}^{m} x_i F_i > 0 \tag{3.3}$$

其中，$F_i = \mathrm{diag}\{F_i^1, F_i^2, \cdots, F_i^m\}, \forall i = 0,1,\cdots,m$；$\mathrm{diag}\{F_i^1, F_i^2, \cdots, F_i^m\}$ 为分块对角矩阵。

常见的 LMI 问题有三类[97]：可行解问题、特征值问题以及广义特征值问题。大多数的凸优化问题都可以转化成这三种问题中的一种。

(1) 可行解问题：对于给定的 LMI，$F(x) > 0$，检验其是否存在解 $x_{\text{feas}}$，如果存在这样的 $x_{\text{feas}}$，则该 LMI 问题是可行的，否则是不可行的。

(2) 特征值问题：在给定的 LMI 约束下，对称矩阵最大特征值的最小化问题，通用表达形式为

$$\min \lambda$$
$$\text{s.t.} \begin{cases} \lambda I - A(x) > 0 \\ B(x) > 0 \end{cases} \tag{3.4}$$

其中，$A$、$B$ 是与变量 $x$ 有关的对称矩阵，这类问题还可以描述为关于变量 $x$ 线性函数的约束规划问题，如下所示：

$$\min c^{\mathrm{T}} x$$
$$\text{s.t.} \ F(x) > 0 \tag{3.5}$$

其中，$F(x) > 0$ 为与变量 $x$ 有关的对称矩阵。

(3)广义特征值问题：求两函数矩阵的最大广义特征值在 LMI 约束下的最小值，数学表达形式如下所示：

$$\min \lambda$$
$$\text{s.t.} \begin{cases} \lambda B(x) - A(x) > 0 \\ B(x) > 0 \\ C(x) > 0 \end{cases} \tag{3.6}$$

其中，$A$、$B$、$C$ 是与 $x$ 有关的矩阵。

在控制器的设计过程中，常常会遇到一些不是 LMI 约束，但是采用一定的变换就能转化为 LMI 约束的情形，Schur 补引理就是实现这一转化的有力工具。

**引理 3.1**[97]（Schur 补引理）　对于分块对称矩阵 $S = S^{\mathrm{T}} \in \mathbf{R}^{(n+m)\times(n+m)}$：

$$S = \begin{bmatrix} S_{11} & S_{12} \\ S_{21} & S_{22} \end{bmatrix} \tag{3.7}$$

其中，$S_{11} \in \mathbf{R}^{n\times n}$，$S_{12} = S_{21}^{\mathrm{T}} \in \mathbf{R}^{n\times m}$，$S_{22} \in \mathbf{R}^{m\times m}$，且 $S_{11}^{-1}$、$S_{22}^{-1}$ 存在，则以下三个条件是等价的：

(1) $S < 0$；

(2) $S_{11} < 0$，且 $S_{22} - S_{12}^{\mathrm{T}} S_{11}^{-1} S_{12} < 0$；

(3) $S_{22} < 0$，且 $S_{11} - S_{12} S_{22}^{-1} S_{12}^{\mathrm{T}} < 0$。

以上三个等价条件在本书的观测器及容错控制器的设计中将会陆续用到，另外再引用几个常用引理，以便后文的分析和研究。

**引理 3.2**[97]　对于任意的正实数 $\varepsilon > 0$，矩阵 $X$ 和 $Y$ 满足

$$2X^{\mathrm{T}} Y \leqslant \frac{1}{\varepsilon} X^{\mathrm{T}} X + \varepsilon Y^{\mathrm{T}} Y \tag{3.8}$$

**引理 3.3**[97]　对于任意选定的向量 $x, y \in \mathbf{R}^{n\times 1}$ 以及正定矩阵 $W \in \mathbf{R}^{n\times n}$，存在着

可行的正实数 $\varepsilon > 0$ ，使得以下不等式成立：

$$2x^{\mathrm{T}}Wy \leqslant \varepsilon^{-1}x^{\mathrm{T}}Wx + \varepsilon y^{\mathrm{T}}W^{-1}y \tag{3.9}$$

**引理 3.4**[97]　设 $\Omega \subset \mathbf{R}^n$ 是包含原点的定义域，假设存在一个连续可微的正定函数 $I(t,x)$ ，对于 $(t,x) \in [0,\infty) \times \Omega$ ，满足

$$W_1(x) \leqslant I(t,x) \leqslant W_2(x), \quad \dot{L}(t,x) \leqslant -\mu W_3(x) + \phi \tag{3.10}$$

其中，$\phi$ 为正实数，$\forall t \geqslant 0$ ，$\forall x \in \Omega$ ，$W_1(x)$ 、$W_2(x)$ 、$W_3(x)$ 都是 $\Omega$ 上的连续正定函数，且存在大于零的常数 $c$ ，使得 $\Xi = \{W_1(x) \leqslant c \ \& \ W_2(x) < c\}$ 是 $\Omega$ 的一个紧子集，则函数 $I(t,x)$ 将在有限时间收敛到有界紧集内。

## 3.3　不匹配非线性系统描述

考虑一类具有执行器故障的多输入多输出非线性系统：

$$\begin{cases} \dot{x} = Ax + Bu + g(x) + Ef(t) + F\xi(t) \\ y = Cx \end{cases} \tag{3.11}$$

其中，$x \in \mathbf{R}^n$ 、$u \in \mathbf{R}^m$ 、$y \in \mathbf{R}^p$ 分别为系统状态、系统控制输入、系统的可测输出；$A \in \mathbf{R}^{n \times n}, B \in \mathbf{R}^{n \times m}, C \in \mathbf{R}^{p \times n}, E \in \mathbf{R}^{n \times q}, F \in \mathbf{R}^{n \times l}$ ，且 $n > p \geqslant q, l$ ；$g(x)$ 为 Lipschitz 非线性项；$f(t)$ 为执行器故障向量；$\xi(t)$ 为未知扰动等不确定向量。

**假设 3.1**[12]　定义矩阵 $D = [F, E]$ ，系统 $(A, C, D)$ 所有的不变零点均在左半开复平面内，即若 $\mathrm{rank}(D) = q + l$ ，则 $\mathrm{rank}\begin{bmatrix} sI - A & D \\ C & 0 \end{bmatrix} = n + q + l$ 。

**假设 3.2**　$f(t)$ 有界但上界未知，即 $\|f(t)\| \leqslant \alpha$ ，$\alpha$ 未知；$\xi(t)$ 有界且界已知，即 $\|\xi(t)\| \leqslant \beta$ ，$\beta$ 已知。

**假设 3.3**[28]　系统 (3.11) 是能观测的。

非线性系统 (3.11) 不满足观测器匹配条件，即 $\mathrm{rank}(D) \neq \mathrm{rank}(CD)$ 。针对式 (3.11) 所描述的不匹配非线性系统，采用构造辅助输出方式，突破匹配条件限制，考虑到实际系统存在的干扰、故障信息未知等情形，采用自适应与滑模综合的方式设计滑模观测器，得到有效故障重构结论。

## 3.4　辅助输出构建及估计

由于非线性系统 (3.11) 不满足观测器匹配条件，即 $\mathrm{rank}(D) \neq \mathrm{rank}(CD)$ ，为解决这一问题，本节提出构造辅助输出，使观测器的匹配条件得以满足，从而针对

满足匹配条件的辅助输出系统开展执行器故障检测与重构。

**定义 3.2**[94]　存在 $\eta_i(i=1,2,\cdots,p)$ 是使得式 (3.12) 成立的最小正整数，$c_i$ 为输出矩阵 $C$ 的第 $i$ 个行向量，则称 $(\eta_1,\eta_2,\cdots,\eta_p)$ 为原系统对干扰和故障的相对阶向量。

$$\begin{cases} c_i A^k D = 0, \quad k = 0,1,\cdots,\eta_i - 2 \\ c_i A^{\eta_i - 1} D \neq 0 \end{cases} \tag{3.12}$$

**定义 3.3**[94]　存在正整数 $\gamma_i(1 \leqslant \gamma_i \leqslant \eta_i)$，使得矩阵 $C_a$ 为行满秩矩阵，定义式 (3.13) 中的 $C_a$ 为构造辅助输出矩阵：

$$C_a = \begin{bmatrix} c_1 \\ \vdots \\ c_1 A^{\gamma_1 - 1} \\ \vdots \\ c_p \\ \vdots \\ c_p A^{\gamma_p - 1} \end{bmatrix} = \begin{bmatrix} C_{a1} \\ \vdots \\ C_{ai} \\ \vdots \\ C_{ap} \end{bmatrix} \tag{3.13}$$

则可定义辅助输出系统为

$$\begin{cases} \dot{x} = Ax + Bu + g(x) + Ef(t) + F\xi(t) \\ y_a = C_a x \end{cases} \tag{3.14}$$

此时 $\mathrm{rank}(D) \neq \mathrm{rank}(CD)$，则针对系统 (3.14) 建立观测器的匹配条件得到满足，且系统 (3.14) 与系统 (3.11) 的不变零点相同。由假设 3.1 可知，系统 (3.14) 所有不变零点均在左半开复平面内，于是存在对称正定矩阵 $Q$、增益矩阵 $L$ 以及矩阵 $G$ 和对称正定矩阵 $P$，使得式 (3.15) 成立：

$$\begin{cases} (A - LC_a)^{\mathrm{T}} P^{\mathrm{T}} + P(A - LC_a) = -Q \\ E^{\mathrm{T}} P = GC_a \end{cases} \tag{3.15}$$

注意，在滑模重构观测器的设计过程中，需要已知辅助输出，而实际系统中并不能直接测量辅助输出信号 $y_a$，为此必须通过系统实际的量测信号来构建对辅助输出的估计。本节提出通过设计高增益观测器来实现对辅助输出 $y_a$ 的估计。具体设计程式如下所述。

定义 $y_a = \left[ y_{a1}^{\mathrm{T}}, \cdots, y_{ap}^{\mathrm{T}} \right]^{\mathrm{T}}$，且 $y_{ai} = \left[ y_{ai1}, \cdots, y_{ai\gamma_i} \right]^{\mathrm{T}}$，于是有

$$\dot{y}_{ai} = C_{ai}\dot{x} = C_{ai}\left[ Ax + Bu + g(x) + Ef(t) + F\xi(t) \right] \tag{3.16}$$

由定义 3.2 可得

$$\begin{cases} \dot{y}_{ai} = \varLambda_i y_{ai} + b_i \varphi_i(x, f, \xi) + \overline{B}_i u + C_{ai} g(x) \\ y_{i1} = \overline{c}_i y_{ai} \end{cases} \tag{3.17}$$

其中，$\varLambda_i = \begin{bmatrix} 0 & I_{\gamma_i - 1} \\ 0 & 0 \end{bmatrix}$，$I_{\gamma_i - 1}$ 为 $(\gamma_i - 1) \times (\gamma_i - 1)$ 的单位阵，$b_i = \begin{bmatrix} 0_{(\gamma_i - 1) \times 1} \\ 1 \end{bmatrix}$，$\overline{B}_i = C_{ai} B$，

$\varphi_i(x, f, \xi) = c_i A^{\gamma_i - 1}(Ax + Ef + F\xi)$，$\overline{c}_i = [1, 0, \cdots, 0]_{1 \times \gamma_i}$，于是由式 (3.16) 可得 $y_{i1} = y_i$。

针对式 (3.17)，建立高增益观测器如式 (3.18) 所示：

$$\begin{cases} \dot{Y}_{ai} = \varLambda_i Y_{ai} + l_i \overline{c}_i (y_{ai} - Y_{ai}) + \overline{B}_i u + C_{ai} g(x) \\ \hat{y}_{i1} = \overline{c}_i Y_{ai} \end{cases} \tag{3.18}$$

其中，$l_i$ 为待设计观测器增益矩阵，具体设计计算方法为 $l_i = \left[ \dfrac{\chi_{i1}}{\mu}, \dfrac{\chi_{i2}}{\mu^2}, \cdots, \dfrac{\chi_{i\gamma_i}}{\mu^{\gamma_i}} \right]^{\mathrm{T}}$，

$\mu \in (0, 1)$，且 $\chi_{i1}, \cdots, \chi_{i\gamma_i}$ 代表的是使方程 $s^{\gamma_i} + \chi_{i1} s^{\gamma_i - 1} + \cdots + \chi_{i\gamma_i} = 0$ 所有根均具有负实部的系数，其详细证明过程见文献[98]，此处不再证明。

**定理 3.1**　针对系统 (3.17) 建立高增益观测器 (3.18)，则式 (3.18) 中的 $Y_{ai}$ 在有限时间内为辅助输出 $y_{ai}$ 的精确估计。

**证明**　定义误差 $y_{ai,j} - Y_{ai,j} = \mu^{\gamma_i - j} e_{ai,j}$，$j = 1, 2, \cdots, \gamma_i$，则 $e_{ai} = \left[ e_{ai,1}, \cdots, e_{ai,\gamma_i} \right]^{\mathrm{T}}$，由式 (3.17) 和式 (3.18) 可得

$$\mu \dot{e}_{ai} = \overline{\varLambda}_i e_{ai} + \mu b_i \varphi_i(x, f, \xi) \tag{3.19}$$

其中，$\overline{\varLambda}_i = \begin{bmatrix} -\chi_{i1} & 1 & \cdots & 0 \\ \vdots & \vdots & & \vdots \\ -\chi_{i\gamma_i - 1} & 0 & \cdots & 1 \\ -\chi_{i\gamma_i} & 0 & \cdots & 0 \end{bmatrix}$，由 $\chi_{i1}, \cdots, \chi_{i\gamma_i}$ 的定义可知 $\overline{\varLambda}_i$ 为 Hurwitz 矩阵，故

$\lim\limits_{t \to t_0} e_{ai} = 0$，$\lim\limits_{t \to t_0} (y_{ai,j} - Y_{ai,j}) = 0$，所以 $Y_{ai}$ 在有限时间内为辅助输出 $y_{ai}$ 的精确估计。证毕。

**注 3.1**　用高增益状态观测器的估计值 $Y_a$ 代替定理 3.1、后文中的 $y_a$ 值，以此开展执行器的故障重构研究。

针对辅助输出系统 (3.14)，通过高增益观测器得到辅助输出 $y_a$ 的精确估计，在此基础上，设计滑模故障重构观测器，针对非线性项 Lipschitz 常数未知的情形，提出将观测器增益设计方法转化为 LMI 约束下的凸优化问题，以确保观测器估计误差有界收敛，另外，考虑执行器故障上界未知情形，在滑模控制增益中添

加了自适应律，确保滑模运动能准确到达滑模面以实现鲁棒性，进而得到有效故障重构结论。

## 3.5　自适应律设计

由于执行器故障的上界未知，本节采用构造滑模增益自适应律消除上界未知对估计状态误差收敛及滑模运动的影响，针对定义的辅助输出系统(3.14)，设计自适应滑模观测器，结构如式(3.20)所示：

$$\begin{cases} \dot{\hat{x}} = A\hat{x} + Bu + g(\hat{x}) + L(y_a - C_a\hat{x}) + v(t) \\ \hat{y}_a = C_a\hat{x} \end{cases} \tag{3.20}$$

其中，$L$ 为观测器增益矩阵；$v(t)$ 为观测器中的滑模输入信号，其表达式如式(3.21)所示：

$$v(t) = \begin{cases} [\rho_1(t) + \rho_0]P^{-1}C_a^{\mathrm{T}}\left\|E^{\mathrm{T}}C_a^{\mathrm{T}}N\right\|\dfrac{e_y}{\|e_y\|}, & y_a \neq \hat{y}_a \\ 0, & y_a = C_a\hat{x} \end{cases} \tag{3.21}$$

其中，$e_y = y_a - \hat{y}_a$，滑模面设计为 $s = \{e_y : e_y = 0\}$；$N \in \mathbf{R}^{p \times p}$ 为待设计矩阵，由定理 3.2 给出；$\rho_1(t)$ 为设计的滑模增益自适应律，其表达式如式(3.22)所示：

$$\frac{\mathrm{d}\rho_1(t)}{\mathrm{d}t} = \eta\left\|E^{\mathrm{T}}C_a^{\mathrm{T}}N\right\|\|e_y\| \tag{3.22}$$

$\rho_0$、$\eta$ 为大于 0 的常数；定义 $e = x - \hat{x}$，则由式(3.14)和式(3.20)可得系统状态误差方程如式(3.23)所示：

$$\dot{e} = (A - LC_a)e + g(x) - g(\hat{x}) + Ef(t) - v(t) + F\xi(t) \tag{3.23}$$

针对式(3.23)所示的误差系统，观测器控制增益矩阵 $L$ 及滑模增益需要满足一定条件，才能确保状态误差在有限时间快速收敛，为此本章在 3.6 节中给出观测器控制增益矩阵 $L$ 及滑模增益 $\rho_0$ 的设计方法。

## 3.6　观测器控制增益设计

针对非线性项 $g(x)$ 的 Lipschitz 常数未知情形，为确保状态估计误差在有限时间内稳定收敛，在设计观测器增益矩阵时，采用线性观测器最优化设计思想，确保观测器估计误差一致收敛，在此基础上，基于 LMI 解算方法给出观测器增益矩阵设计程式。另外，考虑执行器故障上界未知情形，在观测器滑模增益中设计了自适应项，为确保滑模运动在有限时间内到达并维持在滑模面，提出滑模增益解算程式。

### 3.6.1　观测器增益矩阵 LMI 解算

**定理 3.2**　对于满足假设条件的辅助系统 (3.14) 设计观测器 (3.20)，如果存在对称正定矩阵 $M \in \mathbf{R}^{n \times n}$、$N \in \mathbf{R}^{p \times p}$ 和矩阵 $W \in \mathbf{R}^{n \times n}$，使得下列最优化问题有解：

$$\min \gamma$$

$$\text{s.t.} \begin{cases} UMU^{\mathrm{T}} + C_a^{\mathrm{T}} N C_a > 0 \\[2mm] \begin{bmatrix} V + V^{\mathrm{T}} & UMU^{\mathrm{T}} + C_a^{\mathrm{T}} N C_a & I_n \\ UMU^{\mathrm{T}} + C_a^{\mathrm{T}} N C_a & -I & 0 \\ I_n & 0 & -\gamma I \end{bmatrix} < 0 \\[4mm] U = I_n - E(E^{\mathrm{T}} E)^{-1} E^{\mathrm{T}} \\[2mm] V = A^{\mathrm{T}} UMU^{\mathrm{T}} + A^{\mathrm{T}} C_a^{\mathrm{T}} N C_a - W C_a \end{cases} \tag{3.24}$$

其中，$\gamma = 1/\psi_g^2$，$\psi_g^2$ 是 Lipschitz 系数，$\|g(x) - g(\hat{x})\| \leqslant \psi_g \|x - \hat{x}\|$，则观测器状态估计误差最终有界渐近稳定，且 $P = UMU^{\mathrm{T}} + C_a^{\mathrm{T}} N C_a$，$G = E^{\mathrm{T}} C_a^{\mathrm{T}} N$，观测器增益矩阵为 $L = P^{-1} W$。

**证明**　定义 $\varepsilon = \alpha - \rho_1$，$A_1 = A - L C_a$，$e_g = g(x) - g(\hat{x})$；取 Lyapunov 函数为 $V(t) = e^{\mathrm{T}} P e + \eta^{-1} \varepsilon^2$，$V(t) > 0$，于是有 $V(t)$ 沿式 (3.23) 的导函数为

$$\dot{V}(t) = \left[ A_1 e + e_g + Ef(t) - v(t) + F\xi(t) \right]^{\mathrm{T}} P e \\ + e^{\mathrm{T}} P \left[ A_1 e + e_g + Ef(t) - v(t) + F\xi(t) \right] + 2\eta^{-1} \varepsilon(-\dot{\rho}_1) \tag{3.25}$$

由式 (3.15)、式 (3.21)、式 (3.22) 可得

$$e^{\mathrm{T}} P \left[ Ef(t) - v(t) \right] + \eta^{-1} \varepsilon(-\dot{\rho}_1)$$

$$= e^{\mathrm{T}} C_a^{\mathrm{T}} G^{\mathrm{T}} f(t) - e^{\mathrm{T}} C_a^{\mathrm{T}} \left\| E^{\mathrm{T}} C_a^{\mathrm{T}} N \right\| (\rho_1(t) + \rho_0) \frac{e_y}{\|e_y\|} + \varepsilon \left\| E^{\mathrm{T}} C_a^{\mathrm{T}} N \right\| \|e_y\| \tag{3.26}$$

$$\leqslant \alpha \|G\| \|e_y\| - (\alpha + \rho_0) \|e_y\| \left\| E^{\mathrm{T}} C_a^{\mathrm{T}} N \right\|$$

$$= -\rho_0 \|e_y\| \|G\| < 0$$

由式 (3.26) 及 $\left\| g(x) - g(\hat{x}) \right\| \leqslant \psi_g \left\| x - \hat{x} \right\|$ 可得

$$\dot{V}(t) \leqslant \left[ A_1 e + e_g + F\xi(t) \right]^{\mathrm{T}} P e + e^{\mathrm{T}} P \left[ A_1 e + e_g + F\xi(t) \right] + 1/\gamma e^{\mathrm{T}} e - e_g^{\mathrm{T}} e_g \tag{3.27}$$

由于不确定项 $\xi(t)$ 有界，且界为 $\beta$，于是有

$$\dot{V}(t) \leqslant \begin{bmatrix} e & e_g \end{bmatrix} \begin{bmatrix} A_1^{\mathrm{T}} P + P A_1 + \gamma^{-1} I & P \\ P & -I \end{bmatrix} \begin{bmatrix} e \\ e_g \end{bmatrix} + 2\beta \|PF\| \left\| \begin{bmatrix} e \\ e_g \end{bmatrix} \right\| \tag{3.28}$$

定义 $\begin{bmatrix} A_1^{\mathrm{T}} P + P A_1 + \gamma^{-1} I & P \\ P & -I \end{bmatrix} = -\overline{Q}$，由式 (3.28) 可知当 $\overline{Q} > 0$ 时，误差才可能

稳定，于是有

$$\dot{V}(t) \leqslant \left\| \begin{bmatrix} e \\ e_g \end{bmatrix} \right\| \left( -\lambda_{\min}(\overline{Q}) \left\| \begin{bmatrix} e \\ e_g \end{bmatrix} \right\| + 2\beta \|PF\| \right) \tag{3.29}$$

由式 (3.29) 可知，当 $\left\| \begin{bmatrix} e \\ e_g \end{bmatrix} \right\| > \dfrac{2\beta \|PF\|}{\lambda_{\min}(\overline{Q})}$ 时，$\dot{V}(t) < 0$，所以估计误差最终有界稳

定，且误差的收敛域为

$$\Omega = \left\{ \begin{bmatrix} e \\ e_g \end{bmatrix} : \left\| \begin{bmatrix} e \\ e_g \end{bmatrix} \right\| < \theta, \theta = \dfrac{2\beta \|PF\|}{\lambda_{\min}(\overline{Q})} + \sigma, \sigma > 0 \right\} \tag{3.30}$$

其中，$\sigma$ 为正数；由 $-\overline{Q} < 0$ 及 Schur 补引理可得如式 (3.24) 所示的 LMI，最小化 $\gamma$ 是使观测器能克服最大的 Lipschitz 非线性项对估计误差的影响。证毕。

定理 3.2 给出了观测器中增益矩阵设计程序，同时，为确保滑模运动在有限时间内到达滑模面，给出滑模增益设计方案。

### 3.6.2　滑模增益解算

由定理 3.2 的证明过程可以看出，通过 LMI 求解最优化问题保证了估计误差最终有界稳定，在此基础上，为克服故障上界未知的影响，保证滑模运动在有限时间内发生，同时使设计的观测器能克服未知干扰等不确定性的影响即滑模运动维持在滑模面，提出定理 3.3。

**定理 3.3**　针对系统 (3.14) 设计的观测器 (3.20)，若式 (3.21) 中的增益参数 $\rho_0$

满足 $\rho_0 \geqslant \dfrac{\theta \left( 2\|A_1\| + \gamma \|C_a\| \right) + \beta \|F\| + \delta}{\left\| G \right\| \left\| \left( C_a P^{-1} C_a^{\mathrm{T}} \right)^{-1} \right\|^{-1}}$，其中 $\delta$ 为正数，则输出估计误差的滑模运

动将在有限时间内发生在滑模面 $s = \{e_y : e_y = 0\}$ 上。

**证明** 为证明方便，先定义一个线性变换矩阵 $T_0 = \left[ C_{a\perp}^{\mathrm{T}} P, C_a \right]^{\mathrm{T}}$，其中 $C_{a\perp}^{\mathrm{T}}$ 为 $C_a^{\mathrm{T}}$ 的正交补矩阵，由误差方程 (3.23) 可得，在新的坐标系下的误差和输出方程如式 (3.31) 所示：

$$\begin{cases} \dot{\bar{e}} = A_2\bar{e} + T_0 e_g + E_1 f(t) - T_0 v(t) + F_1 \xi(t) \\ e_y = [0 \quad I]\bar{e} \end{cases} \tag{3.31}$$

其中，$A_2 = T_0 A_1 T_0^{-1} = \begin{bmatrix} A_{21} & A_{22} \\ A_{23} & A_{24} \end{bmatrix}$，$\bar{e} = [e_1, e_y]^{\mathrm{T}} = T_0 e$，$T_0 e_g = \begin{bmatrix} C_{a\perp}^{\mathrm{T}} P e_g \\ C_a e_g \end{bmatrix} = \begin{bmatrix} g_1 \\ g_2 \end{bmatrix}$，

$E_1 = T_0 E = \begin{bmatrix} 0 \\ C_a P^{-1} C_a^{\mathrm{T}} G^{\mathrm{T}} \end{bmatrix}$，$T_0 v(t) = \begin{bmatrix} 0 \\ [\rho_1(t) + \rho_0] C_a P^{-1} C_a^{\mathrm{T}} \|G\| \dfrac{e_y}{\|e_y\|} \end{bmatrix} = \begin{bmatrix} 0 \\ v_1 \end{bmatrix}$，$F_1 =$

$T_0 F = \begin{bmatrix} C_{a\perp}^{\mathrm{T}} P F \\ C_a F \end{bmatrix} = \begin{bmatrix} F_{11} \\ F_{12} \end{bmatrix}$，于是式 (3.31) 可写为式 (3.32) 的形式：

$$\begin{cases} \dot{e}_1 = A_{21}e_1 + A_{22}e_y + g_1 + F_{11}\xi(t) \\ \dot{e}_y = A_{23}e_1 + A_{24}e_y + g_2 + C_a P^{-1} C_a^{\mathrm{T}} G^{\mathrm{T}} f(t) - v_1 + F_{12}\xi(t) \end{cases} \tag{3.32}$$

定义 Lyapunov 函数为 $V_2(t) = \dfrac{1}{2}\left( e_y^{\mathrm{T}} J e_y + \eta^{-1}\varepsilon^2 \right)$，其中 $J = \left( C_a P C_a^{\mathrm{T}} \right)^{-1}$，由于 $P$ 为正定阵，故 $J > 0$，$V_2(t) > 0$，于是有

$$\begin{aligned} \dot{V}_2(t) &= \left[ A_{23}e_1 + A_{24}e_y + g_2 + J^{-1}G^{\mathrm{T}}f(t) - v_1 + F_{12}\xi(t) \right]^{\mathrm{T}} J e_y + \eta^{-1}\varepsilon(-\dot{\rho}_1) \\ &= e_y J A_{23}e_1 + e_y^{\mathrm{T}} J A_{24}e_y + e_y^{\mathrm{T}} J F_{12}\xi(t) + e_y^{\mathrm{T}} G^{\mathrm{T}} f(t) \\ &\quad - e_y^{\mathrm{T}}(\rho_1(t) + \rho_0)\|G\|\dfrac{e_y}{\|e_y\|} + e_y^{\mathrm{T}} J g_2 - \varepsilon\|G\|\|e_y\| \\ &\leqslant \|e_y\|\|J\|\left( \|A_{23}e_1\| + \|A_{24}\|\|e_y\| + \|F_{12}\|\beta - \rho_0\|G\|\|J\|^{-1} + \|C_a\|\gamma\|T_0^{-1}\|\|\bar{e}\| \right) \end{aligned} \tag{3.33}$$

从式 (3.33) 可看出，由于 $\|e\| < \theta$，当 $\rho_0 \geqslant \dfrac{\theta(2\|A_1\| + \gamma\|C_a\|) + \beta\|F\| + \delta}{\|G\|\|(C_a P^{-1} C_a^{\mathrm{T}})^{-1}\|^{-1}}$ 时，$\dot{V}_2(t) <$

$-\theta|s|$，其中 $\theta > 0$，根据文献 [3] 的结论，此时滑模运动经过有限时间到达滑模面

$s = \{e_y : e_y = 0\}$。证毕。

**注 3.2**　由定理 3.2 和定理 3.3 可知，误差可以克服故障上界未知的影响，滑模运动经有限时间到达滑模面，实际上高频切换控制输入 $\nu$ 往往会给仿真带来计算负担，因而经平滑处理的不连续输入才更有实用价值，一般用式 (3.34) 来近似代替式 (3.21)：

$$v_{eq}(t) = \begin{cases} \left[\rho_1(t) + \rho_0\right] P^{-1} C_a^{\mathrm{T}} \left\|E^{\mathrm{T}} C_a^{\mathrm{T}} N\right\| \dfrac{e_y}{\|e_y\| + \tau}, & y_a \neq \hat{y}_a \\ 0, & y_a = C_a \hat{x} \end{cases} \tag{3.34}$$

其中，$\tau$ 是充分小的正常数。

## 3.7　重构程式

通过定理 3.2 和定理 3.3 的推导和证明过程，可知用于上界未知执行器故障重构的自适应滑模观测器设计过程如下。

**步骤 1**　检查系统 (3.11) 是否满足匹配条件，即 $\mathrm{rank}(D) = \mathrm{rank}(CD)$，若不满足，构造辅助输出矩阵 $C_a$，若满足，直接进行下一步。

**步骤 2**　根据式 (3.24) 求解 $M$、$N$、$W$、$\gamma$，进而计算观测器反馈增益矩阵 $P$、$L$、$G$。

**步骤 3**　根据定理 3.3 求解滑模控制器增益 $\rho_0$。

**步骤 4**　根据计算的 $P$、$L$、$G$、$\rho_0$ 建立自适应滑模观测器。

按照上述步骤 1～步骤 4 设计滑模观测器，在设计滑模观测器及辅助输出估计的基础上，可以实现执行器的故障重构。自适应滑模观测器实现上界未知执行器故障重构的方法是：通过等效控制输出误差注入原理维持滑模运动，实现故障重构[31]。当滑模运动到达滑模面后 $e_y = 0$，故 $\dot{e}_y = 0$，此时误差方程 (3.32) 中的输出误差方程变为

$$C_a v(t) - C_a P^{-1} C_a^{\mathrm{T}} G^{\mathrm{T}} f(t) = A_{23} e_1 + g_2 + F_{12} \xi(t) \tag{3.35}$$

由定理 3.2、定理 3.3 可知，$\|g_2\| = \|C_a e_g\| \leqslant \|C_a\| \theta$，于是有

$$\left\|C_a v(t) - C_a E f(t)\right\| \leqslant \left(\|A_{23}\| e_1 + \|C_a\| \psi_g\right) \theta + \beta \|F_{12}\| \tag{3.36}$$

根据等效控制输出误差注入原理，执行器故障的重构值为

$$\hat{f}(t) \approx \left[(C_a E)^{\mathrm{T}} C_a E\right]^{-1} (C_a E)^{\mathrm{T}} C_a v_{eq}(t) \tag{3.37}$$

**注 3.3**  由式 (3.36) 和式 (3.37) 可知,观测器的状态估计误差一般很小,因而故障重构误差和未知干扰不确定性 $\xi(t)$ 的大小直接相关,当未知干扰等不确定性为零时,可实现故障的无偏估计,当未知干扰等不确定性比故障信号小得多时,用式 (3.37) 当作故障重构信号的估计值精度较高,当系统受到的干扰较大时,精度较低,这时采用的方法将在第 4 章中详细介绍。

## 3.8  数 值 算 例

为检验本章所提方法的有效性,考虑形如式 (3.11) 描述的非线性系统,系数矩阵如下:

$$A=\begin{bmatrix}0 & -1 & 0 & 0\\ 1 & 0.7 & 0 & 0\\ 0 & 0 & 0 & -10\\ 0 & 0 & 1.5 & 0\end{bmatrix},\quad B=E=\begin{bmatrix}0\\ 1\\ 1\\ 0\end{bmatrix},\quad F=\begin{bmatrix}1\\ 1\\ 0\\ 0\end{bmatrix},\quad C=\begin{bmatrix}0 & 0 & 0 & 1\\ 1 & 0 & 0 & 0\end{bmatrix}$$

$$g(x)=\begin{bmatrix}-1\\ 0\\ 10\\ 0\end{bmatrix}\begin{cases}-0.2+3(x_1-x_3-1), & x_1-x_3>1\\ 0.2(x_1-x_3), & -1\leqslant x_1-x_3\leqslant 1\\ -0.2+3(x_1-x_3+1), & x_1-x_3<-1\end{cases}$$

容易验证 $\mathrm{rank}(D)=\mathrm{rank}[F,E]\neq\mathrm{rank}(CD)$,由于 $c_1D=[0,0]$,$c_1AD\neq[0,0]$,$c_2D\neq[0,0]$,于是构造 $C_a=\begin{bmatrix}c_1\\ c_1A\\ c_2\end{bmatrix}=\begin{bmatrix}0 & 0 & 0 & 1\\ 0 & 0 & 1.5 & 0\\ 1 & 0 & 0 & 0\end{bmatrix}$,此时观测器的匹配条件得以满足。可以看出与原系统相比,辅助输出 $y_{a1}$ 的第二个分量 $y_{a1,2}$ 未知,于是对辅助输出 $y_{a1}$ 构造高增益观测器,其参数选为 $\chi_{11}=3$,$\chi_{12}=2$,$\mu=0.01$,初始值 $y_{a1,2}(0)=0.2$,此时辅助输出 $y_{a1,2}$ 的估计误差 $e$ 曲线如图 3.1 所示,从图 3.1 可看出 $Y_{a1,2}$ 可作为 $y_{a1,2}$ 的精确估计。

由算例给出的系数矩阵及定理 3.1,通过 MATLAB 中的 LMI 工具箱可以求解优化问题 (3.24),可以得到与观测器相关的矩阵为

$$P=\begin{bmatrix}32.7391 & 1.0286 & -1.1306 & 0\\ 1.0286 & 0.1236 & -0.1236 & 0\\ -1.1306 & -0.1236 & 17.7495 & 0\\ 0 & 0 & 0 & 20.7565\end{bmatrix},\quad G=\begin{bmatrix}0 & 11.7505 & -0.1020\end{bmatrix}$$

$$L = \begin{bmatrix} -0.2030 & -0.1394 & 23.7226 \\ 8.9417 & 1.5811 & -194.7752 \\ -2.7468 & 11.7534 & -0.4140 \\ 17.8353 & -3.1068 & 0.2721 \end{bmatrix} , \quad \gamma_{\min} = 1.3539$$

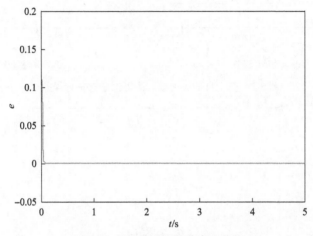

图 3.1　辅助输出的估计误差曲线

已知输入设为 0，干扰是均值为 0.01 的随机噪声，选取 $\eta = 0.1$，选取滑模增益为 $\rho_0 = 24$，$\tau = 0.001$，此时可以得到观测器与实际系统的状态估计误差信号，如图 3.2 所示。

从图 3.2 可以看出，采用本章方法设计的状态观测器，当系统存在干扰及发生故障时，状态估计误差能保证稳定有界。其中第 1、3、4 状态的估计误差可以完全收敛到 0，第 2 状态的估计误差也能维持在某一范围很小的邻域内，说明采用本章方法设计观测器，可以克服故障、干扰等未知输入项的影响，状态误差有界收敛稳定。另外，根据设计好的观测器及滑模增益、自适应律，可以得到滑模面的向量范数，定义为 $\|s\|$，结果如图 3.3 所示。滑模控制输入的自适应律收敛曲线如图 3.4 所示。

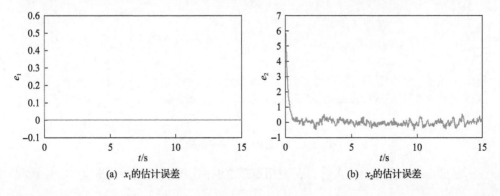

(a) $x_1$ 的估计误差　　　　　　　　　　　(b) $x_2$ 的估计误差

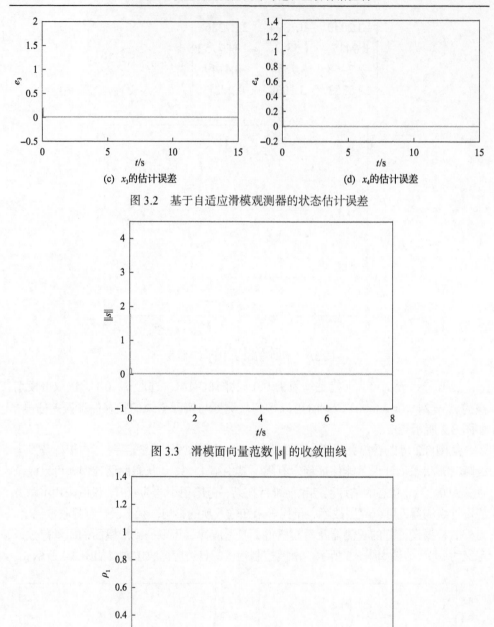

(c) $x_3$的估计误差　　　　　　　　　　　　　(d) $x_4$的估计误差

图 3.2　基于自适应滑模观测器的状态估计误差

图 3.3　滑模面向量范数 $\|s\|$ 的收敛曲线

图 3.4　自适应律 $\rho_1$ 的收敛曲线

从图 3.3 和图 3.4 可以看出，采用定理 3.1～定理 3.3 方法所设计的滑模观测器，可以使得滑模运动快速地到达滑模面，这里需要说明，由于仿真过程中滑模控制输入采取了如式(3.34)所示的处理方式，实际上滑模运动能近似收敛到滑模面，同时自适应律可以快速地稳定，以保证滑模运动能维持在滑模面，实现鲁棒性。在设计自适应滑模观测器的基础上，采用本章方法开展故障重构研究，设置故障类型 1 为间歇故障，其中故障发生时刻为第 4s，幅值为 2，周期为 4s；突变故障类型 2 由 $0.2\sin(2\pi t)$ 和幅值为 0.4、周期为 4s、占空比为 0.4 的方波信号组成，故障的发生时刻为第 4s，仿真结果如图 3.5 和图 3.6 所示。

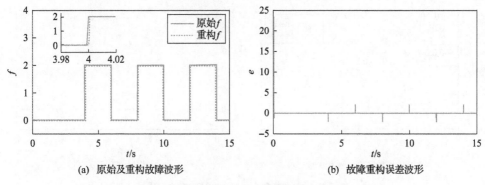

(a) 原始及重构故障波形　　　　　　　(b) 故障重构误差波形

图 3.5　故障类型 1 的重构及误差波形图

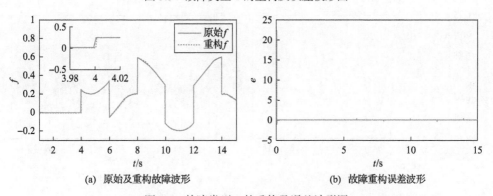

(a) 原始及重构故障波形　　　　　　　(b) 故障重构误差波形

图 3.6　故障类型 2 的重构及误差波形图

由图 3.5 和图 3.6 可以看出，对于突变故障类型，本章方法可以快速实现故障重构，在重构初期由于观测器系统未稳定造成重构误差比较大，当系统稳定后，从仿真结果看，重构误差较小，在故障突变时刻重构延迟会造成一定的重构误差，其他时刻重构误差仅有微幅波动。设置缓变故障类型 3 为幅值为 1、周期为 3.14s、故障发生时刻为第 4s 的正弦信号，仿真结果如图 3.7 所示。

由图 3.7 可知，针对缓变故障类型，采用本章方法设计的观测器，可以快速实现故障的跟踪与重构，除观测器开始时未跟踪系统状态造成短暂时间内重构误差较大外，其他时间重构误差小，精度高。仿真图 3.5～图 3.7 的故障重构结果，验证了本章故障重构方法的正确性。同时也要看到，在设置故障仿真条件时，设定系统所受的干扰幅值较小、故障幅值较大，因而故障重构效果较好。若系统受到强干扰影响，设置系统的干扰是能量为 2 的白噪声，故障及强干扰条件下的重构波形如图 3.8 所示，由仿真结果可以看出，当系统遭受强干扰时，由于自适应律的作用，采用本章方法可以一定程度上减小干扰的能量，但重构效果较差，特别是针对幅值不大的故障类型，区分干扰故障更加重要。有关鲁棒故障重构的滑模观测器设计方法将在第 4 章详细给出。

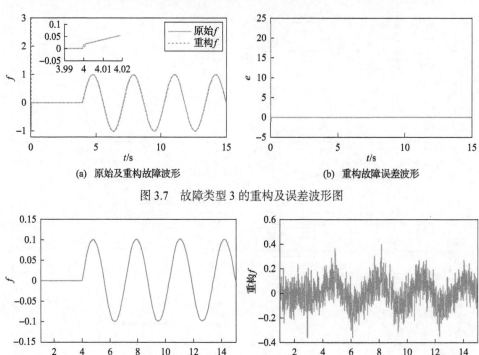

(a) 原始及重构故障波形　　　　　　(b) 重构故障误差波形

图 3.7　故障类型 3 的重构及误差波形图

(a) 原始故障波形　　　　　　(b) 重构故障波形

图 3.8　故障及强干扰条件下的重构波形图

## 3.9　小　　结

　　滑模观测器以其鲁棒性强、能够实现未知输入的在线重构等特点，在故障重构领域得到了广泛应用。本章以非线性 Lipschitz 系统中广泛存在的执行器故障为对象，对其故障重构方法进行了深入研究。针对一类观测器匹配条件不满足的系统，通过引入相对阶向量构造辅助输出，突破了匹配条件的限制，同时建立了高增益观测器，以实现对辅助输出的精确估计，在此基础上设计了用于故障重构的自适应滑模观测器，考虑 Lipschitz 系数未知的情形，将观测器增益矩阵设计方法转化为 LMI 约束下的凸优化问题，同时在滑模增益中添加了自适应律，确保滑模运动可以克服未知上界故障到达滑模面，运用等效输出误差注入原理实现了执行器的故障重构，并通过算例证实所提理论。

# 第4章　二阶非奇异终端非线性滑模
# 故障重构观测器设计

## 4.1　引　言

第3章提出了基于一阶滑模的故障重构观测器设计程式，注意到高频不连续输入切换项的引入会引起系统抖振，引起较大的故障重构误差，产生故障的误判和漏判。高阶滑模可以减小抖振，为减小故障重构误差、避免故障误判和漏判提供了一种方案。

近年来，国内外学者高度关注高阶滑模观测器的故障重构研究，取得了一系列研究成果。分析国内外研究现状不难发现，高阶滑模将高频切换控制添加到滑模变量的高阶导数上，引入连续的输出注入信号，能够有效减轻系统的抖振，可以用来实现精确的故障重构设计，特别是当系统发生微小故障时，引入高阶滑模可以得到更精确的故障重构结论。

本章综合高阶滑模在故障重构观测器中的优点，注意到，非奇异终端滑模观测器能使系统状态在有限时间内收敛，有助于提高观测器的收敛速度和跟踪精度这一特性，提出综合高阶和非奇异终端滑模观测器的设计方法，同时考虑实际系统存在变化率上界未知执行器故障及干扰等特性，研究用于执行器故障重构的高阶滑模观测器设计方法。

## 4.2　非线性系统描述

研究一类包含执行器故障的不确定非线性系统：

$$\begin{cases} \dot{x} = Ax + g(u,x) + Ef(t) + F\xi(t) \\ y = Cx \end{cases} \tag{4.1}$$

其中，$x \in \mathbf{R}^n$、$u \in \mathbf{R}^m$、$y \in \mathbf{R}^p$ 分别为系统状态、系统控制输入、系统的可测输出；$A \in \mathbf{R}^{n \times n}$，$C \in \mathbf{R}^{p \times n}$，$E \in \mathbf{R}^{n \times q}$，$F \in \mathbf{R}^{n \times l}$，且 $n > p \geqslant q,l$；$g(u,x)$ 为包含输入的 Lipschitz 非线性项；$f(t)$ 为执行器故障向量；$\xi(t)$ 为未知扰动等不确定向量。

**假设 4.1**　系统 $(A,C,E)$ 所有的不变零点均在左半开复平面内，即若 rank$(E)=$

$q$，则 $\mathrm{rank}\begin{bmatrix} sI - A & E \\ C & 0 \end{bmatrix} = n + q$。

**假设 4.2**　系统状态 $x$ 及 $\dot{x}$ 均有界，故障 $f(t)$ 有界且 $\left| \dot{f}(t) \right| \leqslant \delta$，$\delta$ 未知；$\xi(t)$ 有界且 $\left| \dot{\xi}(t) \right| \leqslant \mu$，$\mu$ 已知。

**假设 4.3**　令 $D = [E, F]$，系统 (4.1) 匹配条件满足，即 $\mathrm{rank}(CD) = \mathrm{rank}(D)$。

## 4.3　降维系统构建

对于系统 (4.1)，存在着线性变换矩阵 $T_0$，$T_0 x = \begin{bmatrix} x_1 \\ x_2 \end{bmatrix}$，使得系统 (4.1) 可转化为式 (4.2) 的形式：

$$\begin{cases} \dot{x}_1 = A_1 x_1 + A_2 x_2 + g_1 \\ \dot{x}_2 = A_3 x_1 + A_4 x_2 + g_2 + E_2 f(t) + F_2 \xi(t) \\ y = x_2 \end{cases} \tag{4.2}$$

其中，$A_1 \in \mathbf{R}^{(n-p) \times (n-p)}$，$A_2 \in \mathbf{R}^{(n-p) \times p}$，$A_3 \in \mathbf{R}^{p \times (n-p)}$，$A_4 \in \mathbf{R}^{p \times p}$。

已知 $T_0 g(x, u) = \begin{bmatrix} g_1^{\mathrm{T}}, g_2^{\mathrm{T}} \end{bmatrix}^{\mathrm{T}}$，现给出变换矩阵 $T_0$ 的设计方法。

对于由式 (4.1) 描述的非线性系统，有以下方程成立：

$$\begin{cases} (A - XC)^{\mathrm{T}} R + R(A - XC) = -Q \\ E^{\mathrm{T}} R = G_1 C \\ F^{\mathrm{T}} R = G_2 C \end{cases} \tag{4.3}$$

设 $R = \begin{bmatrix} R_1 & R_2 \\ R_2^{\mathrm{T}} & R_3 \end{bmatrix}$，选取一级变换 $T_0$ 为 $T_0 = \begin{bmatrix} C_\perp^{\mathrm{T}} R \\ C \end{bmatrix}$，其中 $C_\perp$ 为 $C$ 的正交补矩阵，设 $T_0 x = \begin{bmatrix} x_1^{\mathrm{T}}, x_2^{\mathrm{T}} \end{bmatrix}^{\mathrm{T}}$，此时有式 (4.4) 成立：

$$\begin{cases} \begin{bmatrix} \dot{x}_1 \\ \dot{x}_2 \end{bmatrix} = T_0 A T_0^{-1} \begin{bmatrix} x_1 \\ x_2 \end{bmatrix} + T_0 g(x) + T_0 E f(t) + T_0 F \xi(t) \\ y = C T_0^{-1} \begin{bmatrix} x_1 \\ x_2 \end{bmatrix} \end{cases} \tag{4.4}$$

设 $\bar{A} = T_0 A T_0^{-1} = \begin{bmatrix} A_1 & A_2 \\ A_3 & A_4 \end{bmatrix}$，$T_0 g(u, x) = \begin{bmatrix} C_\perp^{\mathrm{T}} R g(u, x) \\ C g(u, x) \end{bmatrix} = \begin{bmatrix} g_1 \\ g_2 \end{bmatrix}$，$T_0 E = \begin{bmatrix} E_1 \\ E_2 \end{bmatrix} = \begin{bmatrix} 0 \\ E_2 \end{bmatrix}$，

$$T_0 F = \begin{bmatrix} F_1 \\ F_2 \end{bmatrix} = \begin{bmatrix} C_\perp^{\mathrm{T}} R F \\ C F \end{bmatrix} = \begin{bmatrix} 0 \\ C F \end{bmatrix} = \begin{bmatrix} 0 \\ F_2 \end{bmatrix}, \quad C T_0^{-1} = \begin{bmatrix} 0, I_{n-q} \end{bmatrix}, \quad 于是经 T_0 变换后，原系$$

统变换为

$$\begin{cases} \begin{bmatrix} \dot{x}_1 \\ \dot{x}_2 \end{bmatrix} = \begin{bmatrix} A_1 & A_2 \\ A_3 & A_4 \end{bmatrix} \begin{bmatrix} x_1 \\ x_2 \end{bmatrix} + \begin{bmatrix} g_1 \\ g_2 \end{bmatrix} + \begin{bmatrix} 0 \\ E_2 \end{bmatrix} f(t) + \begin{bmatrix} 0 \\ F_2 \end{bmatrix} \xi(t) \\ y = \begin{bmatrix} 0 & I_p \end{bmatrix} \begin{bmatrix} x_1 \\ x_2 \end{bmatrix} = x_2 \end{cases} \tag{4.5}$$

这样在线性变换矩阵 $T_0$ 的作用下，式 (4.1) 所描述的系统便能变换为式 (4.2) 的形式。对于变换后的系统 (4.2)，选取线性变换矩阵 $T_1$，且 $T_1 = \begin{bmatrix} I_{n-p} & L \\ 0 & I_p \end{bmatrix}$，$L$ 为 待设计矩阵，其设计方法为 $L = \begin{bmatrix} L_1 \mid 0 \end{bmatrix}$。设 $z = \begin{bmatrix} z_1 \\ z_2 \end{bmatrix} = T_1 \begin{bmatrix} x_1 \\ x_2 \end{bmatrix}$，此时系统 (4.2) 可变 换为如式 (4.6) 所示的形式：

$$\begin{cases} \dot{z}_1 = (A_1 + LA_3)z_1 + \begin{bmatrix} A_2 + LA_4 - (A_1 + LA_3)L \end{bmatrix} z_2 + g_1(z) + Lg_2(z) \\ \dot{z}_2 = A_3 z_1 + (A_4 - A_3 L)z_2 + g_2(z) + E_2 f(t) + F_2 \xi(t) \\ y = z_2 \end{cases} \tag{4.6}$$

## 4.4　二阶非奇异终端滑模重构观测器设计

针对式 (4.6) 所描述的系统，设计滑模观测器如式 (4.7) 所示：

$$\begin{cases} \dot{\hat{z}}_1 = (A_1 + LA_3)\hat{z}_1 + \begin{bmatrix} A_2 + LA_4 - (A_1 + LA_3)L \end{bmatrix} y + g_1(\hat{z}) + Lg_2(\hat{z}) \\ \dot{\hat{z}}_2 = A_3 \hat{z}_1 + (A_4 - A_3 L)\hat{z}_2 + g_2(\hat{z}) + K(y - \hat{y}) + v(t) \\ \hat{y} = \hat{z}_2 \end{cases} \tag{4.7}$$

其中，$K$ 为选取的参数矩阵，使得系数矩阵 $(A_4 - A_3 L) + K$ 为 Hurwitz 矩阵；$v(t)$ 为待设计的高阶滑模控制输入。定义 $e_1 = z_1 - \hat{z}_1$，$e_y = y - \hat{y}$，由式 (4.6) 和式 (4.7) 可得系统的误差方程如式 (4.8) 所示：

$$\begin{cases} \dot{e}_1 = (A_1 + LA_3)e_1 + \begin{bmatrix} g_1(z) - g_1(\hat{z}) \end{bmatrix} + L \begin{bmatrix} g_2(z) - g_2(\hat{z}) \end{bmatrix} \\ \dot{e}_y = A_3 e_1 + (A_4 - A_3 L - K)e_y + \begin{bmatrix} g_2(z) - g_2(\hat{z}) \end{bmatrix} + E_2 f(t) + F_2 \xi(t) - v(t) \end{cases} \tag{4.8}$$

由输出误差微分方程的表达式，令 $e_y = \zeta$，$\omega(t) = -v(t)$，$\Pi(e_1, e_y, t) = A_3 e_1 + (A_4 - A_3 L - K)e_y + [g_2(z) - g_2(\hat{z})] + E_2 f(t) + F_2 \xi(t)$，则有

$$\dot{\zeta} = \Pi(e_1, \zeta, t) + \omega(t) \tag{4.9}$$

$$\dot{\Pi}(e_1, \zeta, t) = A_3 \dot{e}_1 + (A_4 - A_3 L - K)\dot{\zeta} + [g_2(\dot{z}) - g_2(\hat{\dot{z}})] + E_2 \dot{f}(t) + F_2 \dot{\xi}(t) \tag{4.10}$$

定义非奇异终端滑模面 $s$ 为

$$s = \zeta + \beta \dot{\zeta}^{\frac{\lambda}{\sigma}} \tag{4.11}$$

其中，$\beta$、$\lambda$、$\sigma$ 为待设计参数，且 $\lambda$、$\sigma$ 为正奇数，满足 $1 < \lambda/\sigma < 2$，$\beta > 0$。

设计自适应二阶非奇异终端滑模观测器的控制输入为

$$\omega(t) = \omega_1(t) + \omega_2(t) \tag{4.12}$$

$$\omega_1(t) = -k_0 \zeta \tag{4.13}$$

$$\dot{\omega}_2(t) = -[k_{10} + k_{10}(t)]\mathrm{sgn}(s) - k_2 s - \frac{1}{\beta}\frac{\sigma}{\lambda}\dot{\zeta}^{2 - \frac{\lambda}{\sigma}} \tag{4.14}$$

其中，$k_0$、$k_{10}$、$k_2$ 为待设计参数；sgn 表示符号函数；$k_{10}(t)$ 为设计的自适应律，其表达式如式(4.15)所示：

$$\dot{k}_{10}(t) = \beta \frac{\lambda}{\sigma} \dot{\zeta}^{\frac{\lambda}{\sigma} - 1} \|E_2\| \|s\| \tag{4.15}$$

## 4.5　观测器控制增益设计

由 4.4 节给出的观测器设计过程可以看出，本章提出的如式(4.7)所示的观测器，需要给出观测器增益矩阵、滑模增益等参数设计程序，本节通过定理形式给出具体计算方法。

### 4.5.1　观测器增益 LMI 解算程式

为使本章设计的滑模观测器状态估计误差收敛有界，提出定理 4.1。

**定理 4.1**[32]　对于满足假设条件的系统(4.6)设计观测器(4.7)，对于给定的 $\alpha$，存在对称正定矩阵 $P \in \mathbf{R}^{(n-p)\times(n-p)}$、$Y \in \mathbf{R}^{(n-p)\times p}$ 及可行的 $\varepsilon$，使得下列最小凸优

化问题有解：

$$\min \gamma$$

$$\text{s.t.} \begin{cases} \begin{bmatrix} PA_1 + A_1^T P + YA_3 + A_3^T Y^T + \alpha P + \varepsilon\dfrac{1}{\gamma} & P & Y \\ P & -\varepsilon I_{n-p} & 0 \\ Y^T & 0 & -\varepsilon I_p \end{bmatrix} < 0 \\ P > 0, \varepsilon > 0, \gamma > 0 \end{cases} \tag{4.16}$$

则观测器状态估计误差 $e_1$ 最终有界稳定，且增益矩阵为 $L = P^{-1}Y$，最大化 Lipschitz 常数为 $\psi_g^2 = \dfrac{1}{\gamma}$，$\psi_g = \sqrt{\dfrac{1}{\gamma}}$。

**证明** 参考文献[32]的证明方法，取 Lyapunov 函数为 $V_1 = e_1^T P e_1$，从而有 $V_1$ 沿式 (4.8) 的导函数为

$$\dot{V}_1 = e_1^T \Big[ P(A_1 + LA_3) + (A_1 + LA_3)^T P \Big] e_1 + 2e_1^T P \Big[ g_1(T^{-1}z) - g_1(T^{-1}\hat{z}) \Big] + 2e_1^T PL \Big[ g_2(T^{-1}z) - g_2(T^{-1}\hat{z}) \Big] \tag{4.17}$$

定义 $\bar{P} = P\big[ I_{n-p}, L \big]$，$\bar{A} = \big[ A_1^T, A_3^T \big]^T$，从而有

$$\dot{V}_1 = e_1^T \big( \bar{A}^T \bar{P}^T + \bar{P}\bar{A} \big) e_1 + 2 \big( \bar{P}^T e_1 \big)^T \Big[ g(T_1^{-1}z, u) - g(T_1^{-1}\hat{z}, u) \Big] \tag{4.18}$$

根据引理 3.2 可知：

$$\begin{aligned} \dot{V}_1 &\leqslant e_1^T \big( \bar{A}^T \bar{P}^T + \bar{P}\bar{A} \big) e_1 + \frac{1}{\varepsilon} e_1^T \bar{P}\bar{P}^T e_1 \\ &\quad + \varepsilon \Big[ g(T_1^{-1}z, u) - g(T_1^{-1}\hat{z}, u) \Big]^T \Big[ g(T_1^{-1}z, u) - g(T_1^{-1}\hat{z}, u) \Big] \\ &\leqslant e_1^T \Big( \bar{A}^T \bar{P}^T + \bar{P}\bar{A} + \frac{1}{\varepsilon} \bar{P}\bar{P}^T + \varepsilon \psi_g^2 I \Big) e_1 \\ &\leqslant -\alpha e_1^T P e_1 \\ &= -\alpha V_1 \end{aligned} \tag{4.19}$$

由式 (4.19) 可知，当 $\bar{A}^T \bar{P}^T + \bar{P}\bar{A} + \dfrac{1}{\varepsilon} \bar{P}\bar{P}^T + \varepsilon \psi_g^2 I + \alpha P < 0$ 成立时，由 Schur 补

引理可知，为确保观测器估计误差有界稳定，最小化 $\gamma$ 能够使得观测器克服最大的 Lipschitz 非线性项对估计误差的影响，从而将观测器增益矩阵设计转化为 LMI 约束下的凸优化问题，进而得到式 (4.16) 的结论。证毕。

由定理 4.1 的结论，$e_1$ 有界稳定，于是 $\dot{e}_1$ 也必有界稳定，设为 $|\dot{e}_1| \leqslant \theta$。若定理 4.1 所述的优化问题有解，表明本章设计的观测器状态估计误差收敛，同时为确保滑模运动能克服干扰及变化率上界未知故障等因素的影响及时到达滑模面，提出定理 4.2。

### 4.5.2　滑模增益设计

**定理 4.2**　对于误差方程 (4.8)，选取如式 (4.11) 所示的非奇异终端滑模面，设计如式 (4.12)～式 (4.15) 所示的观测器滑模控制输入，若满足 $k_0 = A_4 - A_3 L - K$，$k_{10} > \left(\|A_3\| + \psi_g\right)\theta + \|F_2\|\mu$，$k_2 > 0$，且定理 4.1 所述的 LMI 优化问题有解，则当系统发生变化率上界未知的故障时，观测器输出估计误差系统能在有限时间内收敛到 0，即滑模运动经有限时间收敛到滑模面 $\left\{ s = 0 \middle| s = \zeta + \beta \dot{\zeta}^{\frac{\lambda}{\sigma}} \right\}$ 上。

**证明**　定义 Lyapunov 函数 $V_2 = \dfrac{1}{2} s^{\mathrm{T}} s + \dfrac{1}{2} \|E_2\| \bar{\delta}^2$，其中 $\bar{\delta} = \delta - \dfrac{k_{10}(t)}{\|E_2\|}$，此时 $V_2(t) > 0$，于是有

$$
\begin{aligned}
\dot{V}_2 &= s^{\mathrm{T}} \dot{s} + \|E_2\| \bar{\delta} \dot{\bar{\delta}} \\
&= s^{\mathrm{T}} \left( \dot{\zeta} + \beta \frac{\lambda}{\sigma} \dot{\zeta}^{\frac{\lambda}{\sigma}-1} \ddot{\zeta} \right) - \left( \delta - \frac{k_{10}(t)}{\|E_2\|} \right) \beta \frac{\lambda}{\sigma} \dot{\zeta}^{\frac{\lambda}{\sigma}-1} \|s\| \|E_2\| \\
&= s^{\mathrm{T}} \beta \frac{\lambda}{\sigma} \dot{\zeta}^{\frac{\lambda}{\sigma}-1} \left( \frac{1}{\beta} \frac{\lambda}{\sigma} \dot{\zeta}^{2-\frac{\lambda}{\sigma}} + \ddot{\zeta} \right) - \left( \delta - \frac{k_{10}(t)}{\|E_2\|} \right) \beta \frac{\lambda}{\sigma} \dot{\zeta}^{\frac{\lambda}{\sigma}-1} \|s\| \|E_2\|
\end{aligned}
\tag{4.20}
$$

将式 (4.12)～式 (4.15) 代入式 (4.20) 有

$$
\begin{aligned}
\dot{V}_2 &= s^{\mathrm{T}} \beta \frac{\lambda}{\sigma} \dot{\zeta}^{\frac{\lambda}{\sigma}-1} \left\{ \dot{\Pi}(e_1, \zeta, t) - k_0 \dot{\zeta} - [k_{10} + k_{10}(t)] \operatorname{sgn}(s) - k_2 s \right\} \\
&\quad - \left( \delta - \frac{k_{10}(t)}{\|E_2\|} \right) \beta \frac{\lambda}{\sigma} \dot{\zeta}^{\frac{\lambda}{\sigma}-1} \|s\| \|E_2\|
\end{aligned}
\tag{4.21}
$$

将式 (4.10) 代入式 (4.21) 有

$$\dot{V}_2 = -\beta \frac{\lambda}{\sigma} \dot{\zeta}^{\frac{\lambda}{\sigma}-1} s^{\mathrm{T}} \left\{ \begin{array}{l} -A_3 \dot{e}_1 - (A_4 - A_3 L - K)\dot{\zeta} - \left[ g_2(\dot{z}) - g_2(\dot{\hat{z}}) \right] - E_2 \dot{f}(t) \\ -F_2 \dot{\xi}(t) + k_0 \dot{\zeta} + \left[ k_{10} + k_{10}(t) \right] \mathrm{sgn}(s) + k_2 s \end{array} \right\}$$

$$- \left( \delta - \frac{k_{10}(t)}{\|E_2\|} \right) \beta \frac{\lambda}{\sigma} \dot{\zeta}^{\frac{\lambda}{\sigma}-1} \|s\| \|E_2\| \tag{4.22}$$

$$\leqslant -\beta \frac{\lambda}{\sigma} \dot{\zeta}^{\frac{\lambda}{\sigma}-1} s \left\{ \begin{array}{l} -A_3 \dot{e}_1 - (A_4 - A_3 L - K)\dot{\zeta} - \left[ g_2(\dot{z}) - g_2(\dot{\hat{z}}) \right] - F_2 \dot{\xi}(t) \\ +k_0 \dot{\zeta} + k_{10}\mathrm{sgn}(s) + k_2 s \end{array} \right\}$$

由式(4.22)可以看出，由于$1 < \frac{\lambda}{\sigma} < 2$，$\lambda$、$\sigma$为正奇数，$\dot{\zeta}^{\frac{\lambda}{\sigma}-1} \geqslant 0$恒成立，故当$k_0 = A_4 - A_3 L - K$，$k_{10} > \left( \|A_3\| + \psi_g \right)\theta + \|F_2\|\mu$，且$k_2 > 0$时，令$\alpha = k_2 \beta \frac{\lambda}{\sigma} \dot{\zeta}^{\frac{\lambda}{\sigma}-1} > 0$，那么有

$$\dot{V}_2 < -\alpha|s|^2 < 0 \tag{4.23}$$

从式(4.23)可以看出：

$$\dot{V}_2 < -2\alpha V_2 + \alpha \|E_2\| \bar{\delta}^2 \tag{4.24}$$

令$\alpha_1 = 2\alpha > 0$，$\frac{1}{2}\alpha_1 \|E_2\| \bar{\delta}^2 = \alpha_2$，于是有

$$\dot{V}_2 < -\alpha_1 V_2 + \alpha_2 \tag{4.25}$$

由式(4.23)和式(4.25)可知，$V_2 > \frac{\alpha_2}{\alpha_1} = \frac{1}{2}\|E_2\|\bar{\delta}^2 = V_3$，将式(4.25)两边同乘以$\mathrm{e}^{\alpha_1 t}$，并同时对$t$进行积分有

$$V_2(t) \leqslant \left[ V_2(0) - \frac{\alpha_2}{\alpha_1} \right]\mathrm{e}^{-\alpha_1 t} + \frac{\alpha_2}{\alpha_1} = V_4 \tag{4.26}$$

另外定义紧集$\varXi_1 = \{V_3(s) \leqslant b, V_4(s) < b\}$，$\vartheta > 0$是紧集$\varXi_1$上$V_2$的极小值，即$\vartheta = \min_{s \in \varXi_1} V_2 > 0$，则$\forall s \in \varXi_1$，且$\forall \alpha_2 \leqslant \alpha_1 \vartheta/2$，式(4.25)可表示为

$$\dot{V}_2 \leqslant -\frac{\alpha_1 V_2}{2} - \frac{\alpha_1 \vartheta}{2} + \alpha_2 \leqslant -\frac{\alpha_1 V_2}{2} \leqslant -\frac{\alpha_1 \vartheta}{2} \tag{4.27}$$

由 Lyapunov 函数 $V_2$ 连续可微，对于某个正常数 $a = \inf_{s \in \Xi_1} \{V_3(s) < b\}$，存在紧集 $\Theta = \{a \leqslant V_2 \leqslant b\}$，则由不等式 (4.27) 可知集合 $\Omega_a = \{V_2 \leqslant a\}$ 和 $\Omega_b = \{V_2 \leqslant b\}$ 是两个正不变集，因为在边界 $\partial\Omega_a$ 和 $\partial\Omega_b$ 上，$\dot{V}_2$ 为负，则始于 $\Xi_1$ 内的轨线一定沿 $V_2$ 减小的方向运动。

不等式 (4.27) 两边同时对 $t$ 进行积分可得

$$V_2(t, x) \leqslant V_2(t, x_0) - \frac{\alpha_1 \vartheta(t - t_0)}{2} \leqslant b - \frac{\alpha_1 \vartheta(t - t_0)}{2} \tag{4.28}$$

根据式 (4.28) 和引理 3.4 可知，$V_2(t, x)$ 将在时间区间 $[t_0,\, t_0 + 2(b-a)/(\alpha_1\vartheta)]$ 内收敛到紧集 $\Omega_a = \left\{V_2 \leqslant V_3 = \frac{1}{2}\|E_2\|\overline{\delta}^2\right\}$ 内，即 $\frac{1}{2}s^{\mathrm{T}}s = 0$，$s = 0$，于是滑模运动经过有限时间 $T = 2(b-a)/(\alpha_1\vartheta)$ 到达滑模面。证毕。

# 4.6　重　构　程　式

从定理 4.1 和定理 4.2 的证明过程可看出，本章设计的自适应高阶非奇异终端滑模观测器能克服变化率未知的快变或慢变故障和干扰的不利影响，通过设计合适的增益参数能够实现滑模运动的可达性和快速性，从而确保了鲁棒性。另外，由定理 4.1 和定理 4.2 的证明过程可知，用于故障变化率上界未知执行器鲁棒故障重构的自适应高阶非奇异终端滑模观测器的设计步骤如下。

**步骤 1**　检查系统 (4.1) 是否满足假设 4.1~假设 4.3，若满足，则继续下一步，否则终止。

**步骤 2**　选取合适的 $T_0$，将系统 (4.1) 转化为如式 (4.2) 所示的形式。

**步骤 3**　根据式 (4.16) 求解 $\gamma$、$P$ 及 $L$。并根据式 (4.7) 选取满足要求的 $K$。

**步骤 4**　根据定理 4.2 设计自适应高阶非奇异终端滑模观测器控制律的增益。

在设计观测器的基础上，采用等效控制输出误差注入原理维持滑模运动，实现故障重构。当滑模运动到达时，$\zeta = \dot{\zeta} = 0$，于是误差方程变为

$$A_3 e_1 + \left[g_2(z) - g_2(\hat{z})\right] + E_2 f(t) + F_2 \xi(t) - \nu(t) = 0 \tag{4.29}$$

依据文献 [32]，若 $\mathrm{Im}(E_2) \bigcap \mathrm{Im}(F_2) = \{0\}$，则存在矩阵 $W$，使得 $W\begin{bmatrix} E_2 & F_2 \end{bmatrix} = \begin{bmatrix} H_1 & 0 \\ 0 & H_2 \end{bmatrix}$，由于 $|e_1|$ 有界稳定，于是有

$$W\begin{bmatrix} E_2 & F_2 \end{bmatrix}\begin{bmatrix} f(t) \\ \xi(t) \end{bmatrix} \approx W\nu(t) \tag{4.30}$$

此时选取 $W_1$ 为 $W$ 的前 $q$ 行，这样可得到：

$$\hat{f}(t) \approx H_1^{-1} W_1 \nu(t) \tag{4.31}$$

另外，若 $\text{Im}(E_2) \bigcap \text{Im}(F_2) \neq \{0\}$，即说明采用本章方法无法实现鲁棒故障重构，当系统所受的干扰值较小时，故障重构的精度较高，否则误差较大，此时故障重构的近似表达式又可以表示为

$$\hat{f}_1(t) \approx (E_2)^+ \nu(t) \tag{4.32}$$

**注 4.1** 式 (4.32) 中 $(E_2)^+$ 为 $E_2$ 的广义逆，另外由定理 4.1 的结论可知，由于观测器的状态估计误差一般很小，当系统存在式 (4.30) 中这样的 $W$ 时，故障重构精度与干扰无关，若系统不存在这样的 $W$，故障重构精度直接受干扰影响，当未知干扰等不确定性为零时，可实现故障的无偏估计，当未知干扰等不确定性比故障信号小得多时，用式 (4.32) 当作故障重构信号的估计值精度较高，当系统受到的干扰较大时，精度较低，有关鲁棒故障重构的方法将在第 5 章详细阐述。

## 4.7　数　值　算　例

为验证本章设计的自适应高阶非奇异终端滑模观测器用于执行器鲁棒故障重构的有效性，以某非线性系统为例开展仿真分析，系统的参数矩阵如下：

$$A = \begin{bmatrix} -0.0318 & 0.0831 & -0.0008 & -0.0367 \\ -0.0716 & -1.485 & 0.9848 & 0 \\ -0.2797 & -5.6725 & -1.0253 & 0 \\ 0 & 0 & 1 & 0 \end{bmatrix}, \quad F = \begin{bmatrix} 0 \\ 2.0275 \\ 10 \\ 1 \end{bmatrix}$$

$$g(x_p, u) = \begin{bmatrix} 0.012 & -0.0071 \\ -0.3058 & -0.0233 \\ -22.4293 & 7.8777 \\ 0 & 0 \end{bmatrix} u + \begin{bmatrix} 0 \\ \dfrac{F_e}{M} \dfrac{\sin x_{p2}}{1 + x_{p1}} \\ 0 \\ 0 \end{bmatrix}, \quad E = \begin{bmatrix} 0.012 & -0.0071 \\ -0.3058 & -0.0233 \\ -22.4293 & 7.8777 \\ 0 & 0 \end{bmatrix}$$

$$C = \begin{bmatrix} 1 & 0 & 0 & 0 \\ 0 & 1 & 0 & 0 \\ 0 & 0 & 1 & 0 \end{bmatrix}$$

选取线性变换 $T_0 = \begin{bmatrix} 27.1886 & -0.6057 & 0.0228 & 1 \\ 1 & 0 & 0 & 0 \\ 0 & 1 & 0 & 0 \\ 0 & 0 & 1 & 0 \end{bmatrix}$，令 $\alpha = 0.5$，由定理 4.1 通

过 LMI 工具箱求解，可以得到各优化值为 $P = 0.4654$，$L = \begin{bmatrix} 0.0393 & 0 & 0 \end{bmatrix}$，

$\gamma = 1.0323$，设计观测器的增益矩阵为 $\begin{bmatrix} 10.9674 & 0.0609 & 0 \\ -0.0716 & 18.515 & 0.9848 \\ -0.2797 & -5.6725 & 38.9747 \end{bmatrix}$，系统控制输入

为 $u = \begin{bmatrix} 0.1 & 12.0862 & 2.6928 & -0.0022 \\ 0.3207 & 35.1318 & 6.9084 & -0.0062 \end{bmatrix} x$，设计非奇异终端滑模参数为 $\lambda = 5$，

$\sigma = 3$，$\beta = 0.01$，此时依据上述步骤 1～步骤 4 建立自适应二阶非奇异终端滑模观测器，可以得到观测器的状态估计误差如图 4.1 所示。

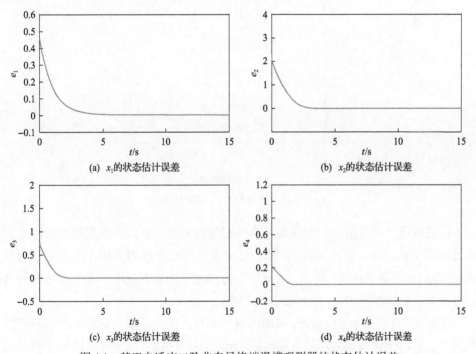

图 4.1   基于自适应二阶非奇异终端滑模观测器的状态估计误差

从图 4.1 可以看出，采用本章方法设计的滑模观测器可以实现对系统状态的快速跟踪，确保了状态估计误差在有限时间内稳定有界，验证了定理 4.1 中的结论。另外，依据所设计的观测器，可以得到系统输出误差导数的收敛曲线，如图 4.2 所示。从图 4.2 可以看出，采用本章方法设计的观测器可以使得输出误差导数收敛到 0，从而确保滑模运动能够快速到达滑模面。

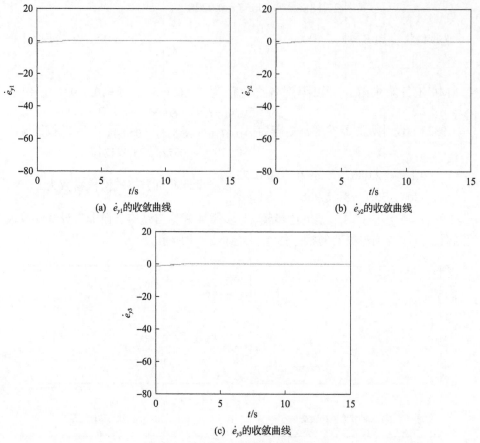

图 4.2　输出误差导数 $\dot{e}_y$ 的收敛曲线

依据所设计的自适应二阶非奇异终端滑模观测器，可以得到观测器的滑模和自适应律变化曲线，以由系统 $e_{y1}$ 和 $K(s)$ 分量确定的滑模面为例，定义滑模的向量范数 $\|s_1\|$，结果如图 4.3 所示，由此可以得到用于消除变化率上界未知故障的自适应律 $k_{10}(t)$ 的变化曲线，结果如图 4.4 所示。

从图 4.3 和图 4.4 可以看出，采用本章方法设计的自适应二阶非奇异终端滑模观测器，可以确保滑模运动经有限时间快速到达滑模面。在设计滑模观测器的基础上，开展执行器故障重构研究。为验证本章方法的故障重构效果，采用故障注入的方法，分析算例变换后的系统矩阵 $E_2$ 和 $F_2$ 可知，不存在系数矩阵 $W$ 使得故障与干扰完全解耦。当系统没有受到干扰影响时，设置执行器 1 发生故障类型 1 即幅值为 5 的正弦故障，发生的时刻为第 4s，分别采用本章所提方法和一阶滑模观测器方法开展故障重构方法研究，结果如图 4.5 和图 4.6 所示。

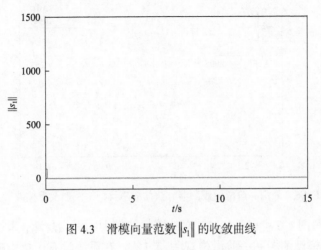

图 4.3　滑模向量范数 $\|s_1\|$ 的收敛曲线

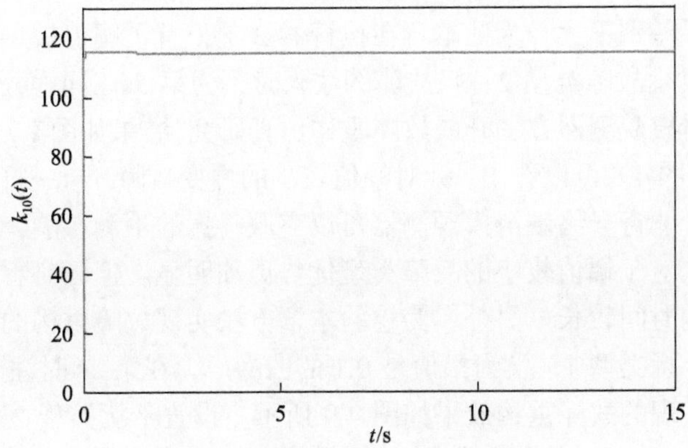

图 4.4　自适应律 $k_{10}(t)$ 的收敛曲线

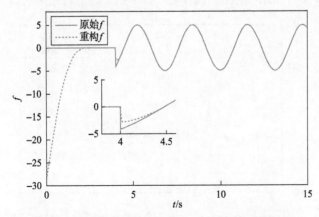

图 4.5　采用本章方法的故障类型 1 波形及重构波形

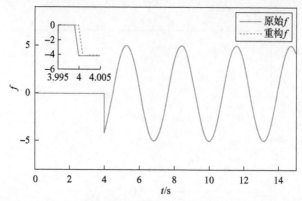

图 4.6　采用一阶滑模观测器方法的故障类型 1 波形及重构波形

从图 4.5 和图 4.6 可以看出，针对故障幅值较大的慢变故障，采用自适应二阶非奇异终端滑模观测器和一阶滑模观测器方法，在系统没有干扰影响的情形下，故障重构的效果差别不大。为此本章在执行器 2 上设置了幅值较小的慢变故障，设置执行器 2 发生故障类型 2，且故障的注入时刻为第 5s，同样分别采用本章所提方法和一阶滑模观测器方法开展故障重构仿真研究，结果如图 4.7 和图 4.8 所示。

从图 4.7 和图 4.8 可以看出，针对幅值较小的慢变故障，与一阶滑模观测器相比，自适应二阶非奇异终端滑模观测器可以克服抖振的不利影响，故障重构的精度更高，尤其是对于幅值较小的故障类型优势更加明显。但同时看到二阶滑模观测器的故障重构时间较长。另外，为检验本章方法实现故障重构的鲁棒性效果，在系统中加入干扰类型 1，设为幅值是 0.1 的白噪声，在第 5s 时注入故障类型 3，采用本章方法实现的故障重构效果如图 4.9 所示。设置干扰类型 2 为幅值是 1 的白噪声，在第 4.5s 注入突变故障类型 4，幅值为 2，采用本章方法开展故障重构研究，仿真结果如图 4.10 所示。由图 4.9 和图 4.10 的仿真结果可以看出，由于本

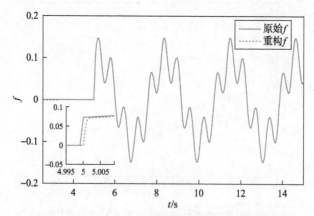

图 4.7　采用本章方法的故障类型 2 波形及重构波形

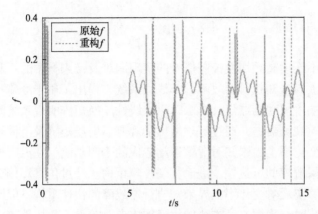

图 4.8　采用一阶滑模观测器方法的故障类型 2 波形及重构波形

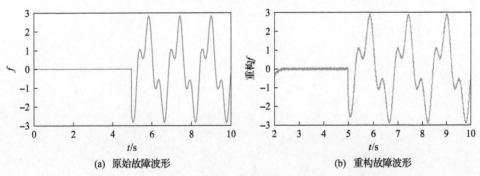

(a) 原始故障波形　　　　　　　　　　　(b) 重构故障波形

图 4.9　故障类型 3 波形及干扰类型 1 作用下的重构波形

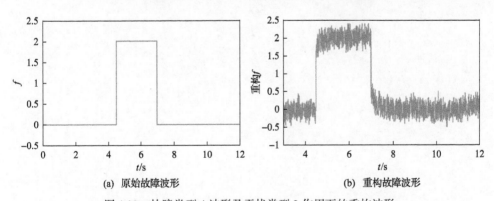

(a) 原始故障波形　　　　　　　　　　　(b) 重构故障波形

图 4.10　故障类型 4 波形及干扰类型 2 作用下的重构波形

节算例中不存在满足要求的矩阵 $W$，造成故障和干扰项无法完全解耦，因而本算例中的鲁棒故障重构效果较差，但是区分干扰和故障又是开展故障重构研究必须考虑的，有关这部分内容将在第 5 章详细阐述。

## 4.8　小　　结

　　本章考虑不连续高频切换控制信号的实现困难及带来抖振的不利因素，针对含一类变化率上界未知执行器故障的非线性系统，提出了用于故障重构的自适应二阶非奇异终端滑模观测器设计方法，引入线性变换矩阵实现系统降维，在此基础上设计了滑模观测器，并通过定理给出了观测器增益矩阵及滑模增益的设计方法，考虑故障变化率上界未知对滑模运动造成的不利影响，在滑模增益中设计了自适应律以确保滑模的可达性，进而实现故障重构。经过仿真算例分析，结果表明本章方法能够实现对变化率上界未知执行器故障的快速重构，但同时也得到，当系统存在干扰时，采用本章方法的故障重构误差较大，鲁棒性较差，为此本书将在第 5 章重点关注故障重构的鲁棒性问题。

# 第5章 综合鲁棒性的非线性滑模
# 故障重构观测器设计

## 5.1 引　言

由第 3 章的仿真结果可以看出，当系统受干扰等不确定性因素影响时，尤其是在强干扰作用下，采用一阶和高阶滑模观测器实现的故障重构误差均较大，因而基于滑模观测器故障重构技术的一个重点是研究区分干扰与故障的鲁棒性问题，即使得干扰等未知输入对故障重构结果影响尽可能小，以确保故障诊断的准确性。鲁棒故障重构方法在不确定线性系统中成果较多，主要方法包括线性变换、右特征向量配置、级联滑模观测器和 $H_\infty$ 控制法等，而在非线性系统中进展缓慢，主要原因是非线性特性会使基于滑模观测器的鲁棒故障重构问题变得复杂。一方面，非线性项的存在可能会使得状态估计误差不收敛，另一方面，未知故障干扰等因素的引入可能会破坏滑模运动的可达性，且无法区分故障和未知输入。另外，实际系统存在既发生执行器故障，又发生传感器故障的多故障并发情形，故在干扰、建模不确定性等未知输入的影响下，开展非线性系统多故障并发条件下的鲁棒故障重构方法研究具有十分重要的意义。

近年来有关非线性系统的鲁棒故障重构研究也取得了一些成果。Yan 等[20]提出的鲁棒故障重构方法没有考虑传感器故障，且区分执行器故障和干扰的鲁棒性条件对系统系数矩阵要求较高，很多实际系统无法满足这一条件。Lee 等[24]考虑输出干扰影响，提出了基于广义滑模观测器的干扰及故障同时重构方法，但要求Lipschitz 系数及故障上界已知，在一定程度上限制了其的推广应用。Zhang 等[99]设计了 $H_\infty$ 广义自适应观测器实现了执行器和传感器故障重构，但忽视了输出干扰的影响。分析国内外研究现状可以发现有关执行器和传感器同时故障的重构方法主要包括两种：一种是在系统输出中添加滤波器，将多故障等效为只含执行器故障的系统；另一种是将故障或者干扰项当成系统的扩展状态，在此基础上设计观测器实现故障重构，且大多数成果是针对线性系统的，当非线性系统中存在干扰、故障上界未知、Lipschitz 常数未知等情形时的鲁棒故障重构方法成果较少。本章将从非线性系统有无输出干扰两方面，在 Lipschitz 系数及故障上界未知、执行器和传感器同时故障的条件下，研究基于滑模观测器的多故障鲁棒重构方法。

针对不含输出干扰的多故障并发不确定非线性系统，在故障上界及 Lipschitz

系数未知的条件下，研究基于滑模观测器的执行器和传感器鲁棒故障重构方法。首先引入正交变换矩阵及添加后置滤波器，构造增维系统，将系统转化为仅包含执行器故障的形式；然后设计鲁棒故障重构滑模观测器，考虑故障上界未知的情形，在滑模增益中添加自适应律，为使得干扰对故障重构误差影响最小，结合 Lipschitz 系数未知的情形，引入 $H_\infty$ 控制将观测器增益矩阵设计方法转化为多目标优化问题，运用 Schur 补引理通过 LMI 的形式给出了求解方法，设计滑模增益确保滑模运动能在有限时间内到达滑模面；在此基础上实现执行器和传感器的同时鲁棒故障重构；最后开展仿真算例研究。针对系统存在输出干扰的情形，将传感器故障和输出干扰作为增广状态向量的一部分构建新的广义系统，建立自适应广义滑模状态观测器，通过 LMI 技术给出了观测器增益矩阵的设计方法；考虑非线性项 Lipschitz 常数未知，设计自适应补偿律，确保状态估计误差能够有界稳定，同时注意到故障、干扰等未知输入的上界值未知，在滑模增益中添加自适应律以确保状态估计误差有界收敛；由广义系统观测器结合鲁棒滑模微分器，得出执行器和传感器故障同时重构算法，并用数值仿真验证所提方法的有效性。

## 5.2　预　备　知　识

为便于本章及后续章节的叙述,本节先给出鲁棒 $H_\infty$ 控制和广义系统的相关概念，主要是标准 $H_\infty$ 控制器的设计问题和广义系统的系统描述。

一般而言，$H_\infty$ 控制问题可以描述如下[100]：设系统如图 5.1 所示，$w$ 为外部信号（包括参考输入、干扰）；$u$ 为控制输入；$z$ 为评价输出；$y$ 为量测输出；$K(s)$ 为待设计的控制器；$P(s)$ 为研究对象。原系统可以描述为

$$P(s) = \begin{bmatrix} p_{11} & p_{12} \\ p_{21} & p_{22} \end{bmatrix} \tag{5.1}$$

于是系统的输入输出关系可表示成如下形式：

$$\begin{bmatrix} z \\ y \end{bmatrix} = \begin{bmatrix} p_{11} & p_{12} \\ p_{21} & p_{22} \end{bmatrix} \begin{bmatrix} w \\ u \end{bmatrix} \tag{5.2}$$

另外控制器采用输出反馈，于是有

$$u = Ky \tag{5.3}$$

将式(5.3)代入式(5.2)并消去 $y$，则从 $w$ 到 $z$ 的系统闭环传递函数表示为

$$F = p_{11} + p_{12}(I - p_{22}K)^{-1} Kp_{21} \tag{5.4}$$

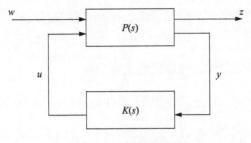

图 5.1　$H_\infty$控制问题框图

　　$H_\infty$控制问题描述如下[100]，即设计控制增益 $K$，确保闭环系统渐近稳定，同时使得干扰对评价输出的影响最小，即使得式(5.4)所示的闭环传递函数 $H_\infty$范数最小，数学表达式如下所示：

$$\inf_K \left\| F(P,K) \right\|_\infty \tag{5.5}$$

　　以上介绍的标准 $H_\infty$方法将在 5.3 节中用于设计滑模观测器，以实现鲁棒性。另外，5.4 节中还将涉及广义系统的观测器设计问题，为此给出广义系统的描述形式。对形如式(5.6)所描述的系统称为连续广义系统，$W$ 为广义矩阵：

$$\begin{cases} W\dot{x} = f\left[x,t,u\right] \\ y = g\left[x,t,u\right] \end{cases} \tag{5.6}$$

## 5.3　基于 $H_\infty$控制的非线性滑模鲁棒重构观测器设计

　　从第 3、4 章算例的仿真结果可以看出，当系统存在强干扰时，采用滑模观测器的执行器故障重构误差较大，因此设计使得干扰对故障重构结果影响较小的鲁棒滑模重构观测器十分必要。当考虑系统同时存在执行器和传感器故障时，由于传感器故障的引入，系统输出与实际系统出现偏差，影响系统的滑模运动，造成故障重构偏差，故研究鲁棒故障重构的方法时需要关注系统存在多故障并发的情形。针对不确定线性系统，文献[46]提出采用线性变换及添加滤波器的方法，将含多故障并发系统虚拟等效为一类只含执行器故障的不确定系统，设计鲁棒滑模观测器实现了故障重构；这种处理方法实现了线性系统多故障并发时的鲁棒故障重构，但不适合含 Lipschitz 项的非线性系统，主要原因是按照文献[46]提出的方法，若将非线性项当成干扰处理，则干扰上界必须提前已知，这样才能确保观测器状态误差收敛，而实际系统中 Lipschitz 常数未知，因此该方法难以在非线性系统得到推广。尽管如此，该文提出的执行器和传感器同时故障时的处理方法仍值得借鉴。本节在文献[46]的基础上，考虑非线性系统 Lipschitz 系数及故障上界值未知、执行器和传感器同时故障的情形，研究多故障并发时基于滑模观测器的鲁棒故障重构方法。

### 5.3.1　执行器及传感器同时故障非线性系统描述

考虑一类同时存在执行器和传感器故障的多输入多输出不确定非线性系统：

$$\begin{cases} \dot{x}_p = A_p x_p + g(x_p, u) + D_p f_a(t) + E_p \xi(t) \\ y_p = C_p x_p + N_p f_s(t) \end{cases} \tag{5.7}$$

其中，$x_p \in \mathbf{R}^n$、$u \in \mathbf{R}^m$、$y_p \in \mathbf{R}^p$ 分别为系统状态、系统控制输入、系统的可测输出；$A_p \in \mathbf{R}^{n \times n}$，$C_p \in \mathbf{R}^{p \times n}$，$D_p \in \mathbf{R}^{n \times q}$，$E_p \in \mathbf{R}^{n \times k}$，$N_p \in \mathbf{R}^{p \times h}$，且假定 $p \geqslant q + h$；$g(x_p, u)$ 为非线性项，满足 $\|g(x_{p1}, u) - g(x_{p2}, u)\| \leqslant \psi_g \|x_{p1} - x_{p2}\|$，$\psi_g$ 为 Lipschitz 常数，数值未知；$f_a(t) \in \mathbf{R}^q$ 为执行器故障向量；$f_s(t) \in \mathbf{R}^h$ 为传感器故障向量；$\xi(t)$ 为未知扰动等不确定向量。

**假设 5.1**　$f_a(t)$、$f_s(t)$ 有界但上界未知，即 $\|f_a(t), f_s(t)\| \leqslant \alpha$，$\alpha$ 未知；$\xi(t)$ 有界且界已知，即 $\|\xi(t)\| \leqslant \beta$，$\beta$ 已知。

**假设 5.2**[20]　系统 (5.7) 满足条件 $\mathrm{rank}\left(C_p \begin{bmatrix} D_p & E_p \end{bmatrix}\right) = \mathrm{rank}\begin{bmatrix} D_p & E_p \end{bmatrix}$，且 $E_p$、$D_p$ 均为列满秩。

**假设 5.3**[20]　系统 $(A_p, C_p, D_p)$ 的所有不变零点均在左半开复平面内，或者对所有满足 $\mathrm{Re}(s) \geqslant 0$ 的复数 $s$，有式 (5.8) 成立：

$$\mathrm{rank}\begin{bmatrix} sI - A_p & D_p \\ C_p & 0 \end{bmatrix} = n + q \tag{5.8}$$

### 5.3.2　增维系统构建

针对系统 (5.7)，根据文献 [46]，此时存在着正交变换矩阵 $T_R \in \mathbf{R}^{p \times p}$，使得

$$T_R y_p \overset{\mathrm{def}}{=\!=} \begin{cases} y_1 = C_{p1} x_p \\ y_2 = C_{p2} x_p + N_1 f_s(t) \end{cases} \tag{5.9}$$

其中，$y_1 \in \mathbf{R}^{p-h}$，$y_2 \in \mathbf{R}^h$，$N_1$ 为 $\mathbf{R}^{h \times h}$ 的非奇异矩阵，定义状态 $z_p \in \mathbf{R}^h$ 为 $y_2$ 经滤波器的输出，此时有

$$\dot{z}_p = -A_f z_p + A_f y_2 = -A_f z_p + A_f C_{p2} x_p + A_f N_1 f_s(t) \tag{5.10}$$

其中，$A_f$ 为 $\mathbf{R}^{h\times h}$ 选定的滤波矩阵，这样由式 (5.7)、式 (5.9)、式 (5.10) 可构造增维 ($n+h$ 维) 状态方程，如式 (5.11) 和式 (5.12) 所示：

$$\underbrace{\begin{bmatrix} \dot{x}_p \\ \dot{z}_p \end{bmatrix}}_{\dot{x}} = \underbrace{\begin{bmatrix} A_p & 0 \\ A_f C_{p2} & -A_f \end{bmatrix}}_{A} \underbrace{\begin{bmatrix} x_p \\ z_p \end{bmatrix}}_{x} + \underbrace{\begin{bmatrix} I_p \\ 0 \end{bmatrix} g(x_p,u)}_{G(x,u)} + \underbrace{\begin{bmatrix} D_p & 0 \\ 0 & A_f N_1 \end{bmatrix}}_{D} \underbrace{\begin{bmatrix} f_a(t) \\ f_s(t) \end{bmatrix}}_{f_{a,s}} + \underbrace{\begin{bmatrix} E_p \\ 0 \end{bmatrix}}_{E} \xi(t) \quad (5.11)$$

$$\underbrace{\begin{bmatrix} y_1 \\ z_p \end{bmatrix}}_{y} = \underbrace{\begin{bmatrix} C_{p1} & 0 \\ 0 & I_h \end{bmatrix}}_{C} \underbrace{\begin{bmatrix} x_p \\ z_p \end{bmatrix}}_{x} \quad (5.12)$$

**引理 5.1** 式 (5.11) 中，由于 $g(x_p,u)$ 是 Lipschitz 非线性项，所以 $G(x,u)$ 也是 Lipschitz 非线性项。

**证明** 由于

$$\left\| g(x_{p1},u) - g(x_{p2},u) \right\| \leqslant \psi_g \left\| x_{p1} - x_{p2} \right\|$$

于是有

$$\left\| G(x_1,u) - G(x_2,u) \right\| = \left\| g(x_{p1},u) - g(x_{p2},u) \right\|$$

$$\leqslant \psi_g \left\| x_{p1} - x_{p2} \right\| \leqslant \psi_g \left\| \begin{matrix} x_{p1} - x_{p2} \\ z_{p1} - z_{p2} \end{matrix} \right\| = \psi_g \left\| x_1 - x_2 \right\|$$

证毕。

**引理 5.2** 对于增维系统式 (5.11) 和式 (5.12)，其匹配条件仍然满足，即 $\mathrm{rank}(C[D\ E]) = \mathrm{rank}(C[D\ E])$ 成立。

**证明** 根据增维系统式 (5.11) 和式 (5.12) 的表达式，有

$$C[D\ \ E] = \begin{bmatrix} C_{p1} & 0 \\ 0 & I_h \end{bmatrix} \left( \begin{bmatrix} D_p & 0 \\ 0 & A_f N_1 \end{bmatrix} \begin{bmatrix} E_p \\ 0 \end{bmatrix} \right) = \begin{bmatrix} C_{p1}D_p & 0 & C_{p1}E_p \\ 0 & A_f N_1 & 0 \end{bmatrix} \quad (5.13)$$

由于 $T_R$ 为正交矩阵，由假设 5.2 可知 $\mathrm{rank}\left( C_p \begin{bmatrix} D_p & E_p \end{bmatrix} \right) = \mathrm{rank}\left( T_R C_p \begin{bmatrix} D_p & E_p \end{bmatrix} \right)$，因而有

$$\mathrm{rank}\begin{bmatrix} C_{p1}D_p & C_{p1}E_p \\ 0 & 0 \end{bmatrix} = \mathrm{rank}\begin{bmatrix} D_p & E_p \\ 0 & 0 \end{bmatrix} \quad (5.14)$$

由式 (5.11)、式 (5.13)、式 (5.14) 可得，$\mathrm{rank}\left( C[D\ \ E] \right) = \mathrm{rank}[D\ \ E]$。证毕。

**引理 5.3**　系统 $(A,C,D)$ 是最小相位的，即系统 $(A,C,D)$ 的所有不变零点均在左半开复平面内，对所有满足 $\mathrm{Re}(s) \geqslant 0$ 的复数 $s$，有式(5.15)成立：

$$\mathrm{rank}\begin{bmatrix} sI - A & D \\ C & 0 \end{bmatrix} = n + q + 2h \tag{5.15}$$

**证明**　根据增维系统式(5.11)和式(5.12)的表达式，有

$$\mathrm{rank}\begin{bmatrix} sI - \begin{bmatrix} A_p & 0 \\ A_f C_{p2} & -A_f \end{bmatrix} & \begin{bmatrix} D_p & 0 \\ 0 & A_f N_1 \end{bmatrix} \\ \begin{bmatrix} C_{p1} & 0 \\ 0 & I_h \end{bmatrix} & 0 \end{bmatrix}$$

$$= \mathrm{rank}\begin{bmatrix} \begin{bmatrix} sI - A_p & 0 \\ -A_f C_{p2} & sI + A_f \end{bmatrix} & \begin{bmatrix} D_p & 0 \\ 0 & A_f N_1 \end{bmatrix} \\ \begin{bmatrix} C_{p1} & 0 \\ 0 & I_h \end{bmatrix} & 0 \end{bmatrix} \tag{5.16}$$

$$= n + q + 2h$$

证毕。

由式(5.11)和式(5.12)可以发现，对于同时存在执行器和传感器故障的系统(5.7)，经过滤波器扩展为增维系统，变换成只包含虚拟"执行器故障"的非线性 Lipschitz 系统，后文将针对此增维系统开展"执行器故障"重构研究，以实现多故障并发的同时重构。

### 5.3.3　线性变换矩阵设计

在假设 5.1~假设 5.3 存在的前提下，引理 5.1~引理 5.3 成立。根据文献[30]所述，此时存在线性变换矩阵 $T_0 \in \mathbf{R}^{(n+h)\times(n+h)}$，$T_0 x = \begin{bmatrix} x_1^{\mathrm{T}}, x_2^{\mathrm{T}} \end{bmatrix}^{\mathrm{T}}$，其中 $x_1 \in \mathbf{R}^{n+h-p}$，$x_2 \in \mathbf{R}^p$，使得增维系统式(5.11)和式(5.12)变换为

$$\begin{cases} \dot{x}_1 = A_1 x_1 + A_2 x_2 + G_1 + E_1 \xi(t) \\ \dot{x}_2 = A_3 x_1 + A_4 x_2 + G_2 + E_2 \xi(t) + D_2 f_{a,s}(t) \\ y = C_2 x_2 \end{cases} \tag{5.17}$$

其中，$T_0 A T_0^{-1} = \begin{bmatrix} A_1 & A_2 \\ A_3 & A_4 \end{bmatrix}$，且 $A_1 \in \mathbf{R}^{(n+h-p)\times(n+h-p)}$，$A_2 \in \mathbf{R}^{(n+h-p)\times p}$，$A_3 \in \mathbf{R}^{p\times(n+h-p)}$，$A_4 \in \mathbf{R}^{p\times p}$；$T_0 G(x) = \begin{bmatrix} G_1 \\ G_2 \end{bmatrix}$，且 $G_1 \in \mathbf{R}^{(n+h)-p}$，$G_2 \in \mathbf{R}^p$；$T_0 D = \begin{bmatrix} 0 \\ D_2 \end{bmatrix}$，且 $D_2 \in \mathbf{R}^{p\times(q+h)}$；

$$T_0 E = \begin{bmatrix} E_1 \\ E_2 \end{bmatrix}; \quad CT_0^{-1} = \begin{bmatrix} 0 & C_2 \end{bmatrix}, \quad C_2 \in \mathbf{R}^{p \times p} \text{ 为非奇异矩阵。}$$

### 5.3.4 LMI 的鲁棒性设计程式

对于增维系统式(5.11)和式(5.12)，设计如下形式的滑模故障重构观测器：

$$\begin{cases} \dot{\hat{x}} = A\hat{x} + G(\hat{x}, u) + G_l e_y + G_n \nu(t) \\ \hat{y} = C\hat{x} \end{cases} \tag{5.18}$$

其中，$G_n = \begin{bmatrix} -L \\ I_p \end{bmatrix} C_2^{-1}$，$L = \begin{bmatrix} L_1 & 0 \end{bmatrix}$，$L_1 \in \mathbf{R}^{(n+h-p) \times (p-q-h)}$；$G_l$ 为待设计的观测器

增益矩阵；$\nu(t)$ 为滑模变结构输入信号，其表达式如式(5.19)所示：

$$\nu(t) = \begin{cases} (\eta(t) + \eta_0) \|D_2 C_2\| \dfrac{e_y}{\|e_y\|}, & e_y \neq 0 \\ 0, & \text{其他} \end{cases} \tag{5.19}$$

其中，$\eta(t)$ 为设计的自适应律，其表达式如式(5.20)所示：

$$\frac{\mathrm{d}\eta(t)}{\mathrm{d}t} = \rho \|P_2 C_2 D_2\| \|e_y\| \tag{5.20}$$

其中，$e_y$ 为输出误差，滑模面定义为 $s = \{e_y : e_y = 0\}$。

式(5.19)和式(5.20)中，$\rho$、$\eta_0$ 为大于 0 的常数；定义状态误差为 $e = x - \hat{x}$，
则由式(5.11)式(5.18)得增维系统的状态误差方程为

$$\dot{e} = (A - G_l C)e + G(x) - G(\hat{x}) + E\xi(t) + Df_{a,s}(t) - G_n \nu(t) \tag{5.21}$$

定义线性变换矩阵 $T = T_0 T_1$，其中 $T_1 = \begin{bmatrix} I_{(n+h-p)} & L \\ 0 & C_2 \end{bmatrix}$，且 $z = \begin{bmatrix} z_1 \\ z_2 \end{bmatrix} = T_1 \begin{bmatrix} x_1 \\ x_2 \end{bmatrix}$，

则经 $T_1$ 变换后，有 $T_1 \begin{bmatrix} A_1 & A_2 \\ A_3 & A_4 \end{bmatrix} T_1^{-1} = \begin{bmatrix} A_1 + LA_3 & A_2 \\ C_2 A_3 & A_4 \end{bmatrix}$，其中，

$$\Lambda_2 = -(A_1 + LA_3)LC_2^{-1} + (A_2 + LA_4)C_2^{-1}, \quad \Lambda_4 = -C_2 A_3 LC_2^{-1} + C_2 A_4 C_2^{-1}$$

$$T_1 \begin{bmatrix} G_1 \\ G_2 \end{bmatrix} = \begin{bmatrix} G_1 + LG_2 \\ C_2 G_2 \end{bmatrix}, \quad T_1 \begin{bmatrix} E_1 \\ E_2 \end{bmatrix} = \begin{bmatrix} E_1 + LE_2 \\ C_2 E_2 \end{bmatrix}, \quad T_1 \begin{bmatrix} 0 \\ D_2 \end{bmatrix} = \begin{bmatrix} 0 \\ C_2 D_2 \end{bmatrix} \tag{5.22}$$

$$\begin{bmatrix} 0 & C_2 \end{bmatrix} T_1^{-1} = \begin{bmatrix} 0 & I_p \end{bmatrix}$$

定义 $T_2e = T_0T_1e = \overline{e} = [e_1^T,\ e_y^T]^T$，$T_2G_l = T_0T_1G_l = [G_{11},\ G_{12}]^T$，选取观测器增益矩阵 $G_l$ 使式 (5.23) 成立：

$$T_2G_l = \begin{bmatrix} \Lambda_2 \\ \Lambda_4 - \Lambda_s \end{bmatrix} \tag{5.23}$$

其中，$\Lambda_s = \mathrm{diag}\{\mu_i\}$ 且 $\mu_i$ 为具有负实部的常数。

经线性变换矩阵 $T_2$，增益矩阵 $G_l$ 按式 (5.23) 取值后，误差方程 (5.21) 变为式 (5.24) 的形式：

$$\dot{\overline{e}} = A_0\overline{e} + T_2\left[G(T_2^{-1}z) - G(T_2^{-1}\hat{z})\right] + D_0 f_{a,s}(t) + E_0\xi(t) - G_0\nu(t) \tag{5.24}$$

进一步可表示为

$$\dot{e}_1 = (A_1 + LA_3)e_1 + \left[G_1(x) - G_1(\hat{x})\right] + L\left[G_2(x) - G_2(\hat{x})\right] + (E_1 + LE_2)\xi(t) \tag{5.25}$$

$$\dot{e}_y = C_2A_3e_1 + \Lambda_s e_y + C_2\left[G_2(x) - G_2(\hat{x})\right] + C_2E_2\xi(t) + C_2D_2 f_{a,s}(t) - \nu(t) \tag{5.26}$$

设干扰 $\xi(t)$ 到估计误差的传递函数为 $H$，即 $m = H\begin{bmatrix} e_1 \\ e_y \end{bmatrix}$，其中 $H = \begin{bmatrix} H_1 & 0 \\ 0 & H_2 \end{bmatrix}$，设 $\mu^2 = \sup\limits_{\|\xi(t)\|_2 \neq 0} \dfrac{\|m\|_2^2}{\|\xi(t)\|_2^2}$。为实现鲁棒故障重构，观测器增益 $L$ 的设计目标是使估计误差克服非线性项及未知故障上界影响保持渐近稳定，同时对干扰具有一定的鲁棒性。

### 5.3.5　观测器控制增益设计

#### 1. 增益矩阵设计

**定理 5.1**　针对增维系统式 (5.11) 和式 (5.12) 设计如式 (5.18) 所示的滑模故障重构观测器，若存在对称正定矩阵 $P_1 \in \mathbf{R}^{(n+h-p)\times(n+h-p)}$、$P_2 \in \mathbf{R}^{p \times p}$，矩阵 $W \in \mathbf{R}^{(n+h-p)\times p}$ 及大于 0 的 $\mu$ 值，并且如下凸优化问题有解：

$$\min(\delta + \varepsilon)$$

$$\text{s.t.} \begin{bmatrix} A_1^T P_1 + P_1 A_1 + W A_3 + A_3^T W^T + H_1^T H_1 & A_3^T C_2^T P_2 & P_1 E_1 + W E_2 & P_1 & 0 & I_{n+h-p} & 0 \\ P_2^T C_2 A_3 & P_2 A_s + \Lambda_s^T P_2 + H_2^T H_2 & P_2 C_2 E_2 & 0 & P_2 & 0 & I_p \\ E_2^T W^T + E_1^T P_1 & E_2^T C_2^T P_2 & -\mu^2 I_k & 0 & 0 & 0 & 0 \\ P_1 & 0 & 0 & -\varepsilon I_{n+h-p} & 0 & 0 & 0 \\ 0 & P_2 & 0 & 0 & -\varepsilon I_p & 0 & 0 \\ I_{n+h-p} & 0 & 0 & 0 & 0 & -\delta I_{n+h-p} & 0 \\ 0 & I_p & 0 & 0 & 0 & 0 & -\delta I_p \end{bmatrix} < 0$$

$$\tag{5.27}$$

则观测器状态估计误差最终有界稳定，且观测器增益 $L = P_1^{-1}W$。上述 LMI 约束优化问题的 $\delta$、$\varepsilon$ 最优值分别为 $\delta_1$、$\varepsilon_1$，则非线性项 Lipschitz 常数的最大优化值为 $\psi_g^1 = \dfrac{1}{\sqrt{\delta_1\varepsilon_1}}$。

**证明**　取 Lyapunov 函数为 $V_1(t) = \bar{e}^T P\bar{e} + \rho^{-1}\bar{\alpha}^2$，$\bar{\alpha} = \alpha - \eta(t)$，其中 $P = \begin{bmatrix} P_1 & 0 \\ 0 & P_2 \end{bmatrix}$，$\bar{e} = \begin{bmatrix} e_1 \\ e_y \end{bmatrix}$，此时有 $V_1(t) > 0$。由误差方程 (5.24)，可得

$$\begin{aligned}
\dot{V}_1(t) &= \bar{e}^T (A_0^T P + PA_0)\bar{e} + 2\bar{e}^T PT_2\left[G(T_2^{-1}z) - G(T_2^{-1}\hat{z})\right] \\
&\quad + 2\bar{e}^T PD_0 f_{a,s}(t) - 2\bar{e}^T PG_0\nu(t) + 2\bar{e}^T PE_0\xi(t) - 2\rho^{-1}\bar{\alpha}\dot{\eta}(t)
\end{aligned} \tag{5.28}$$

又因为

$$\begin{aligned}
&2\bar{e}^T PD_0 f_{a,s}(t) - 2\bar{e}^T PG_0\nu(t) - 2\rho^{-1}\bar{\alpha}\dot{\eta}(t) \\
&= 2\bar{e}^T \begin{bmatrix} P_1 & 0 \\ 0 & P_2 \end{bmatrix}\begin{bmatrix} 0 \\ C_2D_2 \end{bmatrix} f_{a,s}(t) - 2\bar{e}^T \begin{bmatrix} P_1 & 0 \\ 0 & P_2 \end{bmatrix}\begin{bmatrix} 0 \\ I_p \end{bmatrix}\nu(t) \\
&\quad - 2[\alpha - \eta(t)]\|P_2C_2D_2\|\|e_y\| \\
&= 2e_y^T P_2C_2D_2 f_{a,s}(t) - 2e_y^T P_2\left[\eta(t) + \eta_0\right]\|D_2C_2\|\frac{e_y}{\|e_y\|} \\
&\quad - 2[\alpha - \eta(t)]\|P_2C_2D_2\|\|e_y\| \\
&= -2\eta_0\|P_2C_2D_2\|\|e_y\| \\
&\leqslant 0
\end{aligned} \tag{5.29}$$

根据矩阵不等式 $2X^T Y \leqslant \dfrac{1}{\varepsilon}X^T X + \varepsilon Y^T Y$，对于任意的 $\varepsilon$ 有

$$\begin{aligned}
&2\bar{e}^T PT\left[G(T_2^{-1}z) - G(T_2^{-1}\hat{z})\right] \\
&\leqslant \frac{1}{\varepsilon}\bar{e}^T PP\bar{e} + \varepsilon\left\|T_2\left[G(T_2^{-1}z) - G(T_2^{-1}\hat{z})\right]\right\|^2 \\
&\leqslant \frac{1}{\varepsilon}\bar{e}^T PP\bar{e} + \varepsilon\psi_g^2\|\bar{e}\|^2
\end{aligned} \tag{5.30}$$

将式 (5.29) 和式 (5.30) 代入式 (5.28) 可得

$$\dot{V}_1(t) \leqslant \bar{e}^T\left(A_0^T P + PA_0 + \frac{1}{\varepsilon}P^2 + \varepsilon\psi_g^2 I_{n+h}\right)\bar{e} + 2\bar{e}^T PE_0\xi(t) \tag{5.31}$$

定义 $J = \dot{V}_1(t) + m^T m - \mu^2\xi^T\xi$，由式 (5.31) 可得

$$J \leqslant \overline{e}^{\mathrm{T}} \left( A_0^{\mathrm{T}} P + P A_0 + \frac{1}{\varepsilon} P^2 + \varepsilon \psi_g^2 I_{n+h} + H^{\mathrm{T}} H \right) \overline{e} + 2 \overline{e}^{\mathrm{T}} P E_0 \xi(t) - \mu^2 \xi^{\mathrm{T}} \xi \quad (5.32)$$

定义新的优化变量 $\delta = \dfrac{1}{\varepsilon \psi_g^2}$，由此得 $\psi_g = \dfrac{1}{\sqrt{\delta \varepsilon}}$，求取 Lipschitz 系数的最大优化值可以转化为求取 $\delta + \varepsilon$ 最小优化值，于是有

$$\begin{aligned}
J &\leqslant \overline{e}^{\mathrm{T}} \left( A_0^{\mathrm{T}} P + P A_0 + \frac{1}{\varepsilon} P^2 + \frac{1}{\delta} I_{n+h} + H^{\mathrm{T}} H \right) \overline{e} + 2 \overline{e}^{\mathrm{T}} P E_0 \xi(t) - \mu^2 \xi^{\mathrm{T}} \xi \\
&= \overline{e}^{\mathrm{T}} \begin{bmatrix} -Q_1 + H_1^{\mathrm{T}} H_1 & A_3^{\mathrm{T}} C_2^{\mathrm{T}} P_2 \\ P_2 C_2 A_3 & -Q_2 + H_2^{\mathrm{T}} H_2 \end{bmatrix} \overline{e} + 2 \overline{e}^{\mathrm{T}} \begin{bmatrix} P_1 E_1 + P_1 L E_2 \\ P_2 C_2 E_2 \end{bmatrix} \xi(t) - \mu^2 \xi^{\mathrm{T}} \xi
\end{aligned} \quad (5.33)$$

其中，

$$-Q_1 = (A_1 + L A_3)^{\mathrm{T}} P_1 + P_1 (A_1 + L A_3) + \frac{1}{\varepsilon} P_1^2 + \frac{1}{\delta} I_{n+h-p} \quad (5.34)$$

$$-Q_2 = P_2 \Lambda_s + \Lambda_s^{\mathrm{T}} P_2 + \frac{1}{\varepsilon} P_2^2 + \frac{1}{\delta} I_p \quad (5.35)$$

于是可得到

$$J \leqslant \begin{bmatrix} e_1 \\ e_y \\ \xi \end{bmatrix}^{\mathrm{T}} \Omega \begin{bmatrix} e_1 \\ e_y \\ \xi \end{bmatrix} \quad (5.36)$$

其中，

$$\Omega = \begin{bmatrix} -Q_1 + H_1^{\mathrm{T}} H_1 & A_3^{\mathrm{T}} C_2^{\mathrm{T}} P_2 & P_1 E_1 + P_1 L E_2 \\ A_3^{\mathrm{T}} C_2^{\mathrm{T}} P & -Q_2 + H_2^{\mathrm{T}} H_2 & P_2 C_2 E_2 \\ P_1 E_1 + P_1 L E_2 & P_2 C_2 E_2 & -\mu^2 I_k \end{bmatrix} \quad (5.37)$$

若 $\Omega < 0$，则 $J < 0$，而 $\xi$ 为有界干扰，因而估计误差 $\overline{e}$ 收敛有界。由 $\Omega < 0$，运用 Schur 补引理可得如式 (5.27) 所示的不等式约束。证毕。

由定理 5.1 可知，将观测器设计方法等效为 LMI 约束下的凸优化问题，是确保状态估计误差能够克服 Lipschitz 非线性项的影响并渐近稳定，但这并不能使干扰对估计误差的影响最小，即实现最大鲁棒性。为此，本章在文献[101]处理方法的基础上，将观测器增益矩阵的求解问题转化为多目标优化问题，为此提出定理 5.2。

**定理 5.2**　对于满足假设 5.1～假设 5.3 条件的增维系统式 (5.11) 和式 (5.12) 设计观测器 (5.18)，如果存在对称正定矩阵 $P_1 \in \mathbf{R}^{(n+h-p) \times (n+h-p)}$、$P_2 \in \mathbf{R}^{p \times p}$，矩阵

$W \in \mathbf{R}^{(n+h-p) \times p}$，$0 \leqslant \lambda \leqslant 1$，$\zeta = \mu^2$，使得如式(5.38)所示的最优化问题有解，则观测器状态估计误差最终有界稳定，且观测器增益 $L = P_1^{-1}W$。上述 LMI 约束优化问题的 $\delta$、$\varepsilon$、$\zeta$ 最优值分别为 $\delta_1$、$\varepsilon_1$、$\zeta_1$，则最大化非线性项 Lipschitz 常数为 $\psi_g^1 = \max(\psi_g) = \dfrac{1}{\sqrt{\delta_1 \varepsilon_1}}$，$\mu_1 = \min(\mu) = \sqrt{\zeta_1}$。

$$\min\left[\lambda(\delta+\varepsilon)+(1-\lambda)\zeta\right]$$

$$\text{s.t.}\begin{bmatrix} A_1^{\mathrm{T}}P_1+P_1A_1+WA_3+A_3^{\mathrm{T}}W^{\mathrm{T}}+H_1^{\mathrm{T}}H_1 & A_3^{\mathrm{T}}C_2^{\mathrm{T}}P_2 & P_1E_1+WE_2 & P_1 & 0 & I_{n+h-p} & 0 \\ P_2^{\mathrm{T}}C_2A_3 & P_2A_s+A_s^{\mathrm{T}}P_2+H_2^{\mathrm{T}}H_2 & P_2C_2E_2 & 0 & P_2 & 0 & I_p \\ E_2^{\mathrm{T}}W^{\mathrm{T}}+E_1^{\mathrm{T}}P_1 & E_2^{\mathrm{T}}C_2^{\mathrm{T}}P_2 & -\mu^2 I_k & 0 & 0 & 0 & 0 \\ P_1 & 0 & 0 & -\varepsilon I_{n+h-p} & 0 & 0 & 0 \\ 0 & P_2 & 0 & 0 & -\varepsilon I_p & 0 & 0 \\ I_{n+h-p} & 0 & 0 & 0 & 0 & -\delta I_{n+h-p} & 0 \\ 0 & I_p & 0 & 0 & 0 & 0 & -\delta I_p \end{bmatrix} < 0$$

$$\text{(5.38)}$$

定理 5.2 的详细证明过程与定理 5.1 类似，这里不再证明。

## 2. 滑模增益设计

从定理 5.1 的证明过程可以看出，采用 LMI 设计的观测器增益矩阵，能够确保状态估计误差渐近稳定，同时为确保滑模运动的可达性，提出定理 5.3。

**定理 5.3** 考虑增维系统式(5.11)和式(5.12)设计如式(5.18)所示的滑模故障重构观测器，若式(5.19)中的滑模增益 $\eta_0$ 满足 $\eta_0 \geqslant \dfrac{\kappa(\|C_2\|\|A_3\|+\|C_2\|\psi_g)+\beta\|E_2\|\|C_2\|}{\|C_2\|\|D_2\|}$ $+\tau$，其中 $\tau$ 为一很小的正数，则滑模运动将在有限时间内到达并维持在滑模面 $s = \{e_y : e_y = 0\}$ 上。

**证明** 取 Lyapunov 函数 $V_2(t) = e_y^{\mathrm{T}}e_y + (\rho P_2)^{-1}\bar{\alpha}^2$，$\bar{\alpha} = \alpha - \eta(t)$，此时有 $V_2(t) > 0$，由误差方程式(5.25)和式(5.26)可得

$$\begin{aligned} \dot{V}_2(t) &= \dot{e}_y^{\mathrm{T}}e_y + e_y^{\mathrm{T}}\dot{e}_y + 2(\rho P_2)^{-1}\bar{\alpha}[-\dot{\eta}(t)] \\ &= e_1^{\mathrm{T}}A_3^{\mathrm{T}}C_2^{\mathrm{T}}e_y + e_y^{\mathrm{T}}\Lambda_s^{\mathrm{T}}e_y + \left[G_2(x)-G_2(\hat{x})\right]^{\mathrm{T}}C_2^{\mathrm{T}}e_y + \xi^{\mathrm{T}}(t)E_2^{\mathrm{T}}C_2^{\mathrm{T}}e_y \\ &\quad + f_{a,s}^{\mathrm{T}}(t)D_2^{\mathrm{T}}C_2^{\mathrm{T}}e_y - v^{\mathrm{T}}(t)e_y + e_y^{\mathrm{T}}C_2A_3e_1 + e_y^{\mathrm{T}}\Lambda_s e_y \\ &\quad + e_y^{\mathrm{T}}C_2\left[G_2(x)-G_2(\hat{x})\right] + e_y^{\mathrm{T}}C_2E_2\xi(t) \\ &\quad + e_y^{\mathrm{T}}C_2D_2f_{a,s}(t) - e_y^{\mathrm{T}}v(t) - 2P_2^{-1}\left[\alpha-\eta(t)\right]\|P_2C_2D_2\|\|e_y\| \end{aligned}$$

$$\text{(5.39)}$$

由于 $\Lambda_s$ 为 Hurwitz 稳定矩阵，于是有

$$e_y^T \Lambda_s e_y < 0 \tag{5.40}$$

另外，

$$2f_{a,s}^T(t)D_2^T C_2^T e_y - 2[\eta(t) + \eta_0]\|D_2 C_2\|\frac{e_y^T}{\|e_y\|}e_y$$

$$-2P_2^{-1}(\alpha - \eta(t))\|P_2 C_2 D_2\|\|e_y\| \tag{5.41}$$

$$\leqslant -2\eta_0\|D_2 C_2\|\|e_y\|$$

将式(5.40)和式(5.41)代入式(5.39)可得

$$\dot{V}(t) \leqslant 2\|e_1\|(\|C_2\|\|A_3\| + \|C_2\|\psi_g)\|e_y\| + 2\beta\|E_2\|\|C_2\|\|e_y\| - 2\eta_0\|D_2 C_2\|\|e_y\|$$
$$= 2\|e_y\|(\|e_1\|(\|C_2\|\|A_3\| + \|C_2\|\psi_g) + \beta\|E_2\|\|C_2\| - \eta_0\|D_2 C_2\|) \tag{5.42}$$

由式(5.42)可以看出，当 $\eta_0 \geqslant \dfrac{\|e_1\|(\|C_2\|\|A_3\| + \|C_2\|\psi_g) + \beta\|E_2\|\|C_2\|}{\|C_2\|\|D_2\|} + \tau$ 时，

$\dot{V}(t) \leqslant -\lambda s \leqslant 0$，$\lambda > 0$，此处 $\tau$ 为一充分小的正数，由定理 5.2 可知，$\|e_1\|$ 有界，设定 $\sup\|e_1\| = \kappa$，所以当式(5.43)成立时，滑模运动将在有限时间内到达并维持在滑模面 $s = \{e_y : e_y = 0\}$ 上：

$$\eta_0 \geqslant \frac{\kappa(\|C_2\|\|A_3\| + \|C_2\|\psi_g) + \beta\|E_2\|\|C_2\|}{\|C_2\|\|D_2\|} + \tau \tag{5.43}$$

证毕。

由定理 5.1～定理 5.3 的证明过程可知，本章提出的观测器增益矩阵设计方法，通过设计合适的 Lyapunov 函数能够克服故障上界未知对状态误差收敛的影响，提出的多目标约束优化思想，既能克服最大化的 Lipschitz 非线性项对估计误差的影响，又使得干扰对观测器跟踪误差影响最小，实现了鲁棒性；同时在设计滑模增益的过程中，使得未知上界的故障和干扰不能影响到滑模运动，确保了滑模的可达性。

### 5.3.6 重构程式

综上所述，考虑执行器及传感器同时故障的非线性系统，在故障上界及 Lipschitz 系数均未知的条件下，采用自适应律修正的鲁棒滑模故障重构观测器设计步骤如下。

**步骤 1** 验算系统(5.7)能否满足假设 5.1～假设 5.3，若满足，则继续下一步，

若不满足，则终止。

**步骤 2** 选取合适的 $T_R$ 及 $A_f$，将系统转化为如式 (5.11) 和式 (5.12) 的形式。

**步骤 3** 选取满足要求的 $T_0$、$A_s$、$H_1$ 及 $H_2$，并根据式 (5.38) 的形式求解 $P_1$、$P_2$ 及 $L$。

**步骤 4** 根据式 (5.43) 及定理 5.3 求解滑模增益 $\eta_0$。

**步骤 5** 依据求得的 $L$、$\eta_0$ 构造 $H_\infty$ 鲁棒滑模故障重构观测器。

滑模故障重构观测器实现上界未知故障重构的方法是：通过等效控制输出误差注入原理维持滑模运动，实现鲁棒故障重构。当滑模运动到达时，$e_y = \dot{e}_y = 0$，由定理 5.1 可得，$\|m\|_2 \leqslant \mu \|\xi(t)\|_2$，且 $\overline{e} = H^{-1}m$，于是可以得到

$$\|\overline{e}\|_2 = \|H^{-1}\|_2 \|m\|_2 \leqslant \mu \|H^{-1}\|_2 \|\xi(t)\|_2 \tag{5.44}$$

此时误差方程式 (5.25) 和式 (5.26) 变为式 (5.45) 和式 (5.46) 的形式：

$$C_2 A_3 e_1 + C_2 \left[ G_2(x) - G_2(\hat{x}) \right] + C_2 E_2 \xi(t) + C_2 D_2 f_{a,s}(t) - \nu(t) = 0 \tag{5.45}$$

$$A_3 e_1 + \left[ G_2(x) - G_2(\hat{x}) \right] + E_2 \xi(t) + D_2 f_{a,s}(t) - C_2^{-1} \nu(t) = 0 \tag{5.46}$$

定义故障重构向量为 $\hat{f}_{a,s}(t) = D_2^+ C_2^{-1} \nu(t)$，其中 $D_2^+$ 为 $D_2$ 的广义 {1} 逆，则故障的估计误差为

$$e_f = \hat{f}_{a,s}(t) - f_{a,s}(t) = D_2^+ \left\{ A_3 e_1 + \left[ G_2(x) - G_2(\hat{x}) \right] + E_2 \xi(t) \right\} \tag{5.47}$$

由式 (5.47) 可得

$$\|e_f\|_2 \leqslant \beta \|D_2^+\| \left( \mu \left( \|A_3\| + \psi_g \right) \|H^{-1}\|_2 + \|E_2\| \right) \tag{5.48}$$

由定理 5.1 可知，最小化 $\psi_g$、$\mu$ 使得干扰对故障重构的估计误差值影响最小，达到鲁棒性，因而有 $\hat{f}_{a,s}(t) \approx f_{a,s}(t)$。

**注 5.1** 由定理 5.1～定理 5.3 可知，状态及输出误差可以克服故障上界未知的影响渐近稳定，也确保了滑模运动在有限时间内到达滑模面，即 $e_y = \dot{e}_y = 0$，与注 3.1 相同，实际系统中通常需要将滑模控制输入式 (5.19) 调整为式 (5.49)，其中 $\theta$ 是充分小的正常数：

$$\nu_{eq}(t) = \begin{cases} \left[ \eta(t) + \eta_0 \right] \|D_2 C_2\| \dfrac{e_y}{\|e_y\| + \theta}, & e_y \neq 0 \\ 0, & \text{其他} \end{cases} \tag{5.49}$$

于是有鲁棒故障重构表达式为

$$\hat{f}_{a,s}(t) = D_2^+ C_2^{-1} \nu_{eq}(t) \tag{5.50}$$

则执行器和传感器同时故障时的鲁棒重构表达式为

$$\hat{f}_a(t) = [I_q \quad 0]\hat{f}_{a,s}(t) , \quad \hat{f}_s(t) = [0 \quad I_h]\hat{f}_{a,s}(t) \tag{5.51}$$

这样便实现了对原系统执行器和传感器同时故障时的鲁棒重构。

### 5.3.7　数值算例

本节通过一个数值算例验证执行器和传感器同时故障时鲁棒重构方法的有效性，算例系数矩阵如下：

$$A_p = \begin{bmatrix} -3 & -3 & 0 \\ -3 & 0 & 0 \\ 0 & -3 & -3 \end{bmatrix} , \quad g(x_p, u) = \begin{bmatrix} 0.5\sin(x_{p2}) \\ 0.6\sin(x_{p3}) + u_1 \\ u_2 \end{bmatrix} , \quad D_p = \begin{bmatrix} 1 & 0 \\ 0 & 0 \\ 0 & 1 \end{bmatrix}$$

$$E_p = \begin{bmatrix} -2 \\ 0 \\ 0 \end{bmatrix} , \quad C = \begin{bmatrix} 0 & 0 & 1 \\ 1 & 0 & 0 \\ 0 & 1 & 0 \end{bmatrix} , \quad N_p = \begin{bmatrix} 1 \\ 0 \\ 0 \end{bmatrix}$$

按照本章提出的观测器设计方法，设计 $H_1 = 0.5$，$H_2 = 0.4I_3$，其中 $I_3$ 为 3 阶单位矩阵，依据 MATLAB 中 LMI 优化工具箱，可以算得优化问题 (5.38) 的最优解，即 $\lambda = 0.01$，$L = [61.513 \quad 0 \quad 0]$，$\psi_g^1 = 1.5634$，$\zeta_1 = 0.1783$，$P_1 = 0.0022$，

$P_2 = \begin{bmatrix} 3.2869 & -3.6506 & 0 \\ -3.6506 & 4.1205 & 0 \\ 0 & 0 & 7.3521 \end{bmatrix}$。由结果可知，采用优化方法求得的 $\psi_g^1$ 值大于

原 Lipschitz 系数，说明通过多目标优化方法设计的滑模观测器，可以使得观测器估计误差能够克服 Lipschitz 常数未知的非线性项的影响，确保故障重构的有效性。设计观测器中自适应律 $\rho = 0.2$，滑模增益 $\eta_0 = 30$，$\theta = 0.001$，由此建立滑模观测器，设系统受到的干扰类型 1 为幅值是 0.5、周期是 $\pi$ 的正弦信号，此时可以得到系统状态及鲁棒重构观测器跟踪曲线如图 5.2 所示。

从图 5.2 可以看出，采用本节方法设计的观测器可以实现对原系统状态的快速跟踪，估计误差有界收敛稳定，为实现快速有效的故障重构打下了基础。另外依据所设计的观测器可以得到系统第一分量的滑模面的向量范数，定义为 $\|s_1\|$，以及自适应律 $\eta(t)$ 的收敛曲线，如图 5.3 所示。

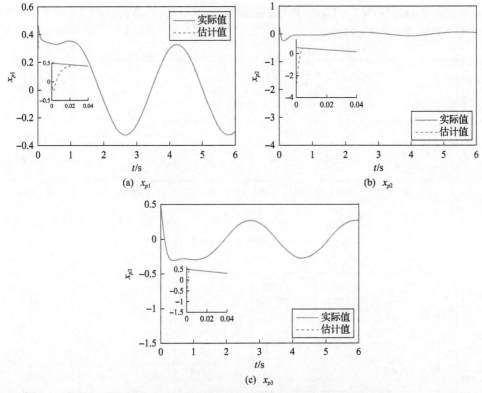

图 5.2　系统状态及鲁棒重构观测器跟踪曲线图

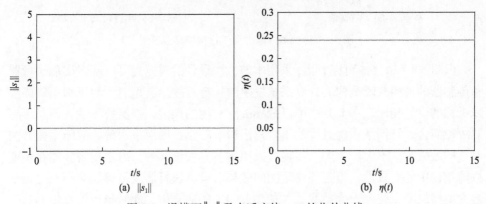

图 5.3　滑模面 $\|s_1\|$ 及自适应律 $\eta(t)$ 的收敛曲线

　　从图 5.3 可以看出，采用定理 5.2、定理 5.3 方法设计的滑模观测器，可以确保滑模运动经有限时间快速到达滑模面，实现鲁棒性。在设计滑模观测器的基础上，开展多故障并发鲁棒重构研究，设置执行器及传感器故障类型 1 为间歇故障类型，并将本节方法与不采用鲁棒故障重构，即第 3 章故障重构方法进行对比，间歇执行器故障类型 1 的故障重构结果如图 5.4 所示；传感器故障类型 1 的故障重构结果如图 5.5 所示。

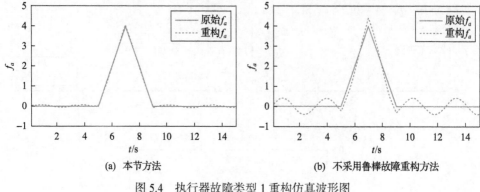

图 5.4　执行器故障类型 1 重构仿真波形图

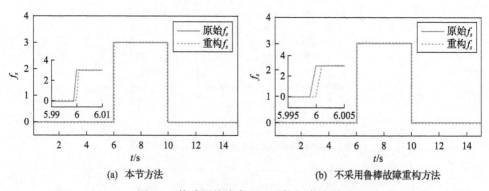

图 5.5　传感器故障类型 1 重构仿真波形图

由图 5.4 和图 5.5 可以看出，采用本节方法设计的观测器可以同时实现执行器和传感器的鲁棒故障重构。针对系统发生的执行器故障类型 1，与不采用鲁棒故障重构的设计相比，本节方法可以减小故障重构的误差，提高鲁棒性。而对传感器故障而言，算例中干扰对故障重构输出影响较小，因而采用鲁棒故障重构方法对重构效果影响不大。为进一步检验采用本节方法设计的故障重构观测器在慢变故障重构中的有效性，检验鲁棒重构的效果，设置执行器及传感器分别发生正弦慢变类型故障，并令干扰类型 2 为幅值是 0.1 的白噪声，此时执行器及传感器故障类型 2 的鲁棒故障重构结果如图 5.6 和图 5.7 所示，同样将本节方法与第 3 章不采用鲁棒故障重构方法进行对比。

由图 5.6 和图 5.7 可以看出，与不采用鲁棒故障重构方法的滑模观测器相比，采用本节方法可以减小干扰引起的执行器故障重构误差，但无法消除这一误差；而对传感器故障而言，本节方法实现的故障重构与不含鲁棒故障重构方法结果相

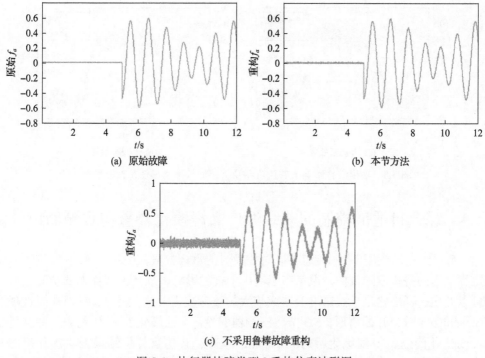

图 5.6　执行器故障类型 2 重构仿真波形图

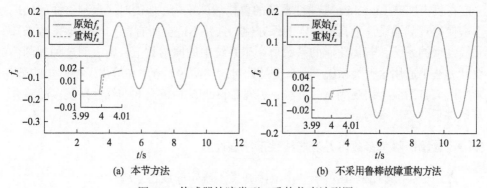

图 5.7　传感器故障类型 2 重构仿真波形图

差不大，均能实现快速、准确的传感器故障重构，这主要是系数矩阵使得干扰对传感器故障重构误差较小，因而故障重构结果差别不大。同时也要看到，上述故障重构仿真结果均是在忽略系统输出干扰的影响下得到的，如若考虑系统受到的输出干扰的作用，设置输出干扰为幅值是 0.05 的白噪声，采用本节方法可以得到执行器及传感器故障类型 3 的重构结果，如图 5.8 所示，可以看出，输出干扰的引入会增加系统的重构误差，影响鲁棒性设计的效果，因而开展消除输出干扰影响的多故障并发鲁棒重构研究就显得十分必要。

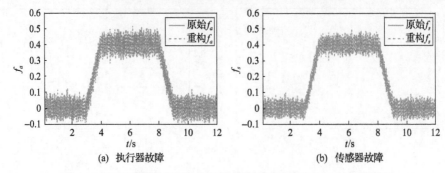

(a) 执行器故障　　　　　　　　　　　(b) 传感器故障

图 5.8　输出干扰影响下的执行器及传感器故障类型 3 重构波形图

## 5.4　综合自适应控制的非线性广义滑模鲁棒重构观测器设计

5.3 节提出了执行器和传感器同时故障时的重构方法，引入 $H_\infty$ 控制实现了一定程度上的鲁棒故障重构，但忽略了输出干扰的影响，从 5.3 节算例的仿真结果可以看出，考虑输出干扰影响会造成较大的故障重构误差。另外，针对非线性项 Lipschitz 系数未知的情形，5.3 节将观测器的设计方法转化为 LMI 约束下的多目标凸优化问题，得到优化后的 Lipschitz 系数，且仿真算例结果表明优化后的 Lipschitz 数值比未优化的数值大，表明 5.3 节提出的滑模观测器设计方法能够在一定程度上实现 Lipschitz 非线性系统的鲁棒故障重构。但同时注意到这样的处理方法使得观测器设计上具有一定的保守性，且并不适合所有含 Lipschitz 系数未知非线性项的系统，若优化后的系数值小于系统中的原系数值，则表明这种观测器设计方法不适用这一类系统。本节正是针对这些问题，考虑在输出干扰的影响下，采用广义自适应滑模观测器的方法，实现 Lipschitz 系数未知非线性系统多故障并发条件下的鲁棒重构。

### 5.4.1　含输出噪声多故障并发非线性系统描述

考虑一类含输出干扰影响的多故障并发不确定非线性系统：

$$\begin{cases} \dot{x} = Ax + g(x,t) + Bu + Ef_a(t) + F\xi(t) \\ y = Cx + D_1 f_s(t) + D_2 \omega(t) \end{cases} \tag{5.52}$$

其中，$x \in \mathbf{R}^n$、$u \in \mathbf{R}^m$、$y \in \mathbf{R}^p$ 分别为系统状态、系统控制输入、系统的可测输出；$A \in \mathbf{R}^{n \times n}$，$B \in \mathbf{R}^{n \times m}$，$C \in \mathbf{R}^{p \times n}$，$E \in \mathbf{R}^{n \times k}$，$F \in \mathbf{R}^{n \times h}$，$D_1 \in \mathbf{R}^{p \times q}$，$D_2 \in \mathbf{R}^{p \times l}$，且 $p \geqslant q, l, k, h$，$p \geqslant k + h$；$E$、$F$、$D_1$、$D_2$ 均为列满秩矩阵；$g(x,t)$ 为非线性项，满足 $\|g(x_1,t) - g(x_2,t)\| \leqslant \psi_g \|x_1 - x_2\|$，$\psi_g$ 为 Lipschitz 常数，数值未知；$f_a(t) \in \mathbf{R}^q$ 为执行器故障向量；$f_s(t) \in \mathbf{R}^h$ 为传感器故障向量；$\xi(t)$ 为未知扰动等不确定向量；

$\omega(t)$ 为输出干扰向量。

**假设 5.4**[24]　系统 $(A, C, E)$ 的所有不变零点均在左半开复平面内，或者对所有满足 $\mathrm{Re}(s) \geqslant 0$ 的复数 $s$，有式(5.53)成立：

$$\mathrm{rank}\begin{bmatrix} sI - A & E \\ C & 0 \end{bmatrix} = n + k \tag{5.53}$$

**假设 5.5**　系统状态 $x$ 及 $\dot{x}$ 均有界，且向量 $f_a(t)$、$f_s(t)$、$\xi(t)$ 及 $\omega(t)$ 满足以下条件：

$$\|f_a(t), \xi(t)\| \leqslant \alpha , \quad \|\omega(t), f_s(t)\| \leqslant \mu \tag{5.54}$$

其中，$\alpha$、$\mu$ 分别为未知常数。

**假设 5.6**[24]　系统(5.52)满足秩条件 $\mathrm{rank}(C[E \quad F]) = \mathrm{rank}[E \quad F]$。

### 5.4.2　广义系统构建

为实现执行器及传感器同时故障时的鲁棒重构，将系统的传感器故障和输出干扰向量作为增广向量一部分，定义 $\bar{x} = \left[x^{\mathrm{T}}, f_s^{\mathrm{T}}(t), \omega^{\mathrm{T}}(t)\right]^{\mathrm{T}}$，并定义向量 $\zeta(t) = \left[f_a^{\mathrm{T}}(t), \xi^{\mathrm{T}}(t)\right]^{\mathrm{T}} \in \mathbf{R}^{k+h}$，于是系统(5.52)可以写为如下形式的广义系统：

$$\begin{cases} W\dot{\bar{x}} = \bar{A}\bar{x} + g(W\bar{x}, t) + Bu + D\zeta(t) \\ y = \bar{C}\bar{x} \end{cases} \tag{5.55}$$

其中，$W = [I_n, 0, 0] \in \mathbf{R}^{n \times (n+q+l)}$，$\bar{A} = [A, 0, 0] \in \mathbf{R}^{n \times (n+q+l)}$、$\bar{C} = [C, D_1, D_2] \in \mathbf{R}^{p \times (n+q+l)}$，$D = [E, F] \in \mathbf{R}^{n \times (k+h)}$。

引入与观测器设计相关的两个辅助矩阵 $R_1 \in \mathbf{R}^{(n+q+l) \times n}$，$R_2 \in \mathbf{R}^{(n+q+l) \times p}$。令 $\Omega = \begin{bmatrix} W \\ \bar{C} \end{bmatrix} = \begin{bmatrix} I_n & 0 & 0 \\ C & D_1 & D_2 \end{bmatrix} \in \mathbf{R}^{(n+p) \times (n+q+l)}$，由于 $D_1$、$D_2$ 均为列满秩矩阵，于是存在矩阵 $R_1$、$R_2$ 使得下列矩阵方程成立：

$$\begin{bmatrix} R_1 & R_2 \end{bmatrix} \begin{bmatrix} W \\ \bar{C} \end{bmatrix} = I_{n+q+l} \tag{5.56}$$

当矩阵满足秩条件 $\mathrm{rank}(I_{n+q+l}) = \mathrm{rank}\left[W^{\mathrm{T}}, \bar{C}^{\mathrm{T}}, I_{n+q+l}\right]^{\mathrm{T}} = n + q + l$ 时，矩阵方程(5.56)有通解：

$$\begin{bmatrix} R_1 & R_2 \end{bmatrix} = \Omega^+ - Z(I_{n+p} - \Omega\Omega^+) \tag{5.57}$$

其中，$Z \in \mathbf{R}^{(n+q+l) \times (n+p)}$ 为任意适维矩阵；$\Omega^+$ 为矩阵 $\Omega$ 的广义逆矩阵，其表达式

为 $\varOmega^{+}=(\varOmega^{\mathrm{T}}\varOmega)^{-1}\varOmega^{\mathrm{T}}$。由式 (5.57) 可以看出，当 $Z=[0]$ 时，可以得到式 (5.56) 的一个特解为 $[R_1,R_2]=\varOmega^{+}$，进而 $\varOmega^{+}$、$R_1$、$R_2$ 可以表示为

$$\varOmega^{+}=(\varOmega^{\mathrm{T}}\varOmega)^{-1}\begin{bmatrix} I_n & C^{\mathrm{T}} \\ 0 & D_1^{\mathrm{T}} \\ 0 & D_2^{\mathrm{T}} \end{bmatrix},\quad R_1=(\varOmega^{\mathrm{T}}\varOmega)^{-1}\begin{bmatrix} I_n \\ 0 \\ 0 \end{bmatrix},\quad R_2=(\varOmega^{\mathrm{T}}\varOmega)^{-1}\begin{bmatrix} C^{\mathrm{T}} \\ D_1^{\mathrm{T}} \\ D_2^{\mathrm{T}} \end{bmatrix} \tag{5.58}$$

**引理 5.4**　系统 $\left(R_1\overline{A},\,E,\,R_1D\right)$ 是最小相位的，即系统 $\left(R_1\overline{A},\,E,\,R_1D\right)$ 的所有不变零点均在左半开复平面内，或对所有满足 $\mathrm{Re}(s)\geqslant 0$ 的复数 $s$，有式 (5.59) 成立：

$$\mathrm{rank}\begin{bmatrix} sI-R_1\overline{A} & R_1E & R_1F \\ \overline{C} & 0 & 0 \end{bmatrix}=n+k+h \tag{5.59}$$

**证明**　由式 (5.55) 及式 (5.58) 可得

$$\mathrm{rank}\begin{bmatrix} sI-R_1\overline{A} & R_1E & R_1F \\ \overline{C} & 0 & 0 \end{bmatrix}$$

$$=\mathrm{rank}\begin{bmatrix} s\left(\varOmega^{\mathrm{T}}\varOmega\right)-\begin{bmatrix} \overline{A} \\ 0 \\ 0 \end{bmatrix} & \begin{bmatrix} E \\ 0 \\ 0 \end{bmatrix} & \begin{bmatrix} F \\ 0 \\ 0 \end{bmatrix} \\ \overline{C} & 0 & 0 \end{bmatrix} \tag{5.60}$$

将 $\varOmega^{\mathrm{T}}\varOmega=\begin{bmatrix} I_n+C^{\mathrm{T}}C & C^{\mathrm{T}}D_1 & C^{\mathrm{T}}D_2 \\ D_1^{\mathrm{T}}C & D_1^{\mathrm{T}}D_1 & D_1^{\mathrm{T}}D_2 \\ D_2^{\mathrm{T}}C & D_2^{\mathrm{T}}D_1 & D_2^{\mathrm{T}}D_2 \end{bmatrix}$ 代入式 (5.60) 有

$$\mathrm{rank}\begin{bmatrix} sI-R_1\overline{A} & R_1E & R_1F \\ \overline{C} & 0 & 0 \end{bmatrix}$$

$$=\mathrm{rank}\begin{bmatrix} \begin{bmatrix} sI_n+sC^{\mathrm{T}}C-A & sC^{\mathrm{T}}D_1 & s^{\mathrm{T}}D_2 \\ sD_1^{\mathrm{T}}C & sD_1^{\mathrm{T}}D_1 & sD_1^{\mathrm{T}}D_2 \\ sD_2^{\mathrm{T}}C & sD_2^{\mathrm{T}}D_1 & sD_2^{\mathrm{T}}D_2 \end{bmatrix} & \begin{bmatrix} E \\ 0 \\ 0 \end{bmatrix} & \begin{bmatrix} F \\ 0 \\ 0 \end{bmatrix} \\ \begin{bmatrix} C & D_1 & D_2 \end{bmatrix} & 0 & 0 \end{bmatrix} \tag{5.61}$$

$$=\mathrm{rank}\begin{bmatrix} sI_n+sC^{\mathrm{T}}C-A & sC^{\mathrm{T}}D_1 & sC^{\mathrm{T}}D_2 & E & F \\ C & D_1 & D_2 & 0 & 0 \end{bmatrix}$$

$$=\mathrm{rank}\begin{bmatrix} sI_n-A & E & F \\ C & 0 & 0 \end{bmatrix}$$

由式(5.61)可知，对于所有满足 $\mathrm{Re}(s) \geqslant 0$ 的复数 $s$，有式(5.59)成立。证毕。

依据文献[102]的结论，对于构建的广义系统(5.55)在引理 5.4 存在的条件下，存在对称正定矩阵 $P \in \mathbf{R}^{(n+q+l) \times (n+q+l)}$、$Q \in \mathbf{R}^{(n+q+l) \times (n+q+l)}$ 及矩阵 $L \in \mathbf{R}^{(n+q+l) \times p}$、$M \in \mathbf{R}^{(k+h) \times p}$，使得下列矩阵方程成立：

$$\begin{cases} (R_1 \overline{A} - L\overline{C})^{\mathrm{T}} P + P(R_1 \overline{A} - L\overline{C}) = -Q \\ P(R_1 D) = (M\overline{C})^{\mathrm{T}} \end{cases} \tag{5.62}$$

其中，$L = -P^{-1}G$。

式(5.62)矩阵方程中的系数矩阵，可通过求解以下 LMI 约束下的最小化问题得到：

$$\begin{aligned} &\min \gamma \\ &\text{s.t.} \begin{cases} \begin{bmatrix} \gamma I & D^{\mathrm{T}} R_1^{\mathrm{T}} P - M\overline{C} \\ PR_1 D - \overline{C}^{\mathrm{T}} M^{\mathrm{T}} & \gamma I \end{bmatrix} \geqslant 0 \\ \gamma \geqslant 0 \\ PR_1 \overline{A} + \overline{A}^{\mathrm{T}} R_1^{\mathrm{T}} P + G\overline{C} + \overline{C}^{\mathrm{T}} G^{\mathrm{T}} < 0 \\ P > I \end{cases} \end{aligned} \tag{5.63}$$

对于式(5.52)所述含输出干扰影响的多故障并发不确定非线性系统，引入增广向量 $\overline{x}$ 将原系统转化为如式(5.55)所示的广义系统，针对新构建的系统，建立广义鲁棒滑模观测器，考虑 Lipschitz 常数未知，设计含输出误差项的自适应律确保观测器状态误差收敛，同时在故障及干扰上界未知的情形下，在滑模增益中添加了自适应律确保滑模运动的可达性，在此基础上结合鲁棒滑模微分器得到执行器故障的重构值，并根据增广状态估计值实现传感器故障的在线重构。

### 5.4.3　含自适应律的广义滑模观测器设计

针对增维后的广义系统(5.55)，设计如下形式的滑模观测器：

$$\begin{cases} \dot{z} = Kz + Jy + R_1 Bu + R_1 g(W\hat{x}, t) + \dfrac{1}{2} \hat{\beta} R_1 R_1^{\mathrm{T}} Pe + v(t) \\ \hat{x} = z - R_2 y \end{cases} \tag{5.64}$$

其中，$z$ 为观测器的中间状态变量；$\hat{x}$ 为增广状态向量的估计值；系数矩阵 $K$、$J$ 的表述形式是 $K = R_1 \overline{A} - L\overline{C}$、$J = L - KR_2$，$L$、$P$ 为由式(5.62)和式(5.63)确定的系数矩阵；$\hat{\beta}$ 为设计的自适应律；$e$ 为状态估计误差；$v(t)$ 为设计的观测器滑模控制输入项，表达式如下：

$$v(t) = \begin{cases} \left[\hat{\alpha}(t) + \alpha_0\right] P^{-1}\overline{C}^{\mathrm{T}} M^{\mathrm{T}} \dfrac{M(y - \overline{C}\hat{x})}{\left\| M(y - \overline{C}\hat{x}) \right\|}, & y \neq \overline{C}\hat{x} \\ 0, & \text{其他} \end{cases} \tag{5.65}$$

其中，矩阵 $M$ 由式 (5.63) 确定；$\alpha_0$ 为大于 0 的滑模增益参数；$\hat{\alpha}(t)$ 为用于修正上界未知故障的自适应律，表达式如下：

$$\frac{\mathrm{d}\hat{\alpha}(t)}{\mathrm{d}t} = \eta \left\| M e_y \right\| \tag{5.66}$$

其中，$\eta$ 为大于 0 的常数；$e_y = \overline{C}(\overline{x} - \hat{x})$ 为输出误差。

式 (5.64) 中用于补偿 Lipschitz 常数未知的自适应律 $\hat{\beta}$ 设计为如式 (5.67) 所示的形式：

$$\frac{\mathrm{d}\hat{\beta}}{\mathrm{d}t} = \gamma_1 \left\| R_1^{\mathrm{T}} P e \right\|^2 \tag{5.67}$$

其中，$\gamma_1$ 为大于 0 的自适应律常数；定义一个与 Lipschitz 常数 $\psi_g$ 有关的常数 $\beta$，使其取值满足式 (5.68) 所示的约束：

$$\det \begin{vmatrix} \dfrac{\lambda_m(Q)}{2} & -\psi_g \\ -\psi_g & \beta \end{vmatrix} \geqslant 0 \tag{5.68}$$

其中，$\lambda_m(Q)$ 表示对称正定矩阵 $Q$ 的最大特征值。根据构建的广义系统 (5.55) 和所设计的滑模观测器 (5.64)，定义状态误差向量 $e = \overline{x} - \hat{x}$，从而由式 (5.55) 和 (5.64) 可得系统的状态误差方程为

$$\begin{aligned} \dot{e} &= \dot{\overline{x}} - \dot{z} - R_2 \overline{C} \dot{\overline{x}} \\ &= \left(1 - R_2\overline{C}\right)\dot{\overline{x}} - \dot{z} \\ &= R_1\left[\overline{A}\overline{x} + g(W\overline{x}, t) + Bu + D\zeta(t)\right] \\ &\quad - \left[Kz + R_1 Bu + Jy + R_1 g(W\hat{x}, t) + \frac{1}{2}\hat{\beta}R_1 R_1^{\mathrm{T}} P e + v(t)\right] \\ &= R_1\overline{A}e - L\overline{C}e + R_1\left[g(W\overline{x},t) - g(W\hat{x}, t)\right] + R_1 D\zeta(t) - \frac{1}{2}\hat{\beta}R_1 R_1^{\mathrm{T}} P e - v(t) \\ &= Ke + R_1\left[g(W\overline{x},t) - g(W\hat{x}, t)\right] + R_1 D\zeta(t) - \frac{1}{2}\hat{\beta}R_1 R_1^{\mathrm{T}} P e - v(t) \end{aligned} \tag{5.69}$$

为使得设计的广义滑模观测器状态能够跟踪上构建的增维系统状态，确保状态估计误差渐近稳定，提出定理 5.4。

### 5.4.4　观测器控制增益设计

**定理 5.4**　考虑增维广义系统 (5.55) 和设计的滑模观测器 (5.64)，若线性矩阵不等式 (5.63) 有解，且按式 (5.65)～式 (5.68) 设计观测器，$\alpha_0 > 0$、$\eta > 0$、$\gamma_1 > 0$，则状态估计误差方程 (5.69) 渐近稳定。

**证明**　定义 $\bar{\alpha} = \alpha - \hat{\alpha}$，$\bar{\beta} = \beta - \hat{\beta}$，选取李雅谱诺夫函数为 $V = e^{\mathrm{T}} P e + \dfrac{1}{2\gamma_1} \bar{\beta}^2 + \dfrac{1}{\eta} \bar{\alpha}^2$，则 $V$ 的导函数为

$$\dot{V} = \dot{e}^{\mathrm{T}} P e + e^{\mathrm{T}} P \dot{e} + \frac{1}{\gamma_1} \bar{\beta} \dot{\bar{\beta}} + \frac{2}{\eta} \bar{\alpha} \dot{\bar{\alpha}} \tag{5.70}$$

将式 (5.66)、式 (5.67)、式 (5.69) 代入式 (5.70) 得

$$\begin{aligned}
\dot{V} = & \left( K e + R_1 \left[ g(W \bar{x}, t) - g(W \hat{x}, t) \right] + R_1 D \zeta(t) - \frac{1}{2} \hat{\beta} R_1 R_1^{\mathrm{T}} P e - \nu(t) \right)^{\mathrm{T}} P e \\
& + e^{\mathrm{T}} P \left( K e + R_1 \left[ g(W \bar{x}, t) - g(W \hat{x}, t) \right] + R_1 D \zeta(t) - \frac{1}{2} \hat{\beta} R_1 R_1^{\mathrm{T}} P e - \nu(t) \right) \\
& - \bar{\beta} \left\| R_1^{\mathrm{T}} P e \right\|^2 - 2 \bar{\alpha} \left\| M \left( y - \bar{C} \hat{x} \right) \right\|
\end{aligned} \tag{5.71}$$

由式 (5.62) 及 Lipschitz 非线性项的特性可知

$$\begin{aligned}
\dot{V} \leqslant & -e^{\mathrm{T}} Q e + 2 \delta e^{\mathrm{T}} R_1^{\mathrm{T}} P e + 2 e^{\mathrm{T}} P R_1 D \zeta(t) - 2 e^{\mathrm{T}} P \nu(t) - 2 \bar{\alpha} \left\| M \left( y - \bar{C} \hat{x} \right) \right\| \\
& - \beta e^{\mathrm{T}} P R_1 R_1^{\mathrm{T}} P e
\end{aligned} \tag{5.72}$$

注意到以下不等式：

$$\begin{aligned}
& -e^{\mathrm{T}} Q e + 2 \delta e^{\mathrm{T}} R_1^{\mathrm{T}} P e - \beta e^{\mathrm{T}} P R_1 R_1^{\mathrm{T}} P e \\
\leqslant & -\left( \frac{\lambda_m(Q) |e|^2}{2} - 2 \delta e^{\mathrm{T}} R_1^{\mathrm{T}} P e + \beta e^{\mathrm{T}} P R_1 R_1^{\mathrm{T}} P e \right) - \frac{\lambda_m(Q) |e|^2}{2} \\
= & -\frac{\lambda_m(Q) |e|^2}{2} - \begin{bmatrix} e & \left| R_1^{\mathrm{T}} P e \right| \end{bmatrix} \begin{bmatrix} \dfrac{\lambda_m(Q)}{2} & -\delta \\ -\delta & \beta \end{bmatrix} \begin{bmatrix} |e| \\ \left| R_1^{\mathrm{T}} P e \right| \end{bmatrix}
\end{aligned} \tag{5.73}$$

由式 (5.68) 确定的 $\beta$ 定义可知：

$$-e^{\mathrm{T}}Qe + 2\delta e^{\mathrm{T}}R_1^{\mathrm{T}}Pe - \beta e^{\mathrm{T}}PR_1R_1^{\mathrm{T}}Pe \leqslant -\frac{\lambda_m(Q)|e|^2}{2} \tag{5.74}$$

同时也注意到以下不等式:

$$2e^{\mathrm{T}}PR_1D\zeta(t) - 2e^{\mathrm{T}}Pv(t) - 2\bar{\alpha}\left\|M\left(y - \bar{C}\hat{\bar{x}}\right)\right\|$$

$$= 2e^{\mathrm{T}}(M\bar{C})^{\mathrm{T}}\zeta(t) - 2e^{\mathrm{T}}\left(\hat{\alpha}(t) + \alpha_0\right)\bar{C}^{\mathrm{T}}M^{\mathrm{T}}\frac{M\left(y - \bar{C}\hat{\bar{x}}\right)}{\left\|M\left(y - \bar{C}\hat{\bar{x}}\right)\right\|}$$

$$- 2(\alpha - \hat{\alpha})\left\|M\left(y - \bar{C}\hat{\bar{x}}\right)\right\| \tag{5.75}$$

$$\leqslant -2\alpha_0\left\|e_y\right\|\|M\|$$

$$\leqslant 0$$

将式(5.73)、式(5.74)代入式(5.71)可得

$$\dot{V} \leqslant -\frac{\lambda_m(Q)|e|^2}{2} - 2\alpha_0\left\|e_y\right\|\|M\|$$

$$\leqslant -\frac{\lambda_m(Q)|e|^2}{2} \tag{5.76}$$

$$\leqslant 0$$

从式(5.76)可以看出,选取的 Lyapunov 函数导函数小于零,说明状态估计误差系统(5.69)渐近稳定,即采用本节方法设计的广义滑模观测器能够渐近跟上增维系统,确保故障重构的精度。证毕。

### 5.4.5　重构程式

根据构建的广义系统和设计的含自适应律的滑模观测器,当式(5.63)所示的线性矩阵不等式有解时,增维状态误差 $e$ 稳定有界,从而可以通过增维状态 $\bar{x}$ 估计值 $\hat{\bar{x}}$ 的分量,得到系统状态和传感器故障的估计值,表达式如下:

$$\hat{x} = \begin{bmatrix} I_{n\times n} & 0_{n\times q} & 0_{n\times l} \end{bmatrix}\hat{\bar{x}}, \quad \hat{f}_s(t) = \begin{bmatrix} 0_{q\times n} & I_q & 0_{q\times l} \end{bmatrix}\hat{\bar{x}} \tag{5.77}$$

依据原系统状态方程(5.52),根据设计观测器得到原系统状态及传感器故障的估计值 $\hat{x}$ 及 $\hat{f}_s(t)$,通过鲁棒滑模微分器对广义系统输出的微分进行估计,从而实现对执行器故障的重构。

依据广义系统状态方程(5.55),对输出向量 $y$ 的微分 $\dot{y}$ 描述为如下形式:

$$\dot{y} = \bar{C}\dot{\bar{x}} = \begin{bmatrix} \dot{y}_1 \\ \dot{y}_2 \\ \vdots \\ \dot{y}_p \end{bmatrix}, \quad \dot{y}_i = \bar{C}_i \dot{\bar{x}}, \quad i = 1, 2, \cdots, p \tag{5.78}$$

对于式 (5.78) 描述的系统，基于文献 [103] 的结论建立如下鲁棒滑模微分器：

$$\begin{cases} \dot{\phi}_{i,1} = \phi_{i,2} - \omega_{i,1} \\ \dot{\phi}_{i,2} = -\omega_{i,2} \end{cases}, \quad \begin{cases} \omega_{i,0} = \phi_{i,1} - y_i \\ \omega_{i,j} = k_{i,j} \left| \omega_{i,j-1} \right|^{(2-j)/(3-j)} \mathrm{sgn}(\omega_{i,j-1}) \end{cases} \tag{5.79}$$

其中，$k_{i,j} > 0 (j = 1, 2)$ 为滑模微分器的增益，设输出向量 $y_i$ 与其估计值 $\phi_{i,1}$ 的误差为 $e_{y_i} = y_i - \phi_{i,1}$，同时定义输出量的微分 $\dot{y}_i$ 与其估计值 $\phi_{i,2}$ 的误差为 $e_{\dot{y}_i} = \dot{y}_i - \phi_{i,2}$。由文献 [103] 的结论可知，通过设计合适的增益 $k_{i,j}$ 可以使滑模运动经有限时间到达滑模面 $\{s | s = e_{y_i} = \dot{e}_{y_i} = 0\}$。由此可知，基于微分器 (5.79) 可以实现输出微分 $\dot{y}_i$ 的精确估计，且 $\dot{y}$ 的估计信号可以表示为如下形式：

$$\phi = \begin{bmatrix} \phi_{1,2} & \phi_{2,2} & \cdots & \phi_{p,2} \end{bmatrix}^{\mathrm{T}} \tag{5.80}$$

基于式 (5.79) 和式 (5.80) 所建立的鲁棒滑模微分器，得到输出微分 $\dot{y}_i$ 的精确估计值，结合建立的广义自适应滑模观测器，提出执行器故障的重构方法，如式 (5.81) 所示：

$$\hat{f}_a(t) = \begin{bmatrix} I_k & 0 \end{bmatrix} \hat{\zeta}(t), \quad \hat{\zeta}(t) = (\bar{C}R_1 D)^+ \left[ (I_p - \bar{C}R_2)\phi - \bar{C}R_1\bar{A}\hat{x} - \bar{C}R_1 g(W\hat{x}, t) - \bar{C}R_1 Bu \right]$$
$$\tag{5.81}$$

定义执行器故障的估计误差为 $\tilde{f}_a(t) = f_a(t) - \hat{f}_a(t)$，则由式 (5.81) 及原广义系统表达式 (5.55)，可得执行器重构误差为

$$\tilde{f}_a(t) = \begin{bmatrix} I_k & 0 \end{bmatrix} \tilde{\zeta}(t), \quad \tilde{\zeta}(t) = (\bar{C}R_1 D)^+ \left[ (I_p - \bar{C}R_2)\tilde{\phi} - \bar{C}R_1\bar{A}\tilde{x} - \bar{C}R_1 g(W\tilde{x}, t) \right] \tag{5.82}$$

由定理 5.4 及所建立的鲁棒滑模微分器可知，在有限时间内执行器故障重构误差 $\tilde{f}_a(t) \to 0$，于是 $\hat{f}_a(t)$ 是执行器故障 $f_a(t)$ 的有效重构值。

由式 (5.77) 及式 (5.81) 可知，采用本节的观测器设计方法，可以实现执行器、传感器同时故障时的鲁棒重构。与注 5.1 相同，滑模控制输入 $\nu(t)$ 通常需要调整为下列形式，其中 $\theta$ 为一充分小的正常数。

$$v_{\text{eq}}(t) = \begin{cases} (\hat{\alpha}(t) + \alpha_0) P^{-1} \overline{C}^{\mathrm{T}} M^{\mathrm{T}} \dfrac{M(y - \overline{C}\hat{\overline{x}})}{\left\| M(y - \overline{C}\hat{\overline{x}}) \right\| + \theta}, & y \neq \overline{C}\hat{\overline{x}} \\[4mm] 0, & \text{其他} \end{cases} \tag{5.83}$$

### 5.4.6　数值算例

为验证本节提出的广义自适应滑模观测器方法在含输出干扰多故障重构中的有效性，以某非线性算例为例开展仿真研究，如式 (5.52) 所示的系统参数矩阵描述如下：

$$A = \begin{bmatrix} -10 & 10 & 0 \\ 28 & -1 & 0 \\ 0 & 0 & -8/3 \end{bmatrix}, \quad B = \begin{bmatrix} 0 & 0 \\ 1 & 0 \\ 0 & 1 \end{bmatrix}, \quad g(x,t) = \begin{bmatrix} 0 \\ -x_1 x_3 \\ x_1 x_2 \end{bmatrix}$$

$$E = \begin{bmatrix} 0 \\ 1 \\ 0 \end{bmatrix}, \quad F = \begin{bmatrix} 0 \\ 0 \\ 1 \end{bmatrix}, \quad C = \begin{bmatrix} 1 & 0 & 0 \\ 0 & 2 & 0 \\ 0 & 0 & 1 \end{bmatrix}, \quad D_1 = \begin{bmatrix} 0 \\ 1 \\ 0 \end{bmatrix}, \quad D_2 = \begin{bmatrix} 1 \\ 1 \\ 1 \end{bmatrix}$$

对于上述系数矩阵所描述的非线性 Lipschitz 系统，可以依据式 (5.55) 的形式建立广义系统，并得到相应的系数矩阵 $W$、$\overline{A}$、$\overline{C}$、$D$ 及增维状态向量 $\overline{x}$，依据式 (5.58) 提出的设计方法，可以得到式 (5.56) 的特解矩阵 $R_1$、$R_2$，从而可以解算式 (5.63) 所示的 LMI，得到如下观测器设计参数矩阵：

$$L = \begin{bmatrix} 30.1862 & -1.7788 & -22.6895 \\ 65.5074 & 0.9748 & -49.3351 \\ 15.7491 & -0.9055 & -11.0789 \\ -107.2144 & 10.9113 & 82.2753 \\ -19.8238 & 4.0404 & 18.2022 \end{bmatrix}, \quad M = \begin{bmatrix} 2.9523 & -0.0389 & -2.6689 \\ -272.3258 & 3.5927 & 246.1879 \end{bmatrix}$$

$$P = \begin{bmatrix} 237.8084 & -31.3289 & -328.3692 & -16.8654 & 83.6416 \\ -31.3289 & 8.1988 & 44 & 2.2603 & -11.2072 \\ -328.3692 & 44 & 465.1812 & 23.6867 & -117.4712 \\ -16.8654 & 2.2603 & 23.6867 & 5.2168 & -6.0332 \\ 83.6416 & -11.2072 & -117.4712 & -6.0332 & 33.9224 \end{bmatrix}$$

在此基础上，可以按照式 (5.64)～式 (5.68) 建立广义自适应滑模观测器，其中自适应律参数设计为 $\eta = 0.5$、$\gamma_1 = 0.01$，且 $\theta = 0.01$。仿真过程中，假设系统所受的输入端干扰为幅值是 1、周期是 $\pi/5$ 的正弦信号，但当系统发生故障时，基于所设计的广义自适应滑模观测器可以得到系统状态的跟踪曲线如图 5.9 所示。

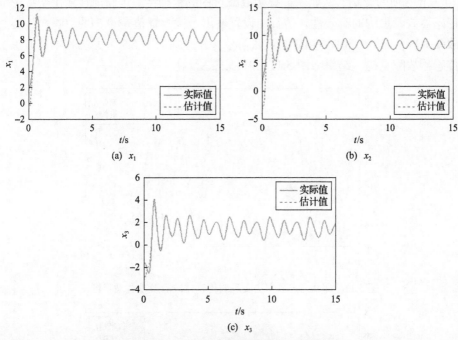

(a) $x_1$

(b) $x_2$

(c) $x_3$

图 5.9 系统状态及观测器的估计值曲线图

由图 5.9 可以看出，采用本节方法设计的广义滑模观测器，虽然系统故障的上界及 Lipschitz 系数值均未知，但仍能保证观测器状态估计快速有效，确保了故障重构的精确性。依据所设计的广义观测器，可以得到自适应律 $\hat{\alpha}(t)$ 及 $\hat{\beta}$ 的收敛曲线，如图 5.10 所示。

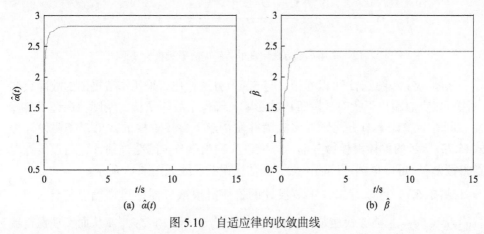

(a) $\hat{\alpha}(t)$

(b) $\hat{\beta}$

图 5.10 自适应律的收敛曲线

从图 5.10 可以看出，本节设计的广义滑模观测器，可以使得包括扩展状态在内的增维系统状态有界收敛，确保观测器估计误差可以克服未知上界故障、非线性 Lipschitz 项的影响，从而保证鲁棒故障重构的精确性。为验证在输出干扰影响下传感器故障重构的有效性，仿真中设置输出干扰为幅值是 0.5 的白噪声，传感器故障为幅值是 5、周期是 π/3 的正弦信号，并分别采用 5.3 节方法和本节方法实现传感器故障重构，结果如图 5.11 和图 5.12 所示。

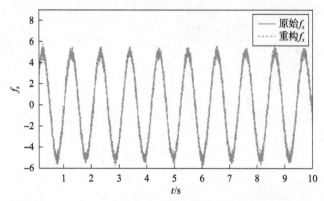

图 5.11　采用 5.3 节方法实现的传感器故障及重构波形图

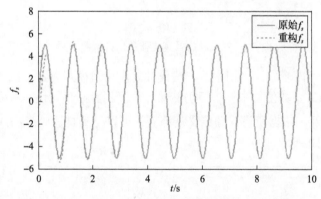

图 5.12　采用本节方法实现的传感器故障及重构波形图

从图 5.11 和图 5.12 可以看出，与 5.3 节方法相比，采用本节提出的故障重构方法可以克服输出干扰对故障重构的影响，确保了故障重构的精度，保证了鲁棒性。同时为验证本节方法针对多故障并发情形下鲁棒重构的效果，需要设计如式 (5.79) 所示的鲁棒滑模微分器，以实现为输出微分 $\dot{y}$ 的精确估计，通过设计增益参数 $k_{i,j}$，可以得到系统输出微分的估计误差曲线如图 5.13 所示。

从图 5.13 可以看出，本节设计的鲁棒滑模微分器，可以确保估计值 $\phi = \left[ \phi_{1,2}, \phi_{2,2}, \phi_{3,2} \right]^{\mathrm{T}}$ 能够快速跟踪原系统输出微分 $\dot{y} = \left[ y_1, y_2, y_3 \right]^{\mathrm{T}}$，从而实现执行器故障的在线鲁棒重构。基于广义自适应滑模观测器的状态估计及系统输出微分的估计值，由式(5.81)可以实现未知执行器故障的重构曲线，结果如图 5.14 所示，同时与 5.3 节中提出的方法进行相比，结果如图 5.15 所示，由故障重构结果可以看出采用本节方法可以确保在较短时间内实现传感器、执行器同时故障时的精确鲁棒重构。

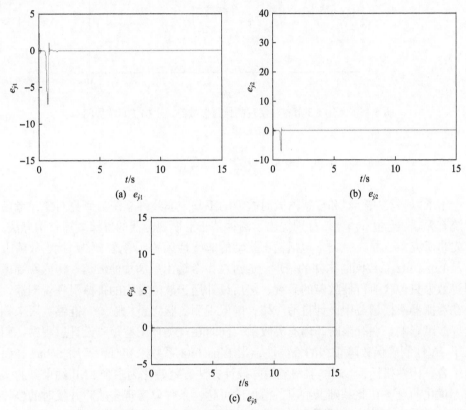

图 5.13　系统输出微分的估计误差曲线图

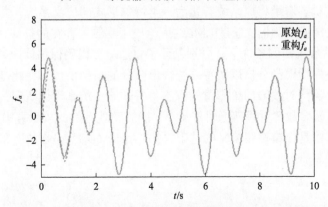

图 5.14　采用本节方法实现的执行器故障及重构仿真波形图

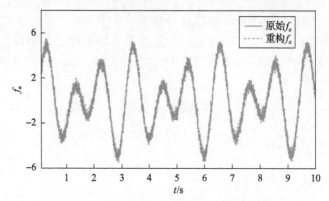

图 5.15　采用 5.3 节方法实现的执行器故障及重构仿真波形图

# 5.5　小　　结

　　本章以一类执行器和传感器同时故障的不确定非线性系统为研究对象，考虑系统有无输出干扰的情形，分别提出了两种基于滑模观测器的鲁棒故障重构方法。首先将研究重点放在一类不包括输出扰动的非线性系统，考虑未知干扰、故障上界及 Lipschitz 系数同时未知的情形，通过在系统输出后添加滤波器，将原系统虚拟等效为只包含执行器故障的系统；然后设计用于故障重构的鲁棒滑模观测器，并在观测器滑模增益中设计自适应律，确保观测器状态重构误差，能够克服未知上界故障影响，在有限时间内有界收敛，同时在观测器增益矩阵设计过程中，引入了 $H_\infty$ 控制确保故障重构的鲁棒性，当 Lipschitz 系数未知时，运用 Schur 补引理结合鲁棒性指标，将观测器增益矩阵设计方法等效转化为多个 LMI 约束下的多目标优化问题，在此基础上给出了滑模的可达性条件以实现多故障并发时的鲁棒重构；最后通过数值算例证实了故障重构算法。考虑输出干扰引起故障重构误差的情形，通过状态增维将原系统转化为一类特殊形式的广义系统，并设计了含自适应律的广义滑模观测器，通过 LMI 约束给出了观测器存在的条件，在故障上界及 Lipschitz 系数未知的条件下，分别设计了自适应律以确保估计误差渐近稳定，同时设计了鲁棒滑模微分器以实现系统输出微分的精确估计，在此基础上提出了执行器和传感器同时故障的鲁棒重构方法，并开展了仿真算例研究，结果表明本节方法在干扰及多故障并发等条件影响下，能够实现有效的故障重构。应该指出，有效的故障重构是容错控制策略的基础，本书第 5、6 章就是在故障重构的基础上开展的容错控制研究。

# 第6章 基于自适应律及凸组合设计的饱和主动容错控制

## 6.1 引 言

基于解析冗余的容错控制包括主动容错控制和被动容错控制两种[104]。被动容错控制通过设计固定的控制器，使得在正常及某些故障情形下，仍然能保证系统完成一定的控制任务。这种方法的缺点是必须提前考虑所有的故障类型，才能实现满意的容错控制性能，而实际系统在运行中的故障信息大都是未知的，所以该种容错策略的适用范围较小。另外，只采用被动容错技术无法得知系统的故障信息，不利于维修及修复。与被动容错控制不同，主动容错控制通过故障检测与诊断(fault detection and diagnosis, FDD)环节或先验知识获知故障信息，当故障出现时在线重新设计控制器，确保在系统稳定的前提下保持一定的控制性能。基于控制律重构设计的主动容错控制，包含 FDD 环节且能够在线重新设计控制器，能处理更多的故障类型，容错控制的实时性较好，是容错控制关注的热点。应该指出，故障诊断的有效性及实时性是制约控制律重构容错性能发挥的主要因素，尤其对于非线性系统，准确的故障诊断本来就是控制设计中的难点，容错控制的发展与故障诊断技术密切相关，因而非线性系统的控制律重构容错设计是值得关注的重点研究方向。

执行器饱和特性是实际控制工程中最常见的一种非线性特性，例如，机电系统只能提供有限的电压、电流及转矩，卫星姿态控制系统只能提供有限的控制力及力矩，电传飞控系统中存在各种位置限制器、速率限制器等，因而执行器饱和问题在容错控制器设计时必须加以考虑。如果在控制器设计过程中忽略这一特性，那么系统在实际运行过程中的性能将得不到保证，可能导致失稳，甚至崩溃。以飞机为例，舵面的失效故障会使得舵面偏转提前到达饱和区，忽略饱和特性会导致性能下降甚至失稳。尤其是对于主动容错控制设计，系统正常工作时执行器处于饱和范围以内，但故障的引入会使得控制器输出提前到达执行器饱和值，因而容错控制设计要关注执行器饱和约束的影响。

一般而言，饱和容错控制的处理方法有两种[105,106]：一种是在控制器设计时首先不考虑饱和约束，然后对控制进行简单的限制、补偿；另一种是在设计控制器时就考虑受限，避免出现执行器饱和现象。绝大部分容错控制成果均采用第二种处理方法[106]，其中不变集概念和理论得到了广泛应用。近年来饱和容错控制取得了一系列研究成果。Fan 等[107]采用 LMI 的凸优化技术，设计了饱和线性系统的容错控制器，实现执行器故障情形下的输出跟踪容错控制，同时还研究了二阶饱和线性系统的最优容错控制吸引域[108]。Guan 等[109]提出设计自适应 $H_\infty$ 控制器实现了控制输入饱和线性系统的主动容错控制，在一定程度上实现了鲁棒性。Gu 等[110]将吸引域估计作为约束及优化目标，基于 LMI 技术实现了线性时延系统的饱和容错控制。胡庆雷等[111-113]针对挠性含有推力故障及干扰的饱和姿态控制问题，结合自适应律和滑模设计方法实现了航天器姿态饱和跟踪控制。Zuo 等[114]以一类广义饱和非线性系统为对象，设计了自适应容错控制器，但忽略了干扰的影响，这限制了其的推广应用。通过分析以上研究现状可以看出，执行器饱和受限系统在状态反馈控制作用下的稳定范围一般是局部的，因此饱和容错控制器的一个设计思路是求取系统状态的最大稳定范围，即吸引域，以使系统设计的容错控制器具有较大的自由度；同时执行器饱和约束会增加系统保性能(如鲁棒性、耗散性等)控制设计的难度，因而研究满足多控制目标折中的容错控制方法很有意义。

本章针对一类多故障同时发生的不确定非线性系统，考虑控制输入饱和的约束条件，采用凸组合描述的饱和设计方法，基于 LMI 技术提出主动容错跟踪控制器的设计方法，并通过算例检验算法的有效性。

## 6.2　预　备　知　识

为了便于说明本章饱和容错控制器的设计过程，本节先介绍一些相关概念和理论，主要包括有界范数、$L_2$ 稳定性、凸集、扇形区域法以及线性凸包法等相关概念。

### 6.2.1　有界范数及 $L_2$ 稳定性

考虑一个系统，其输入输出关系表示如下：

$$y = Hu \tag{6.1}$$

其中，$H$ 是某种映射或算子，定义了 $y$ 与 $u$ 的关系。输入 $u$ 属于信号空间，信号空间把时间区间 $[0,\infty)$ 映射到欧几里得空间 $\mathbf{R}^m$，即 $u:[0,\infty) \to \mathbf{R}^m$。例如，分段连续的有界函数空间 $\sup_{t \geqslant 0} \|u(t)\| < \infty$ 和分段连续的平方可积函数空间 $\int_0^\infty u^{\mathrm{T}}(t)u(t)\mathrm{d}t < \infty$。

为度量信号的大小，引入范数$\|u\|$，它满足下面三个性质。

(1) 当且仅当信号恒为零时，信号的范数等于零，否则严格为正。

(2) 对于任意正常数 $a$ 和信号 $u$，数乘信号的范数等于范数的数乘，即 $\|au\|=a\|u\|$。

(3) 对于任意信号 $u_1$ 和 $u_2$，范数满足不等式 $\|u_1+u_2\|\leqslant\|u_1\|+\|u_2\|$。

对于分段连续有界函数空间，其范数定义为

$$\|u\|_{L_\infty}=\sup_{t\geqslant0}\|u(t)\|<\infty \tag{6.2}$$

该空间表示为 $L_\infty^m$。对于分段连续平方可积函数空间，其范数定义为

$$\|u\|_{L_2}=\sqrt{\int_0^\infty u^{\mathrm{T}}(t)u(t)}<\infty \tag{6.3}$$

该空间表示为 $L_2^m$。一般情况下，对于 $1\leqslant p\leqslant\infty$，空间 $L_p^m$ 定义为连续函数 $u:[0,\infty)\to\mathbf{R}^m$ 的集合，满足

$$\|u\|_{L_p}=\left(\int_0^\infty\|u(t)\|^p\,\mathrm{d}t\right)^{\frac{1}{p}}<\infty \tag{6.4}$$

$L_p^m$ 的下标 $p$ 用于表示定义空间 $p$ 范数的类型，上标 $m$ 表示信号 $u$ 的维数。

**定义 6.1**[115]　如果存在定义在 $[0,\infty)$ 上的 $K$ 类函数 $\alpha$ 和非负常数 $\beta$，对于所有 $u\in L_e^m$ 和 $\tau\in[0,\infty)$ 满足如下约束：

$$\|(Hu)_\tau\|_L\leqslant\alpha\left(\|u_\tau\|_L\right)+\beta \tag{6.5}$$

则映射 $L_e^m\to L_e^q$ 是 $L$ 稳定的。如果存在非负常数 $\gamma$ 和 $\beta$，对于所有的 $u\in L_e^m$ 和 $\tau\in[0,\infty)$ 满足

$$\|(Hu)_\tau\|_L\leqslant\gamma\left(\|u_\tau\|_L\right)+\beta \tag{6.6}$$

则称该映射是有限增益 $L$ 稳定的。

式(6.5)和式(6.6)中的常数 $\beta$ 称为偏项，加在定义中是为了保证系统当 $u=0$ 时 $Hu$ 不为零。通常我们最感兴趣的是对于最小的 $\gamma$，存在 $\beta$ 使式(6.6)成立。具有明确定义的 $\gamma$ 称为系统的增益。当存在 $\gamma\geqslant0$ 满足不等式(6.6)时，称系统的 $L$ 增益小于或等于 $\gamma$。此外，关于 $L$ 增益还有另一种没有考虑偏项的定义，详细如下。

考虑非线性系统：

$$\begin{cases} \dot{x} = f(x) + g(x)u \\ z = h(x) \end{cases} \tag{6.7}$$

其中，$x = [x_1, x_2, \cdots, x_n]^\mathrm{T}$ 取值于局部区域 $M(M \subseteq \mathbf{R}^n)$；$u \subseteq \mathbf{R}^m$ 为输入信号；$z \subseteq \mathbf{R}^p$ 为评价信号；$f(x)$ 和 $h(x)$ 为充分可微的函数向量；$g(x)$ 为具有适当维数的充分可微的函数矩阵。假设 $x = x_0$ 是系统（6.7）所对应的自治系统

$$\dot{x} = f(x) \tag{6.8}$$

的局部平衡点，即 $f(x_0) = 0$。

**定义 6.2**[115]　设 $\gamma > 0$ 为给定实数，如果对于任意的 $T_0 \geqslant 0$，系统（6.7）的输入输出信号满足

$$\left\| z(t) \right\|_{T_0} \leqslant \gamma \left\| u(t) \right\|_{T_0}, \quad \forall u \in L_2[0, T_0] \tag{6.9}$$

则称该系统的 $L_2$ 增益小于等于 $\gamma$，其中 $L_2[0, T_0]$ 表示平方可积且满足 $\int_0^{T_0} u^\mathrm{T}(t)u(t)\mathrm{d}t < \infty$ 的所有信号 $u(t)$ 的集合，$\left\| u(t) \right\|_{T_0}$ 定义为

$$\left\| u(t) \right\|_{T_0} = \left\{ \int_0^{T_0} u^\mathrm{T}(t)u(t)\mathrm{d}t \right\}^{\frac{1}{2}} \tag{6.10}$$

**定义 6.3**[115]　如果存在正常数 $r$，使得对所有 $u(t) \in L_e^m$，$\sup\limits_{0 \leqslant t \leqslant r} \left\| u(t) \right\| \leqslant r$，不等式（6.5）或不等式（6.6）成立，则映射 $L_e^m \rightarrow L_e^q$ 为小信号 $L$ 稳定的（或小信号有限增益 $L$ 稳定的）。

通常用由信号范数所诱导的系统范数来度量系统的大小，对于给定的 $p \in [1, \infty)$，系统 $G$ 的诱导 $L_p$ 范数定义为

$$\| G \|_p = \sup_{0 \neq u \neq L_p} \frac{\| G(u) \|_p}{\| u \|_p} \tag{6.11}$$

相应系统的诱导 $L_2$ 范数定义为

$$\| G \|_2 = \sup_{0 \neq u \neq L_2} \frac{\| G(u) \|_2}{\| u \|_2} \tag{6.12}$$

当 $G$ 为线性系统时，系统的诱导 $L_2$ 范数为

$$\|G\|_2 = \|G\|_\infty := \sup_{\omega \in [0,\infty]} \bar{\sigma}\big[G(j\omega)\big] \tag{6.13}$$

其中，$\bar{\sigma}(\cdot)$ 表示矩阵的最大奇异值；$G(j\omega)$ 为系统 $G$ 的傅里叶变换。通常系统 $G$ 的诱导 $L_2$ 范数又称为系统的 $L_2$ 增益。

$L_2$ 稳定性在系统分析中起着特殊作用，对于控制系统的输入信号一般是一种能量有限信号（平方可积信号），在许多控制问题当中，把系统表示为一种输入输出映射，即从一个干扰输入到受控输出的映射，并且要求受控输出要足够小。对于 $L_2$ 输入信号，控制系统要设计为使输入-输出映射为有限增益 $L_2$ 稳定的，并使 $L_2$ 增益最小。

因为系统增益可以跟踪信号通过系统时信号范数的增加或减少，所以以输入-输出稳定性的形式在研究互联系统稳定性中特别重要。如图 6.1 所示通过反馈连接的两个系统 $L_e^m \to L_e^q$ 和 $L_e^q \to L_e^m$，假设它们都是有限增益 $L$ 稳定的，即

$$
\begin{aligned}
\|y_{1\tau}\|_L &\leqslant \gamma_1 \|e_{1\tau}\|_L + \beta_1, \quad \forall e_1 \in L_e^m, \forall \tau \in [0,\infty) \\
\|y_{2\tau}\|_L &\leqslant \gamma_2 \|e_{2\tau}\|_L + \beta_2, \quad \forall e_2 \in L_e^q, \forall \tau \in [0,\infty)
\end{aligned}
\tag{6.14}
$$

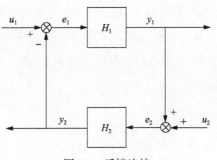

图 6.1　反馈连接

进一步假设对每对输入 $u_1 \in L_e^m$ 和 $u_2 \in L_e^m$ 都存在唯一的输出 $e_1, y_2 \in L_e^m$ 和 $e_2, y_1 \in L_e^q$，定义

$$u = \begin{bmatrix} u_1 \\ u_2 \end{bmatrix}, \quad y = \begin{bmatrix} y_1 \\ y_2 \end{bmatrix}, \quad e = \begin{bmatrix} e_1 \\ e_2 \end{bmatrix} \tag{6.15}$$

**定理 6.1**[115]（小增益定理）　在上述假设条件下，如果 $\gamma_1\gamma_2 < 1$，则反馈连接是有限增益 $L$ 稳定的。

### 6.2.2　凸集

**定义 6.4**[116]　设 $d$ 是一非零向量，$a$ 为实数，则在 $n$ 维向量空间 $\mathbf{R}^n$ 中，满足

条件 $d^{\mathrm{T}}x = a$ 的点所组成的集合 $H = \left\{ x \in \mathbf{R}^n \middle| d^{\mathrm{T}}x = a \right\}$ 称为 $\mathbf{R}^n$ 中的一个超平面。

超平面 $H$ 是从 $n$ 维空间到 $n-1$ 维空间的一个仿射子空间，它由一个 $n$ 维向量和一个实数确定。超平面将整个空间分割为两个闭半空间 $H_+ = \left\{ x \in \mathbf{R}^n \middle| d^{\mathrm{T}}x \geqslant a \right\}$ 及 $H_- = \left\{ x \in \mathbf{R}^n \middle| d^{\mathrm{T}}x \leqslant a \right\}$，显然它们相交于超平面 $H_0$ 而 $\tilde{H}_+ = \left\{ x \in \mathbf{R}^n \middle| d^{\mathrm{T}}x > a \right\}$ 及 $\tilde{H}_- = \left\{ x \in \mathbf{R}^n \middle| d^{\mathrm{T}}x < a \right\}$ 为两不相交的开半空间。

**定义 6.5**[116]　设 $x_1, x_2, \cdots, x_m$ 为欧几里得空间 $\mathbf{R}^n$ 中的 $m$ 个向量，则将

$$x = \sum_{i=1}^m \lambda_i x_i, \quad \lambda_i \geqslant 0, \sum_{i=1}^m \lambda_i = 1 \tag{6.16}$$

称为 $x_1, x_2, \cdots, x_m$ 的凸组合。例如，两个点的凸组合是这两点之间的线段，三个非共线点的凸组合是一个三角区域。

**定义 6.6**[117]　设 $C$ 为 $\mathbf{R}^n$ 上的一个子集合，若对于任意两点 $x_1, x_2 \in C$ 和 $\lambda \in \mathbf{R}$，$0 \leqslant \lambda \leqslant 1$，有 $\lambda x_1 + (1-\lambda) x_2 \in C$，则称 $C$ 为一凸集。凸集 $C$ 边界上的一点 $x$ 称为 $C$ 的一个极点。当一个凸集只有有限个极点时，这些点又通常称为顶点。

**定义 6.7**[117]　设 $S \subset \mathbf{R}^n$ 是 $\mathbf{R}^n$ 中给定的集合，则 $S$ 的凸包是指包含 $S$ 的最小凸集，即 $\mathrm{co}(S) = \bigcap \left\{ C : C\, \text{为}\, \mathbf{R}^n \text{中的凸集}, \text{且}\, C \supseteq S \right\}$。显然，$S$ 的凸包也即属于 $S$ 的点的所有凸组合组成的集合，故可表示为

$$\mathrm{co}(S) = \left\{ \sum_{i=1}^n \lambda_i x_i : x_i \in S, \lambda_i \geqslant 0, \sum_{i=1}^n \lambda_i = 1, \ n \in \mathbf{N} \right\} \tag{6.17}$$

简单地说，在三维空间中一个几何对象的凸包就是包含该对象的最小的凸多面体。

**定义 6.8**[117]　一个多面体或多面体集合是由有限多个闭半空间的交集形成的一个集合，如果该交集是非空和有界的，它就被称为一个多胞形。多胞形概念包含多面体。多面体与多胞形均只有有限数目的极点(顶点)，且多胞形是它的顶点的凸包。

由于饱和系统具有强非线性特性，故在用稳定性理论分析饱和系统前，必须要对饱和非线性环节进行有效处理，比较有效的方法有扇形区域法和线性凸包法，下面分别在 6.2.3 节和 6.2.4 节进行介绍。

### 6.2.3　饱和描述扇形区域法

考虑如式(6.3)所示的反馈系统，假设外部输入 $r = 0$，研究无激励系统的特

性。系统的状态方程为

$$\dot{x} = Ax + Bu$$
$$y = Cx + Du \tag{6.18}$$
$$u = -\psi(t, y)$$

其中，$x \in \mathbf{R}^n$；$u, y \in \mathbf{R}^p$；$(A, B)$ 是可控的，$(A, C)$ 是可观测的，且 $\psi : [0, \infty) \times \mathbf{R}^p \to \mathbf{R}^p$ 是具有无记忆特性的非线性环节，在 $t$ 上分段连续，在 $y$ 上满足局部 Lipschitz 条件。

将 $y$ 代入 $u$，有

$$u = -\psi(t, Cx + Du) \tag{6.19}$$

假设当所有非线性问题都满足扇形区域条件时，原点 $x = 0$ 是系统 (6.18) 的一个平衡点。这里所关心的问题是研究非线性问题原点的稳定性，不是对一个给定的非线性问题，而是对一类满足所给扇形区域条件的非线性问题。如果能够成功地证明对于扇形区域内的所有非线性问题，其原点都是一致渐近稳定的。

考虑带有输入饱和约束的线性系统，系统描述为

$$\dot{x} = Ax + B \cdot \mathrm{sat}(u) \tag{6.20}$$

其中，各物理量含义与式 (6.18) 相同，$\mathrm{sat}(\cdot)$ 为饱和函数。对于式 (6.20) 所示的控制输入 $u$，采用线性反馈方式 $u = -Fx$ 设计控制器，此时闭环系统式 (6.21) 变换为

$$\dot{x} = Ax - B \cdot \mathrm{sat}(Fx) \tag{6.21}$$

令 $\psi(t, Fx) = \mathrm{sat}(Fx) - K_1 Fx$，则式 (6.21) 可写为如下形式：

$$\dot{x} = (A - BK_1 F)x - B\psi(t, Fx) \tag{6.22}$$

其中，选定 $K_1$ 为对角正定阵并且使矩阵 $A - BK_1 F$ 是 Hurwitz 的。

定义区域

$$S(F, u_0^{K_1}) = \left\{ x \in \mathbf{R}^m : \frac{u_{0i}}{(K_1)_i} \leqslant F_i x \leqslant \frac{u_{0i}}{(K_1)_i}, i = 1, 2, \cdots, m \right\} \tag{6.23}$$

其中，$(K_1)_i$ 为矩阵 $K_1$ 的第 $i$ 个对角元。容易证明，如果 $x \in S(F, u_0^{K_1})$，对于某些矩阵 $K_1$ 和 $K_2$，$\psi(t, Fx)$ 满足扇形条件：

$$\psi^{\mathrm{T}}(t, Fx)\left[ \psi(t, Fx) - (K_2 - K_1)Fx \right] \leqslant 0 \tag{6.24}$$

通过以上分析过程可以看出，变化后的系统结构可以将饱和非线性系统转化为一个死区，然后用一个扇区来处理死区，所以能够运用圆判据或者 Popov 判据判断系统的绝对稳定性。

由于圆判据和 Popov 判据是用于广义无记忆的扇形有界非线性分析的工具，忽略了饱和非线性的具体特性，将其运用于处理饱和非线性去估计系统的吸引域不可避免地带有保守性。为了降低处理饱和非线性时的保守性，引入线性凸包法。

### 6.2.4　饱和描述线性凸包法

为了更好地阐述线性凸包法，给出单输入系统一个事实：假设对于一个线性反馈 $u = Fx$，某个椭球体是不变的，则对于饱和线性反馈 $u = \mathrm{sat}(Fx)$，这个椭球体也是不变的，当且仅当存在某个饱和的、可能非线性的反馈，能够使得同一个椭球体为不变集。这意味着在饱和线性反馈下，不变集性质在某种意义上说是独立于某个特定的反馈，只要这个相应的线性反馈使得椭球体是不变的。

考虑采用线性反馈 $u = \mathrm{sat}(Fx)$ 的线性系统，则闭环系统为

$$\dot{x} = Ax + B \cdot \mathrm{sat}(Fx) \tag{6.25}$$

令 $f_i$ 表示矩阵 $F \in \mathbf{R}^{m \times n}$ 的第 $i$ 行，定义下面的多面体：

$$L(F) := \left\{ x \in \mathbf{R}^n : |f_i x| \leqslant 1, i \in [1, m] \right\} \tag{6.26}$$

显然，如果 $x \in L(F)$，则控制向量 $u = Fx$ 的各个分量均不进入饱和区，系统 (6.25) 可以表示为

$$\dot{x} = Ax + BFx \tag{6.27}$$

这种限制控制量不进入非线性区的处理方法过于保守。下面引入 $Hu$ 的处理方法，其主要思想是允许控制量进入非线性区，但前提是必须满足一定的条件。定义一个与式 (6.26) 相同的集合 $D$，且同样令 $D$ 的每个元素 $D_i$，$i \in [1, 2^m]$。若给定两矩阵 $F, H \in \mathbf{R}^{m \times n}$，则集合

$$\left\{ D_i F + D_i^- H : i \in [1, 2^m] \right\} \tag{6.28}$$

中的矩阵是由 $F$ 的一些行向量与 $H$ 中选取剩下的相应行向量组成的。

**引理 6.1**　给定两个反馈矩阵 $F, H \in \mathbf{R}^{m \times n}$，对于 $x \in \mathbf{R}^n$，如果 $x \in L(F)$，则有如下结论：

$$\mathrm{sat}(Fx) \in \mathrm{co}\left\{ D_i F + D_i^- H : i \in [1, 2^m] \right\} \tag{6.29}$$

引理 6.1 的进步在于，将饱和控制 $\mathrm{sat}(Fx)$ 处理成一系列线性控制的凸包形式，不但降低了处理饱和的保守性，而且只要应用 Lyapunov 函数就可以对控制系统进行分析设计，方法简单，又可以直接转化为 LMI 约束的凸优化问题，便于求解。这便是饱和描述线性凸包法的主要思想。

## 6.3　饱和约束非线性系统描述

考虑一类同时发生执行器及传感器故障的非线性系统：

$$\begin{cases} \dot{x} = Ax + g(x,t) + BK \cdot \mathrm{sat}(u) + F\xi(t) \\ y = Cx + Df_s(t) \end{cases} \tag{6.30}$$

其中，$x \in \mathbf{R}^n$、$u \in \mathbf{R}^m$、$y \in \mathbf{R}^p$ 分别为系统状态、系统控制输入、系统的可测输出；$g(x,t)$ 为非线性 Lipschitz 向量函数；$\xi(t)$ 为有界干扰；矩阵 $K = \mathrm{diag}\{K_1, K_2, \cdots, K_m\}$，$K_i$ 表示执行器控制效率因子，满足 $0 \leqslant K_i \leqslant 1$，当 $K_i = 0$ 时表示第 $i$ 个执行器完全失效，当 $0 < K_i < 1$ 时表示第 $i$ 个执行器发生部分失效故障，且执行器故障 $K_i$ 满足 $\underline{K}_i \leqslant K_i \leqslant \bar{K}_i$，$\bar{K}_i$、$\underline{K}_i$ 为故障的上下界值，当 $K_i = 1$ 时表示第 $i$ 个执行器正常工作，本节仅考虑执行器部分失效的情形，于是有 $0 < \underline{K}_i < 1$；$\mathrm{sat}(u)$ 为饱和函数，其表达式为 $\mathrm{sat}(u) = [\mathrm{sat}(u_1), \mathrm{sat}(u_2), \cdots, \mathrm{sat}(u_m)]^{\mathrm{T}}$，且 $\mathrm{sat}(u_i) = \mathrm{sgn}(u_i) \cdot \min\{\sigma_i, |u_i|\}$，$\sigma_i$ 为选定的饱和上界幅值；$f_s(t)$ 表示传感器故障向量；假设系统可控。

**注 6.1**　当系统所有的执行器均完全失效（即 $K_1 = K_2 = \cdots = K_m = 1$）时，无法对系统进行控制，本节不考虑系统发生所有执行器同时完全失效故障的情形。

**注 6.2**　饱和上界幅值 $\sigma_i$ 一般取为 1，若实际系统的饱和幅值大于 1，可以通过归一化处理，使得饱和控制输入的幅值为 1。

针对式 (6.15) 所描述的多故障并发非线性系统，在控制输入饱和的约束条件下，依据给定的指令信号构建扩展系统，采用凸组合描述法对输入饱和进行处理，设计含自适应律的执行器故障估计项，在此基础上提出基于 LMI 技术的主动容错控制器设计方法，以实现指令跟踪的控制目标。系统的主动容错跟踪控制器的设计框图如图 6.2 所示。

图 6.2 中，$y_d$ 为给定的指令信号，$L = [L_1, -L_2]$ 为待设计的控制器增益矩阵，$\hat{K}$ 为采用自适应律得到的执行器故障估计值。控制器的设计目标是当系统同时出现执行器及传感器故障时，系统输出 $y$ 能够跟踪上给定的指令信号 $y_d$。

**注 6.3**　应该说明的是，图 6.2 所设计的主动容错控制方法不显式地包含故障重构环节，执行器故障重构环节主要通过设计自适应律来实现。

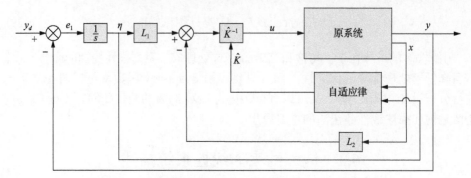

图 6.2　控制输入饱和时系统的主动容错跟踪控制原理图

# 6.4　应对饱和的凸组合控制输入设计

对于式 (6.30) 所述的非线性系统，令 $\eta = \int_0^t \big(y_d(\tau) - y(\tau)\big)\mathrm{d}\tau$ ，$y_d - y = e_1$ ，则有 $\dot{\eta} = y_d(t) - y(t) = y_d - Cx - Df_s(t)$ ，系统控制输入设计为

$$u = \hat{K}^{-1}L_1\eta - \hat{K}^{-1}L_2 x \tag{6.31}$$

其中，$L_1$、$L_2$ 为待设计的控制器增益矩阵；$\hat{K}$ 为通过自适应调节律得到的故障估计值，其表达式将在后文给出。令 $\varsigma = \begin{bmatrix} x^{\mathrm{T}}, & \eta^{\mathrm{T}} \end{bmatrix}^{\mathrm{T}}$ ，$L = \begin{bmatrix} L_1, & -L_2 \end{bmatrix}$ ，由原系统 (6.30) 和式 (6.31) 可以得到如下形式的增维系统：

$$\dot{\varsigma} = \overline{A}\varsigma + \overline{B}K \cdot \mathrm{sat}\Big[\hat{K}^{-1}L\varsigma\Big] + G(W\varsigma,t) + \overline{F}d(t) \tag{6.32}$$

其中，$\overline{A} = \begin{bmatrix} A & 0 \\ -C & 0 \end{bmatrix}$ ；$\overline{B} = \begin{bmatrix} B \\ 0 \end{bmatrix}$ ；$G(W\varsigma,t) = \begin{bmatrix} g(x,t) \\ 0 \end{bmatrix}$ ，$W = \begin{bmatrix} I, 0 \end{bmatrix}$ ，由于 $g(x,t)$ 为 Lipschitz 非线性项，故 $G(W\varsigma,t)$ 也为 Lipschitz 非线性项，于是有 $\|G(W\varsigma,t)\| \leqslant \psi_g \|\varsigma\|$ ；$\overline{F} = \begin{bmatrix} F & 0 & 0 \\ 0 & I & -D \end{bmatrix}$ ；$d(t) = \begin{bmatrix} \xi(t) \\ y_d \\ f_s(t) \end{bmatrix}$ 。系统的控制目标是通过设计故障重构观测器、控制器输入矩阵 $L_1$ 和 $L_2$ ，同时采用自适应律估计失效率 $\hat{K}$ ，使得系统补偿输出 $y$ 能够在故障情形下跟踪给定的指令信号 $y_d$ 。

考虑控制输入存在的饱和特性，依据文献 [118] 的结论，采用线性凸包法将饱和控制 sat(u) 处理成一系列线性控制的凸包形式，这样可减少饱和处理的保守性，便于控制器的分析与设计。为对饱和约束进行凸包描述，先给出如下定义。

**定义 6.9**[106]　令 $\varDelta$ 为 $m \times m$ 的对角矩阵集，该集合中矩阵对角线上元素为 1 或 0，显然集合 $\varDelta$ 包含 $2^m$ 个元素，定义其元素为 $\varDelta_i$，$i \in \aleph\{0, \cdots, 2^m - 1\}$，对于 $i = z_1 2^{m-1} + z_2 2^{m-2} + \cdots + z_m$，$z_j \in \{0, 1\}$，此时 $\varDelta_i$ 对角线上的元素为 $\{1 - z_1, 1 - z_2, \cdots, 1 - z_m\}$，定义 $\varDelta_i^- = I_{m \times m} - \varDelta_i$，不难看出 $\varDelta_i^- \in \varDelta$。

为了使定义 6.9 更清晰易懂，以 $m = 2$ 为例进行说明。当 $i = 0$ 时，不难看出 $i = 0 \times 2^1 + 0 \times 2^0$，于是有 $z_1 = 0$，$z_2 = 0$，$\varDelta_0 = \begin{bmatrix} 1 & 0 \\ 0 & 1 \end{bmatrix}$；当 $i = 1$ 时，可以得到 $i = 0 \times 2^1 + 1 \times 2^0$，于是有 $z_1 = 0$，$z_2 = 1$，$\varDelta_1 = \begin{bmatrix} 1 & 0 \\ 0 & 0 \end{bmatrix}$。

基于定义 6.9，给出饱和凸组合描述方式的引理 6.2。

**引理 6.2**[106]　对于给定的 $G, H \in \mathbf{R}^{m \times n}$，对于 $x \in \mathbf{R}^n$，如果 $x \in \varXi(H)$，则 $\mathrm{sat}(Gx) \in \mathrm{co}\{\varDelta_i Gx + \varDelta_i^- Hx, i \in [0, 2^m - 1]\}$，此处 co 表示一个集合的凸壳，在这种情形下，存在 $\eta_i \geqslant 0, i \in [0, 2^m - 1]$ 满足 $\sum\limits_{i=0}^{2^m - 1} \eta_i = 1$ 使得

$$\mathrm{sat}(Gx) = \sum_{i=0}^{2^m - 1} \eta_i (\varDelta_i G + \varDelta_i^- H)x \tag{6.33}$$

对于饱和输入环节 $\mathrm{sat}(u)$，由引理 6.2 可知，如果存在辅助矩阵 $H$ 使得 $\left| \hat{K}^{-1} H \varsigma \right|_j \leqslant 1, j = 1, 2, \cdots, m$ 成立，则系统 (6.32) 可以改写为如下形式：

$$\dot{\varsigma} = \sum_{i=0}^{2^m - 1} \eta_i \left[ \bar{A} + \bar{B} K \hat{K}^{-1} (\varDelta_i L + \varDelta_i^- H) \right] \varsigma + G(W\varsigma, t) + \bar{F} d(t) \tag{6.34}$$

其中，$\varDelta$ 为定义 6.9 中描述的 $m \times m$ 的对角矩阵集；$\varDelta_i$ 及 $\varDelta_i^-$ 可通过定义 6.9 得到，参数 $\eta_i$ 可以通过式 (6.35) 得到：

$$\eta_i = \prod_{j=1}^m \left[ z_j (1 - \mu_j) + (1 - z_j) \mu_j \right] \tag{6.35}$$

其中，$i = z_1 2^{m-1} + z_2 2^{m-2} + \cdots + z_m$，且

$$\mu_j = \begin{cases} 1, & \lambda_j^1 L\varsigma = \lambda_j^1 H\varsigma \\ \dfrac{\mathrm{sat}\left[ \hat{K}_j^{-1} \lambda_j^1 L\varsigma \right] - \hat{K}_j^{-1} \lambda_j^1 H\varsigma}{\hat{K}_j^{-1} \lambda_j^1 L\varsigma - \hat{K}_j^{-1} \lambda_j^1 H\varsigma}, & \text{其他} \end{cases}$$

## 6.5　自适应律设计

式 (6.34) 中的自适应律 $\hat{K} = \mathrm{diag}\left\{\hat{K}_1, \hat{K}_2, \cdots, \hat{K}_m\right\}$ 设计为如下形式：

$$\dot{\hat{K}}_j = \mathrm{Proj}_{[\underline{K}_j, \bar{K}_j]} \sigma_j = \begin{cases} 0, & \hat{K}_j = \underline{K}_j, \sigma_j \leqslant 0\, \text{或}\, \hat{K}_j = \bar{K}_j, \sigma_j \geqslant 0 \\ \sigma_j, & \text{其他} \end{cases} \tag{6.36}$$

$$\sigma_j = \rho_j \hat{K}_j^{-1} \varsigma^{\mathrm{T}} P \bar{B}_j \lambda_j^1 \sum_{i=0}^{2^m-1} \eta_i (\Delta_i F + \Delta_i^- H) \varsigma \tag{6.37}$$

其中，$\mathrm{Proj}\{\cdot\}$ 表示投影算子，其作用是把故障项 $\hat{K}_j$ 的估计值投影到区间 $[\underline{K}_j, \ \bar{K}_j]$；$\sigma_j$ 使得所设计的控制器根据实际需要确定控制器增益，以实现自适应性；$\rho_j$ 为选取的自适应律增益常数，系统矩阵 $\bar{B}$ 可表示为 $\bar{B} = [b_1, b_2, \cdots, b_m]$，令 $\bar{B}_j = [0, \cdots, b_j, \cdots, 0]$；$\lambda_j^1$ 是第 $j$ 个元素为 1、其余元素为 0 的行向量。同时可以定义 $\tilde{K} = \hat{K} - K = \mathrm{diag}\left\{\tilde{K}_1, \tilde{K}_2, \cdots, \tilde{K}_m\right\}$，由于故障 $K_i$ 为未知常数，于是有 $\dot{\hat{K}}_j = \dot{\tilde{K}}_j$。

由 $\left|\hat{K}^{-1} H \varsigma\right|_j \leqslant 1$ 约束描述，并令 $\bar{H} = \hat{K}^{-1} H$，可以得到如下多面体线性域不变集，其数学描述为

$$\Xi(\bar{H}_j) = \left\{\varsigma \in \mathbf{R}^{n+p} \, \middle| \, \left|(\bar{H}_j)\varsigma\right| \leqslant 1, j = 1, 2, \cdots, m\right\} \tag{6.38}$$

令 $P \in \mathbf{R}^{(n+p)\times(n+p)}$ 为正定矩阵，定义新的状态约束不变集 $\Omega(P, 1)$ 为

$$\Omega(P, 1) = \left\{\varsigma \in \mathbf{R}^{n+p} \, \middle| \, \varsigma^{\mathrm{T}} P \varsigma + \sum_{j=1}^{m} \frac{\tilde{K}_j^2}{\rho_j} \leqslant 1, P = P^{\mathrm{T}} > 0\right\} \tag{6.39}$$

针对扩展的系统 (6.34)，主动容错控制器的设计目标是，通过控制增益矩阵 $L$、$H$，并按照式 (6.36) 和式 (6.37) 设计自适应律 $\hat{K}$，确保系统在饱和约束条件下，扩展系统 (6.34) 渐近稳定，从而保证原系统在多故障条件下的跟踪控制性能。

## 6.6　观测器控制增益解算

**定理 6.2**　如果存在对称正定矩阵 $Q \in \mathbf{R}^{(n+p)\times(n+p)}$、可行矩阵 $L_Q \in \mathbf{R}^{m\times(n+p)}$ 和 $H_Q \in \mathbf{R}^{m\times(n+p)}$，以及给定的正常数 $\gamma$，使下列 LMI 成立，且按照式 (6.36) 和式 (6.37) 设计自适应律 $\hat{K}$：

$$
\begin{bmatrix}
\begin{matrix} \bar{A}Q + Q\bar{A}^{\mathrm{T}} + \bar{B}(\varDelta_i L_Q + \varDelta_i^- H_Q) \\ +(\varDelta_i L_Q + \varDelta_i^- H_Q)^{\mathrm{T}} \bar{B}^{\mathrm{T}} + \psi_g^2 I \end{matrix} & Q & \bar{F} \\
Q & -\dfrac{1}{2}I & 0 \\
\bar{F}^{\mathrm{T}} & 0 & -\gamma^2 I
\end{bmatrix} < 0, \quad i = 0,1,\cdots,2^{m-1} \quad (6.40)
$$

$$
\begin{bmatrix}
-1 & -\phi_j \lambda_j^1 H_Q \\
-(\phi_j \lambda_j^1 H_Q)^{\mathrm{T}} & -Q
\end{bmatrix} < 0, \quad j = 1,2,\cdots,m \quad (6.41)
$$

那么闭环系统 (6.34) 在不变集 (6.39) 内是渐近稳定的，$P = Q^{-1}$，$L = L_Q P$，$H = H_Q P$。

**证明** 令 $\varGamma = \dot{V} + \varsigma^{\mathrm{T}} \varsigma - \gamma^2 d^{\mathrm{T}} d$，其中 $V(t) = \varsigma^{\mathrm{T}} P \varsigma + \sum\limits_{j=1}^{m} \dfrac{\tilde{K}_j^2}{\rho_j}$，由于 $\varOmega(P,1) \subset \varXi(\bar{H}_j)$，于是有 $V$ 沿式 (6.34) 的导函数为

$$
\dot{V}(t) = 2\varsigma^{\mathrm{T}} P \left\{ \sum_{i=0}^{2^m - 1} \eta_i \left[ \bar{A} + \bar{B} K \hat{K}^{-1} (\varDelta_i L + \varDelta_i^- H) \right] \varsigma + G(w\varsigma,t) + \bar{F}d(t) \right\} + 2\sum_{j=1}^{m} \frac{\tilde{K}_j \dot{\hat{K}}_j}{\rho_j}
$$

$$(6.42)$$

由于 $K\hat{K}^{-1} = I_m - \tilde{K}\hat{K}^{-1}$，于是式 (6.42) 可以变换为

$$
\dot{V}(t) = 2\varsigma^{\mathrm{T}} P \left\{ \sum_{i=0}^{2^m - 1} \eta_i \left[ \bar{A} + \bar{B}(I_m - \tilde{K}\hat{K}^{-1})(\varDelta_i L + \varDelta_i^- H) \right] \varsigma + G(w\varsigma,t) \right\}
$$

$$
+ 2\varsigma^{\mathrm{T}} P \bar{F}d(t) + 2\sum_{j=1}^{m} \frac{\tilde{K}_j \dot{\hat{K}}_j}{\rho_j}
$$

$$(6.43)$$

运用不等式 $2\varsigma^{\mathrm{T}} P G(w\varsigma,t) \leqslant \rho_1^{-1} \varsigma^{\mathrm{T}} P^2 \varsigma + \rho_1 \varsigma^{\mathrm{T}} \psi_g^2 \varsigma = \varsigma^{\mathrm{T}} (\psi_g^2 P^2 + I)\varsigma$，于是有

$$
\dot{V}(t) \leqslant \varsigma^{\mathrm{T}} \begin{bmatrix} 2P\bar{B} \sum\limits_{i=1}^{2^m - 1} \eta_i (\varDelta_i L + \varDelta_i^- H)\varsigma + (\psi_g^2 P^2 + I) - 2P\bar{B} \sum\limits_{i=0}^{2^m - 1} \eta_i \tilde{K}\hat{K}^{-1} (D_i F + D_i^- H) \\ + P\bar{A} + \bar{A}^{\mathrm{T}} P \end{bmatrix} \varsigma
$$

$$
+ 2\varsigma^{\mathrm{T}} P \bar{F}d(t) + 2\sum_{j=1}^{m} \frac{\tilde{K}_j \dot{\hat{K}}_j}{\rho_j}
$$

$$(6.44)$$

将自适应律 $\hat{K}_j$ 的表达式 (6.36) 和式 (6.37) 代入式 (6.44) 可得

$$\dot{V}(t) \leqslant \varsigma^{\mathrm{T}}\left[ P\overline{A} + \overline{A}^{\mathrm{T}}P + 2P\overline{B}\sum_{i=0}^{2^m-1}\eta_i(\varDelta_iL + \varDelta_i^- H)\varsigma + \psi_g^2 P^2 + I \right]\varsigma + 2\varsigma^{\mathrm{T}}P\overline{F}d(t) \quad (6.45)$$

对于给定的标量 $\gamma$，若满足 $\|\varsigma\|_2 < \gamma\|d(t)\|_2$，于是有

$$\Gamma \leqslant \varsigma^{\mathrm{T}}\left[ P\overline{A} + \overline{A}^{\mathrm{T}}P + 2P\overline{B}\sum_{i=1}^{2^m-1}\eta_i(\varDelta_iL + \varDelta_i^- H) + \psi_g^2 P^2 + I \right]\varsigma \\ + 2\varsigma^{\mathrm{T}}P\overline{F}d(t) + \varsigma^{\mathrm{T}}\varsigma - \gamma^2 d^{\mathrm{T}}d \quad (6.46)$$

式 (6.46) 可改写为

$$\Gamma \leqslant \begin{bmatrix} \varsigma^{\mathrm{T}} & d^{\mathrm{T}}(t) \end{bmatrix} \begin{bmatrix} \begin{array}{c} 2P\overline{B}\sum\limits_{i=1}^{2^m-1}\eta_i(\varDelta_iL + \varDelta_i^- H) + \psi_g^2 P^2 + 2I \\ + P\overline{A} + \overline{A}^{\mathrm{T}}P \end{array} & P\overline{F} \\ (P\overline{F})^{\mathrm{T}} & -\gamma^2 I \end{bmatrix} \begin{bmatrix} \varsigma \\ d(t) \end{bmatrix} \quad (6.47)$$

根据式 (6.47) 的结论，令 $\Theta = \begin{bmatrix} \begin{array}{c} 2P\overline{B}\sum\limits_{i=1}^{2^m-1}\eta_i(\varDelta_iL + \varDelta_i^- H) + \psi_g^2 P^2 + 2I \\ + P\overline{A} + \overline{A}^{\mathrm{T}}P \end{array} & P\overline{F} \\ (P\overline{F})^{\mathrm{T}} & -\gamma^2 I \end{bmatrix} < 0$，

运用 Schur 补引理，可以得到式 (6.40) 的结论。

为确保凸组合描述下的系统控制输入始终在多面体线性域 $\Xi(\overline{H}_j)$ 内，即对任意的扩展状态 $\varsigma$，定义 $\Omega_0(P,1) = \left\{ \varsigma \in \mathbf{R}^{n+p}; \varsigma^{\mathrm{T}}P\varsigma \leqslant 1 \right\}$，由于 $\Omega(P,1) \subset \Omega_0(P,1)$，因此只需保证 $\Omega_0(P,1) \subset \Xi(\overline{H}_j)$，就能确保控制输入始终在饱和范围内。基于以上分析，可以得到只要使得以下不等式成立，就能满足饱和约束条件：

$$\begin{bmatrix} 1 & (\hat{K}^{-1})_j H_Q \\ H_Q^{\mathrm{T}}(\hat{K}^{-1})_j^{\mathrm{T}} & Q \end{bmatrix} > 0, \quad j = 1, 2, \cdots, m \quad (6.48)$$

对于 $\hat{K}^{-1}$ 可以定义一个与其相关的顶点集，表示为

$$\Upsilon \stackrel{\text{def}}{=\!=} \left\{ \Theta^i \,\middle|\, \Theta^i = \mathrm{diag}\{\phi_1, \cdots, \phi_m\}, \phi_j = \underline{K}_j^{-1}, i = 0, 1, \cdots, 2^{m-1}, j = 1, 2, \cdots, m \right\} \quad (6.49)$$

由 $\Upsilon$ 的凸性可知，总存在着 $\beta_i \geqslant 0$，使得 $\sum\limits_{i=0}^{2^m-1}\beta_i = 1$，从而确保 $\hat{K}^{-1}$ 可表示为

$$\hat{K}^{-1} = \sum_{i=0}^{2^m-1} \beta_i \Theta^i , \quad 由于 (\hat{K}^{-1})_j = \sum_{i=0}^{2^m-1} \beta_i (\Theta^i)_j = \sum_{i=0}^{2^m-1} \beta_i \phi_j \lambda_j^1 , \quad 于是不等式 (6.48) 可表$$

示为

$$\begin{bmatrix} 1 & \left(\sum_{i=0}^{2^m-1} \beta_i \phi_j \lambda_j^1\right)_j H_Q \\ H_Q^{\mathrm{T}} \left(\sum_{i=0}^{2^m-1} \beta_i \phi_j \lambda_j^1\right)_j^{\mathrm{T}} & Q \end{bmatrix} \tag{6.50}$$

$$= \sum_{i=0}^{2^m-1} \beta_i \begin{bmatrix} 1 & \phi_j \lambda_j^1 H_Q \\ (\phi_j \lambda_j^1 H_Q)^{\mathrm{T}} & Q \end{bmatrix} > 0, \quad j = 1, 2, \cdots, m$$

由式 (6.50) 可得式 (6.41) 的结论。证毕。

设计的控制器使扩展系统状态约束不变集 $\Omega(P,1)$ 在故障状态下仍然是渐近稳定的，由第 5 章的阐述可知，这一不变集也可称为容错吸引域。容错控制器设计的目标是使得容错吸引域越大越好，以确保系统具有较小的保守性，采用定义的有界凸集 $X_R$，$X_R = \left\{ \varsigma \in \mathbf{R}^{n+p}; \varsigma^{\mathrm{T}} R \varsigma \leqslant 1 \right\}$ 作为参考集[119]，以实现最大化容错吸引域 $\Omega(P,1)$ 的估计，于是有以下凸优化问题：

$$\min \ 1/\alpha^2$$
$$\text{s.t.} \begin{cases} \begin{bmatrix} R/\alpha^2 & I \\ I & Q \end{bmatrix} > 0 \\ Q > 0, R > 0 \\ 式(6.23)、式(6.24) \end{cases} \tag{6.51}$$

其中，$R$ 为选定的正定矩阵。从定理 6.2 的证明及推导过程可以看出，对于扩展系统 (6.32)，采用凸组合描述饱和非线性特性的方法，结合式 (6.36) 和式 (6.37) 所示的自适应律，按照式 (6.41) 设计的容错控制器，得到合理的控制器增益 $L$，可以使得扩展系统状态在不变集 $\Omega(P,1)$ 内渐近稳定，从而确保原系统 (6.30) 的容错跟踪性能。

## 6.7　数　值　算　例

为检验本章饱和容错跟踪控制设计方法的有效性，以一个数值算例为例开展仿真研究，系统的状态方程描述如下：

$$
\begin{cases}
\dot{x} = \begin{bmatrix} -1 & 1 & 0 & 0 \\ 0 & -2 & 0 & 0 \\ 0 & 0 & 1 & 0 \\ 0 & 0 & 0 & -1 \end{bmatrix} x + \begin{bmatrix} 0.152\sin(x_1+x_3) \\ 0.152\sin(x_1-x_3) \\ 0 \\ 0 \end{bmatrix} + \begin{bmatrix} 2 & 1 \\ 1 & 1 \\ 2 & -1 \\ 0 & 1 \end{bmatrix} K \cdot \mathrm{sat}(u) + \begin{bmatrix} 0.5 & 0 & 0 \\ -1 & 0 & 0 \\ 0 & 0 & 0 \\ 0 & 0 & 0 \end{bmatrix} \xi(t) \\[20pt]
y = \begin{bmatrix} 1 & 0 & 1 & 0 \\ -1 & 0 & 2 & 0 \end{bmatrix} + \begin{bmatrix} 0 & 0.1 & 0 \\ 0 & 0 & 0.1 \end{bmatrix} f_s(t)
\end{cases}
$$

针对上述状态方程描述的非线性系统，采用本章方法设计跟踪容错控制器，设定如下假设，$\underline{K}_1 = 0.2$，$\underline{K}_2 = 0.3$，按照本章方法构建扩展广义系统，设定 $R$ 为 6 阶单位矩阵，假设传感器故障 $f_s(t)$ 均为 $0.1\sin(40t-1.7)$，系统所受干扰 $\xi(t)$ 都为幅值是 1 的白噪声，通过求解式 (6.51) 所示的线性矩阵不等式优化问题可以得到如下解：

$$
\alpha_{\mathrm{opt}} = 0.4925, \quad L = \begin{bmatrix} -4.1158 & -0.3393 & -3.566 & 0.1406 & 8.693 & -1.263 \\ -7.2835 & -0.3165 & 8.7026 & 0.7424 & -3.7838 & -10.9502 \end{bmatrix}
$$

$$
P = \begin{bmatrix}
0.6099 & -0.2396 & -0.3953 & -0.5983 & 0.7019 & -0.3371 \\
-0.2396 & 0.4777 & 0.0235 & -0.1705 & -0.2315 & 0.181 \\
-0.3953 & 0.0235 & 0.5152 & 0.6687 & -0.3618 & 0.3125 \\
-0.5983 & -0.1705 & 0.6687 & 1.4248 & -0.75 & 0.2102 \\
0.7019 & -0.2315 & -0.3618 & -0.75 & 3.2734 & -0.4647 \\
-0.3371 & 0.181 & 0.3125 & 0.2102 & -0.4647 & 1.7226
\end{bmatrix}
$$

假设系统执行器发生如下故障，$K = \mathrm{diag}\{K_1, K_2\}$，其中，

$$
K_1(t) = \begin{cases} 1, & 0 < t < 0.5 \\ 0.2, & t \geqslant 0.5 \end{cases}, \quad K_2(t) = 1,
$$

表明执行器 1 在 0.5s 时效率损失 80%，执行器 2 工作正常。此时自适应参数设计为 $\rho_1 = \rho_2 = 90$，设定跟踪指令 $y_{d1} = 1$，在含自适应律的容错跟踪控制器的作用下，可以得到系统第一个输出的特性曲线，并将系统自适应容错控制器与标准控制器结果进行对比，结果如图 6.3～图 6.5 所示。需要说明的是，标准控制器指系统正常工作时，采用状态反馈确保系统能够跟踪上指令信号的控制设计方法。

从图 6.3 和图 6.4 可以看出，与正常工作时的系统输出相比，当执行器及传感器同时故障时，在含自适应律容错跟踪控制器的作用下，系统的调节时间会延长，但动态控制效果良好，且系统输出能够较好地跟踪上给定的指令信号。对比图 6.4 与图 6.5 可以看出，当系统出现多故障并发的情形时，标准控制器无法使得系统输出稳定，达不到预定的控制效果，而容错控制器能够较好地实现跟踪控制的效果。另外，针对系统出现的多故障并发情形，在容错控制器的作用下可以得到此时的系统控制输入和状态响应结果，如图 6.6 和图 6.7 所示。

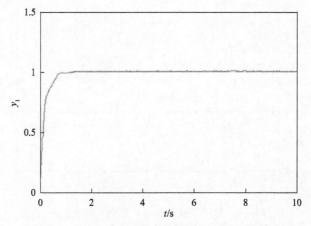

图 6.3　正常工作时标准控制器作用下的系统输出

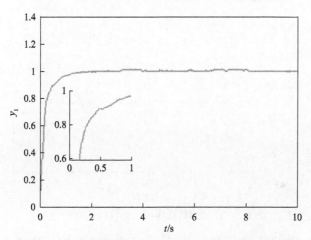

图 6.4　多故障并发时时容错控制器作用下的系统输出

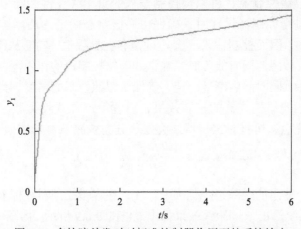

图 6.5　多故障并发时时标准控制器作用下的系统输出

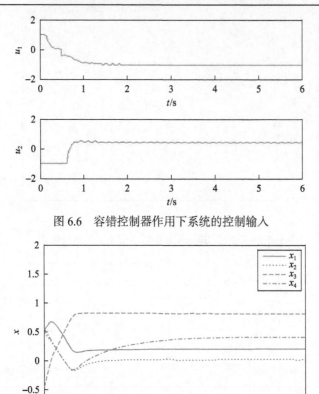

图 6.6　容错控制器作用下系统的控制输入

图 6.7　容错控制器作用下系统的状态响应

　　由图 6.6 可以看出，当系统出现执行器及传感器同时故障的情形时，采用本章方法设计的容错控制器，可以使控制输入变量始终在饱和约束范围之内，这主要是由于在进行控制器设计时，确保由系统状态确定的椭球体不变集始终在多面体线性域内，因而控制输入不会超过饱和上界幅值。同时从图 6.7 也可以看出，当执行器及传感器同时故障时，在饱和容错控制器的作用下，系统状态量始终有界，并且在有限时间内渐近稳定，确保了跟踪控制的精度。另外，为进一步检验本章提出的容错控制器的控制效果，设置第二种故障类型，传感器故障依然不变，当系统稳态运行时执行器 2 突发部分失效故障，具体如下，$K_1(t) = 1$，

$K_2(t) = \begin{cases} 1, & 0 < t < 3 \\ 0.3, & t \geqslant 3 \end{cases}$，表明执行器 1 工作正常，执行器 2 在第 3s 时效率损失 70%，

此时系统第一个输出的跟踪指令仍为 $y_{d1} = 1$，在容错控制器和标准控制器的作用下，可以得到系统输出 $y_1$ 的跟踪效果如图 6.8 和图 6.9 所示。由图 6.8 的仿真结果可以看出，在容错控制器的作用下，系统输出会出现微幅减小，但约经过 1s 又能

较精确地跟踪指令信号，验证了容错控制器的有效性，而图 6.9 则表明，在标准控制器作用下，执行器 2 出现部分失效故障会造成系统发散，因而系统输出无法达到预定的控制指令。

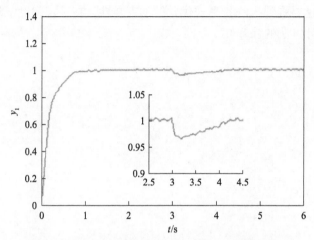

图 6.8　多故障并发时时容错控制器作用下的系统输出

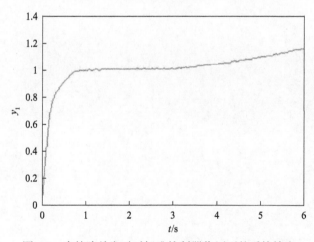

图 6.9　多故障并发时时标准控制器作用下的系统输出

# 6.8　小　结

本章针对控制输入饱和的多故障并发非线性系统，在介绍相关基础理论知识的前提下，提出了基于自适应律和 LMI 技术的容错跟踪控制器设计方法，采用凸组合法对饱和约束进行描述，设计了用于执行器故障估计的自适应律，将容错跟踪控制器设计方法转化 LMI 约束下的优化问题，最后通过仿真算例验证了饱和跟踪容错控制器设计方法的有效性。需要指出的是，饱和跟踪容错控制器设计不再显性体现故障重构模块，但并不意味容错控制器中不包含故障诊断环节，而是将故障诊断与容错控制进行一体化设计，这样一来，可以简化容错控制系统的设计程式。但同时也要看到，LMI 形式优化解的存在性，在一定程度上增加了这种一体化控制器设计方法的保守性。

# 第7章 综合吸引域优化的饱和非线性系统多目标主动容错控制

## 7.1 引　言

第6章主要给出了饱和非线性系统的主动容错设计程式，具有满意的容错性能，但是注意到第6章提出的容错控制器设计方案仅能实现单一控制目标，对于许多实际非线性系统，往往需要满足多个控制目标，在此情形下，需要提出新的主动容错控制方案。

国内外学者针对饱和容错控制提出了多种设计方案。Shen 等[120]采用滑模方法对航天器执行机构饱和姿态控制系统，在设计自适应估计律的基础上实现满意的容错控制；Wang 等[121]针对输入饱和的飞行器，在设计故障估计器的基础上，引入椭球域约束方法，提出基于故障重构与容错控制于一体的解决方案，实现满意的容错控制；Zhang 等[122]提出针对多个执行机构同时故障的航天器姿态控制系统，基于阻拦函数设计自适应滑模重构观测器，在此基础上，采用神经网络径向基函数实现主动容错控制；Zheng 等[123]针对无人机编队执行机构故障，在考虑饱和受限、扰动及不确定条件下，基于反推及自适应控制设计，提出饱和容错控制方案；范金华等[108]研究了二阶饱和线性系统的最优容错控制吸引域。分析以上设计方案不难看出，饱和受限系统在状态反馈控制作用下的稳定范围一般是局部的，因此容错控制器的一个设计目标是求取最大的稳定域，以使系统设计的容错控制器具有较小的保守性。同时也注意到，若考虑饱和系统自身的非线性特性，则容错控制策略的设计会更复杂，一方面非线性系统的准确故障诊断本身是控制领域的难点问题，另一方面非线性特性会增加系统保性能(如鲁棒性、耗散性等)控制设计的难度。目前有关饱和非线性系统容错控制的研究也取得了一些成果，但进展缓慢。张登峰等[124]研究了非线性系统执行器常值故障类型的保性能容错控制，但处理的故障类型十分有限；Qin 等[125]以水下声传感网络系统为研究对象，在考虑推进器饱和的情形下，利用设计辅助系统方案实现了满意的跟踪主动容错控制，但这种补偿饱和设计的方案具有一定保守性，限制了其的推广应用。正是在这些背景条件下，本章以一类含 Lipschitz 项的非线性系统为研究对象，考虑输入饱和约束、干扰及故障等影响，研究多控制性能目标的容错控制器设计方法。

本章针对含故障并受输入饱和约束的不确定 Lipschitz 非线性系统，在确保系统渐近稳定的前提下，以干扰对输出的影响最小即鲁棒性最大，且系统的容错稳定域最大为控制目标，设计含自适应律的鲁棒主动容错控制器。运用 Lyapunov 方法结合 $H_\infty$ 控制给出实现最大鲁棒性的控制器设计方法，同时引入不变集理论实现对最大容错椭球体稳定域的估计，进而采用多目标凸优化思想设计最佳容错控制器，最后将自适应与固定增益控制器方法进行对比分析，并用算例验证本章方法的有效性。

## 7.2　预 备 知 识

本节主要介绍有界实引理、吸引域以及不变集等相关基本概念，为后续章节的容错控制器设计程式提供基础。

### 7.2.1　有界实引理

$H_\infty$ 基本理论在第 5 章已经阐述，本节仅介绍一个相关的引理和定义，重点阐述与饱和系统相关的概念和定义，为后续控制器的设计作铺垫。

假设系统 $G(s)$ 的状态空间和评价输出满足

$$\begin{cases} \dot{x}(t) = Ax(t) + B_w w(t) \\ z(t) = Cx(t) + D_w w(t) \end{cases} \tag{7.1}$$

其中，$x(t) \in \mathbf{R}^n$ 为系统状态；$z(t)$ 为用于评价系统性能的评价输出；$w(t)$ 为外界扰动；$A$、$B_w$、$C$、$D_w$ 为适维的定常矩阵。针对式 (7.1) 所描述的系统，给出如下引理和定义。

**引理 7.1**[126]（有界实引理）　假设系统 (7.1) 是渐近稳定的，则以下命题等价。

(1) $\|T_{wz}(s)\|_\infty \leqslant \gamma$，其中 $T_{wz}(s)$ 表示扰动到评价输出的传递函数矩阵。

(2) 当系统初始状态为零时，$\|z(t)\|_2 \leqslant \gamma \|w(t)\|_2$ 成立，即 $\displaystyle\int_{t_0}^\infty z^{\mathrm{T}}(t)z(t)\mathrm{d}t \leqslant \gamma^2 \displaystyle\int_{t_0}^\infty w^{\mathrm{T}}(t)w(t)\mathrm{d}t$。

(3) 如下 LMI 存在正定对称解 $P$：$\begin{bmatrix} A^{\mathrm{T}}P + PA + C^{\mathrm{T}}C & PB_w + C^{\mathrm{T}}D \\ B_w^{\mathrm{T}}P + D^{\mathrm{T}}C & D^{\mathrm{T}}D - \gamma^2 I \end{bmatrix} \leqslant 0$。

**定义 7.1**[126]　令 $\gamma > 0$ 和 $\varepsilon > 0$ 为给定的常数，如果不等式初始条件 (7.2) 对零初始条件 $x(0) = 0$ 成立，那么定义系统 (7.1) 的 $H_\infty$ 性能指标小于等于 $\gamma$。

$$\int_0^\infty z^{\mathrm{T}}(t)z(t)\mathrm{d}t \leqslant \gamma^2 \int_0^\infty w^{\mathrm{T}}(t)w(t)\mathrm{d}t + \varepsilon, \quad \forall w(t) \in L_2 \tag{7.2}$$

以上介绍了与 $H_\infty$ 控制有关的引理和定义，下面着重阐述饱和相关概念。

考虑如下非线性系统：

$$\dot{x} = f(x) \tag{7.3}$$

其中，$f: D \to \mathbf{R}^n$ 满足局部 Lipschitz 条件，且 $D \subset \mathbf{R}^n$ 是定义域，$\phi(t, t_0, x_0)$ 为起始于 $t_0$ 时刻的初始状态 $x_0$ 的系统状态轨线。

### 7.2.2　吸引域及不变集

**定义 7.2**[118]（吸引域）　若 $x = 0$ 是系统 (7.3) 的渐近稳定平衡点，$\phi(t, x)$ 是状态在 $t = 0$ 时的初始位置，于是原点的吸引域记为 $R_0$，定义为

$$R_0 = \{x \in D \mid \phi(t, x), \forall t \geqslant 0, \phi(t, x) \to 0, \text{当} t \to \infty\} \tag{7.4}$$

定义 7.2 表明，平衡点的吸引域是一个关于初始状态的集合，且任意起始于 $D_{t_0}(0) \subset D$ 的系统状态轨线当 $t \to \infty$ 时都能收敛到平衡点。此外，吸引域依赖于 $t_0 \in [0, \infty)$，即平衡点在不同时刻的吸引域不尽相同。如果平衡点的吸引域不依赖于 $t_0$，则称它为一致吸引域。

一般情况下，采用解析的方法计算精确的吸引域是十分困难甚至不可能的，因此，需要对吸引域进行合理估计。吸引域估计的一种有效方式是采用不变集，两种常用的方法是椭球体和多面体[116]。

**定义 7.3**[114]　设 $x^*$ 是非线性系统

$$\dot{x} = f(x) \tag{7.5}$$

的渐近稳定平衡点，其中 $f: D \to \mathbf{R}^n$ 是局部 Lipschitz 的，且 $D \subset \mathbf{R}^n$ 是包含 $x^*$ 的定义域，$x^*$ 的吸引域或稳定域 $R_{x^*}$ 定义为，当 $t \to \infty$ 时满足 $\phi(t, t_0, x_0) \to x^*$ 的所有初始状态 $x_0$ 的集合，$x_0 \in \mathbf{R}^n$。若 $x = 0$ 是系统 (7.5) 的渐近稳定平衡点，$\phi(t, x_0)$ 是系统 (7.5) 在 $t = 0$ 时刻始于初始状态的解，那么原点的稳定域记为 $R_0$，定义为

$$R_0 = \{x \in D \mid \phi(t, x), \forall t \geqslant 0, \phi(t, x) \to 0, \text{当} t \to \infty\} \tag{7.6}$$

**定义 7.4**（不变集）　对于系统 (7.5)，若始于集合 $G$ 中任意点的状态轨迹在任何时间都保持在 $G$ 内，则称 $G$ 为系统 (7.5) 的一个不变集。

令 $P \in \mathbf{R}^{n \times n}$ 为一正定矩阵，定义椭球体：

$$\Omega(P, \rho) = \{x \in \mathbf{R}^n : x^{\mathrm{T}} P x < \rho\} \tag{7.7}$$

令 $V(x) = x^{\mathrm{T}} P x$，则椭球体 $\Omega(P, \rho)$ 称为收缩性不变的，当且仅当对于所有的

$x \in \Omega(P, \rho) \setminus \{0\}$，均有 $\dot{V}(x) < 0$。显然，如果 $\Omega(P, \rho)$ 是收缩性不变的，$\Omega(P, \rho)$ 也必定在吸引域之内。本章采用广泛应用的椭球不变集来估计闭环系统的吸引域。

另一类常见的不变集是多面体，关于原点对称的多面体可以描述为

$$\varXi(F, \rho) = \{x \in \mathbf{R}^n \,\|\, |F_i x| \leqslant \rho_i, \rho_i \geqslant 0, i = 1, 2, \cdots, m\} \tag{7.8}$$

与椭球体不变集相比，虽然多面体不变集有助于减小保守性，但是复杂性会显著增加[118]。本章不直接研究多面体不变集，而是将多面体应用于闭环系统吸引域的优化，并辅助构造椭球体不变集。

饱和控制系统从系统变量的角度，可以分为输入(执行器)饱和、状态饱和及输出(传感器)饱和[116]。需要指出的是，实际系统中最重要和常见的是输入幅值饱和[117]，故本章主要研究输入(执行器)饱和特性下的容错控制方法，其饱和模型如图 7.6 所示。

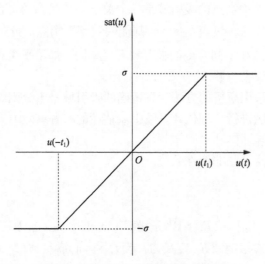

图 7.1　控制输入(执行器)饱和模型

图 7.1 中的饱和函数 $\text{sat}(u)$ 可以描述为 $\text{sat}(u) = \left[\text{sat}(u_1), \text{sat}(u_2), \cdots, \text{sat}(u_m)\right]^{\text{T}}$，其中 $\text{sat}(u_i)$ 定义如下：

$$\text{sat}(u_i) = \begin{cases} \sigma_i, & u_i(t) > u_i(t_1) \\ u_i, & u_i(-t_1) \leqslant u_i(t) \leqslant u_i(t_1), \quad i = 1, 2, \cdots, m \\ -\sigma_i, & u_i(t) < u_i(-t_1) \end{cases} \tag{7.9}$$

进一步，对称饱和函数 $\text{sat}(u_i)$ 可以表示为 $\text{sat}(u_i) = \text{sgn}(u_i) \cdot \min\{\sigma_i, |u_i|\}$，$\text{sgn}(\cdot)$ 为符号函数。考虑采用状态反馈设计控制输入时，若执行器未饱和，则

$\mathrm{sat}(Lx) = Lx$，满足该条件的所有状态构成了一个线性域，根据饱和函数的定义，线性域是状态空间内的一个多面体集，可以表示为

$$\mathcal{E}(L,\sigma) = \{x \in \mathbf{R}^n \big| |L_i x| \le \sigma_i, \sigma_i \ge 0, i = 1, 2, \cdots, m\} \tag{7.10}$$

若系统的状态轨线一直维持在线性域内，则控制输入能避免出现饱和现象。应该指出的是，受饱和约束的系统在线性域内总存在一个不变集，在此基础上可以估计系统的吸引域。

**算例 7.1**　本书首先以飞机俯仰姿态跟踪控制系统为例,说明基于椭球体不变集估算稳定域的过程,详细分析过程见文献[127]。考虑如图 7.2 所示的俯仰姿态跟踪任务人机闭环系统,该闭环控制系统主要由驾驶员、速率限制作动器、飞机本体组成[128,129]。

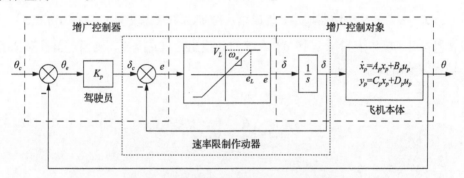

图 7.2　俯仰姿态跟踪任务人机闭环系统

在图 7.2 中，对于闭环控制系统中的驾驶员，采用同步控制驾驶员模型，如下所示：

$$G_p(s) = K_p \tag{7.11}$$

其中，$K_p$ 为驾驶员增益。

速率限制作动器模型为饱和约束模型，其特性曲线如图 7.2 所示，其中，$\delta_c$ 为偏角命令输入信号，$\delta$ 为偏角输出信号，$e$ 为误差信号，$\omega_a$ 为作动器带宽，$V_L$ 为速率限制，$e_L$ 为饱和点。而飞机本体则采用状态空间模型，其模型描述如式(7.12)所示：

$$\begin{aligned}\dot{x}_p &= A_p x_p + B_p u_p \\ y_p &= C_p x_p + D_p u_p\end{aligned} \tag{7.12}$$

其中，状态变量 $x_p = [v, \alpha, q, \theta]^\mathrm{T}$，$v$ 为前向速度，$\alpha$ 为迎角，$q$ 为俯仰角速度，$\theta$ 为

俯仰角；输入变量 $u_p = \delta$，$\delta$ 为升降舵偏角；输出变量 $y_p = \theta$。

对于考虑作动器速率限制的人机闭环系统，为便于实现稳定域分析与估计，首先将速率限制作动器分解，积分环节与飞机本体组合成增广控制对象，保留饱和环节，其余与驾驶员组成增广控制器；然后将除饱和环节之外的其他环节变换为式(7.13)所描述的系统；最后按照椭球体不变集方法估计吸引域。

$$\begin{cases} \dot{x} = Ax + Bu \\ u = \mathrm{sat}(Cx) \end{cases} \tag{7.13}$$

具体而言，飞机作动器速率限制的人机闭环系统吸引域估计过程如下所示。

**步骤1**  建立闭环人机系统饱和状态方程模型。

增广被控对象由飞机本体与速率限制作动器的积分环节组成。以飞机状态变量 $v$、$\alpha$、$q$、$\theta$ 及作动器输出 $\delta$ 组成增广被控对象状态变量 $x_m = [v, \alpha, q, \theta, \delta]^{\mathrm{T}}$，以 $\theta$ 和 $\delta$ 组成输出变量 $y_m = [\theta, \delta]^{\mathrm{T}}$，$\dot{\delta}$ 作为控制变量 $u_m = \dot{\delta}$，则增广被控对象的单输入两输出状态方程为

$$\dot{x}_m = A_m x_m + B_m u_m$$
$$y_m = \begin{bmatrix} \theta \\ \delta \end{bmatrix} = C_m x_m \tag{7.14}$$

其中，$A_m = \begin{bmatrix} A_p & B_p \\ 0 & 0 \end{bmatrix}$，$B_m = [0, I]^{\mathrm{T}}$，$C_m = \begin{bmatrix} 0 & 0 & 0 & 1 & 0 \\ 0 & 0 & 0 & 0 & 1 \end{bmatrix}$。

增广控制器由驾驶员与速率限制作动器增益环节组成，由于采用同步驾驶员模型，增广控制器并未引入额外状态变量，可等效为一个两输入单输出的纯增益环节。

令 $u_m = [\dot{\delta}] = \mathrm{sat}(u_r)$，则有

$$u_r = -\omega_a [K_p, 1] y_m$$
$$= -\omega_a [K_p, 1] C_m x_m \tag{7.15}$$

**步骤2**  将图7.2所示的系统转化为式(7.16)所示的形式，并验证是否满足可控性假设，若满足，继续下一步；若不满足，停止。

$$\dot{\tilde{x}} = \tilde{A}\tilde{x} + \tilde{B}\dot{\delta}$$
$$\tilde{y} = \tilde{C}\tilde{x} + \tilde{D}\dot{\delta} \tag{7.16}$$
$$\dot{\delta} = \mathrm{sat}(\tilde{y})$$

**步骤 3**　对于式(7.16)所描述的人机闭环系统饱和特性模型，按照式(7.17)中所示的 Lyapunov 方程约束，得到对称正定矩阵 $P$。

$$(A+BC)^{\mathrm{T}}P+P(A+BC)=-I \tag{7.17}$$

**步骤 4**　解算得到正定矩阵 $P$ 后，按照式(7.7)可以解算得到稳定域。

设定人机闭环系统中作动器带宽 $\omega_a=20\mathrm{rad/s}$，速率饱和值 $V_L=20(°)/\mathrm{s}$，驾驶员模型增益 $K_p=-3.23$，飞机本体采用状态空间模型，状态变量 $K_p=-3.23$；$v$ 为前向速度；$\alpha$ 为迎角；$q$ 为俯仰角速度；$\theta$ 为俯仰角；输入变量 $u_p=\delta$，$\delta$ 为升降舵偏角；输出变量 $y_p=\theta$。$A_p$、$B_p$、$C_p$、$D_p$ 为相应维数矩阵，其详细取值见文献[128]。

下面按照步骤 1~步骤 4，估计得到人机闭环系统的吸引域，通过验算可知人机闭环控制系统可控。经过计算结合式(7.7)结论可知，非线性人机闭环系统吸引域为 5 维超椭球体。为给出吸引域的直观估计，将其投影到两维子空间，分别选择 $(\alpha,q)$ 和 $(\theta,\delta)$ 两个子空间进行投影，于是可以得到投影后的吸引域如图 7.3 和图 7.4 所示。

为了评估吸引域的保守性，在图 7.3 和图 7.4 所示的吸引域内部以及外部分别选择两个初始状态点进行时域仿真，如图 7.5 和图 7.6 中状态轨迹 1 和状态轨迹 2 所示。图 7.5 中初始状态点 1 的状态轨迹始终保持在吸引域之内，且最终收敛到平衡点；初始状态点 2 虽然在吸引域外部，但是其状态轨迹最终回到稳定域之内，且最终收敛到平衡点。由此说明求解的稳定域有一定的保守性，与真实的人机闭环系统吸引域相比偏小。图 7.6 中初始状态点 1 的状态轨迹始终保持在吸引域之内，而初始状态点 2 的状态轨迹形成了极限环振荡，说明吸引域能够描述闭环控制系统的稳定工作范围。

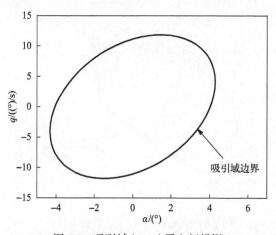

图 7.3　吸引域（$\alpha,q$）子空间投影

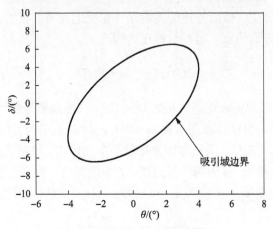

图 7.4　吸引域($\theta,\delta$)子空间投影

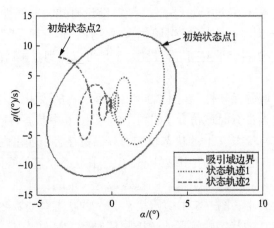

图 7.5　稳定域($\alpha,q$)子空间状态轨迹

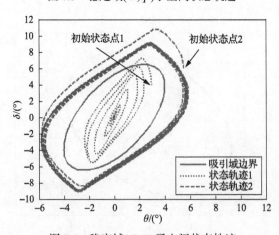

图 7.6　稳定域($\theta,\delta$)子空间状态轨迹

本节主要介绍了多目标饱和容错控制器设计相关的基本概念，包括有界实引理、吸引域以及不变集等，为了更清楚地理解吸引域基本内容，7.2 节以人机闭环控制系统为例，通过仿真实验得到了吸引域解算结果，为后续容错控制器设计奠定了基础。

## 7.3　非线性系统描述

采用执行器乘性故障描述模型[106]，考虑如下一类含有执行器故障的控制输入幅值饱和不确定非线性系统：

$$\begin{cases} \dot{x} = Ax + g(x,t) + B(I - K)\mathrm{sat}(u) + F\xi(t) \\ y = Cx \end{cases} \tag{7.18}$$

其中，$x \in \mathbf{R}^n$、$u \in \mathbf{R}^m$、$y \in \mathbf{R}^p$ 分别为系统状态、系统控制输入和系统的可测输出；$A$、$B$、$C$、$F$ 为相应维数实数矩阵；$g(x,t)$ 为 Lipschitz 非线性项；$\xi(t)$ 为有界干扰；矩阵 $K = \mathrm{diag}\{K_1, K_2, \cdots, K_m\}$，且满足 $0 \leqslant K_i \leqslant 1$，当 $K_i = 0$ 时表示第 $i$ 个执行器正常工作，当 $0 < K_i < 1$ 时表示第 $i$ 个执行器发生故障，且执行器故障 $K_i$ 满足 $\underline{K}_i \leqslant K_i \leqslant \overline{K}_i$，$\overline{K}_i$、$\underline{K}_i$ 为故障的上下界值，当 $K_i = 1$ 时表示第 $i$ 个执行器完全失效；$\mathrm{sat}(u)$ 为饱和函数，其表达式为 $\mathrm{sat}(u) = \left[\mathrm{sat}(u_1), \mathrm{sat}(u_2), \cdots, \mathrm{sat}(u_m)\right]^{\mathrm{T}}$，且 $\mathrm{sat}(u_i) = \mathrm{sgn}(u_i) \cdot \min\{\sigma_i, |u_i|\}$，$\sigma_i$ 为选定的饱和上界幅值；假设系统可控。

**注 7.1**　饱和上界幅值 $\sigma_i$ 一般取为 1，若实际系统的饱和幅值大于 1，可以通过归一化处理，使得饱和控制输入的幅值为 1。

针对式 (7.18) 所描述的存在干扰、故障及输入饱和的非线性系统，设计包含故障估计值的自适应容错控制器，容错控制目标是当出现执行器故障时，系统能渐近稳定，且使得干扰对系统输出的影响最小，即鲁棒性最大；同时引入椭球体不变集实现系统的最大容错吸引域估计，以确保饱和约束对容错控制器的设计具有较少的限制。对于控制输入饱和的约束，首先引入多面体不变集，确保系统状态始终在线性域内；对于鲁棒性指标要求，引入 $H_\infty$ 控制运用凸优化理论设计控制器实现系统的抗干扰目标；通过椭球体不变参考集实现对最大容错吸引域的估计，为实现本章提出的鲁棒性及最大容错吸引域的控制目标，将自适应控制器的设计方法转化为 LMI 约束下的多目标折中优化问题，以此得到满足多控制性能目标的容错控制器。

## 7.4　综合自适应律的主动容错控制器设计

对式 (7.18) 所述的非线性系统，设计如下形式的自适应容错控制器：

$$u = \left[ L_1 + L_2(\hat{K}) + L_3(\hat{K}) \right] x \qquad (7.19)$$

其中，$\hat{K} = \mathrm{diag}\left\{ \hat{K}_1, \hat{K}_2, \cdots, \hat{K}_m \right\}$ 为故障 $K$ 的估计值；$L_1$ 为待设计的增益矩阵；

$L_2(\hat{K})$、$L_3(\hat{K})$ 为随故障估计值实时更新的增益矩阵，且有 $L_2(\hat{K}) = \sum\limits_{j=1}^{m} L_{2j} \hat{K}_j$，

$L_3(\hat{K}) = \sum\limits_{j=1}^{m} L_{3j} \hat{K}_j$，自适应律 $\dot{\hat{K}}_j$ 设计为

$$\dot{\hat{K}}_j = \Pr_{[\underline{K}_i, \bar{K}_i]} \sigma_j = \begin{cases} 0, & \hat{K}_j = \underline{K}_i \text{且} \sigma_j \leqslant 0, \text{或} \hat{K}_j = \bar{K}_i \text{且} \sigma_j \geqslant 0 \\ \sigma_j, & \text{其他} \end{cases} \qquad (7.20)$$

$$\sigma_j = -\rho_j x^{\mathrm{T}} P \left[ B L_{2j}(\hat{K}) + B^j L_3(\hat{K}) \right] x \qquad (7.21)$$

其中，$\mathrm{Proj}$ 表示投影算子，其作用是把故障项 $\hat{K}_j$ 的估计值投影到 $\left[ \underline{K}_i, \bar{K}_i \right]$ 区间；$\sigma_j$ 使得所设计的控制器根据实际需要确定控制器增益，以实现自适应性；$\rho_j$ 为选取的自适应律增益常数；系统矩阵 $B$ 可表示为 $B = \left[ b^1, b^2, \cdots, b^m \right]$，令 $B^j = \left[ 0, \cdots, b^j, \cdots, 0 \right]$。同时可以定义 $\tilde{K} = \hat{K} - K = \mathrm{diag}\left\{ \tilde{K}_1, \cdots, \tilde{K}_m \right\}$，由于故障 $K_i$ 为未知常数，于是有 $\dot{\hat{K}}_j = \dot{\tilde{K}}_j$。

**注 7.2**　对式 (7.18) 所描述的非线性系统，虽然式 (7.21) 中 $L_2(\hat{K})$、$L_3(\hat{K})$ 形式相同，但是它们的数值是随着故障的估计值 $\hat{K}$ 实时更新的，把它们分开设计是使得容错控制器在设计过程中具有更为宽松的条件，以使设计具有更大的自由度。

为确保控制输入始终在线性区间，定义一多面体线性域不变集，其数学描述如下所示：

$$\Xi(L) = \left\{ x \in \mathbf{R}^n \ \middle| \ \left| \left[ L_{1j} + L_{2j}(\hat{K}) + L_{3j}(\hat{K}) \right] x \right| \leqslant 1, j = 1, 2, \cdots, m \right\} \qquad (7.22)$$

由式 (7.18) 确定的状态轨迹，考虑系统出现执行器故障，通过定义 7.2 给出容错吸引域 $\Omega_1$ 定义，$\Omega_1 = \left\{ x_0 \in \mathbf{R}^n : \lim\limits_{t \to \infty} \psi(t, x_0) = 0 \right\}$，且吸引域大小可用式 (7.23) 进行估计，令 $P \in \mathbf{R}^{n \times n}$ 为一正定矩阵，定义一新的状态约束不变集 $\Omega(P, 1)$：

$$\Omega(P, 1) = \left\{ x \in \mathbf{R}^n; x^{\mathrm{T}} P x + \sum_{j=1}^{m} \frac{\tilde{K}_j^2}{\rho_j} \leqslant 1, P = P^{\mathrm{T}} > 0 \right\} \qquad (7.23)$$

由式(7.22)可看出，当系统状态轨迹始终维持在多面体线性域 $\Xi(L)$ 时，容错控制输入能够避免出现饱和，在此基础上设计自适应控制增益使得式(7.23)的容错吸引域最大，同时确保在自适应故障估计的作用下，系统状态能够鲁棒渐近稳定。

## 7.5　控制增益的 LMI 解算

基于式(7.19)～式(7.23)，为使得设计的容错控制器在控制输入饱和条件下，在椭球体不变集 $\Omega(P,1)$ 内鲁棒渐近稳定，提出以下定理。

**定理 7.1**　考虑系统(7.18)，设计如式(7.19)～式(7.21)所示的自适应容错控制器，若存在对称正定矩阵 $P$ 、$Q=P^{-1}$ 及矩阵 $Q_1$，使得下列 LMI 约束下的凸优化问题有最优解，则闭环系统(7.18)在不变集(7.23)内是渐近稳定的，且闭环系统具有最大鲁棒性的控制性能，此时控制器参数可由 $L_1=l_1P$ 、$L_{2j}=l_{2j}P$ 、$L_{3j}=l_{3j}P$ 求得，即

$$
\min r
$$

$$
\text{s.t.} \begin{cases}
\begin{bmatrix}
\bar{\Delta}_1 & \Delta_2 & (CQ)^{\mathrm{T}} & F+\sqrt{2\psi_g}Q_1 \\
\Delta_2^{\mathrm{T}} & \Delta_3 & 0 & 0 \\
CQ & 0 & -rI & 0 \\
F^{\mathrm{T}}+\sqrt{2\psi_g}Q_1^{\mathrm{T}} & 0 & 0 & -I
\end{bmatrix} < 0 \\
r>0 \\
\bar{\Delta}_1 = AQ+B\big[(I-\bar{K})l_1+l_2(K)\big] \\
\qquad +Q^{\mathrm{T}}A^{\mathrm{T}}+\big[(I-\bar{K})l_1+l_2(K)\big]^{\mathrm{T}}B^{\mathrm{T}} \\
\Delta_2 = [\Delta_{21},\Delta_{22},\cdots,\Delta_{2m}],\Delta_{2j}=Bl_{3j}-B\bar{K}l_{2j} \\
\Delta_3 = [\Delta_{3jq}],\Delta_{3jq}=-B^jl_{3q}-l_{3j}^{\mathrm{T}}(B^q)^{\mathrm{T}} \\
Q = Q_1Q_1^{\mathrm{T}},P=Q^{-1} \\
\begin{bmatrix}
-Q & -l_1^{\mathrm{T}} \\
-l_1 & -1
\end{bmatrix} - \sum_{j=1}^{m}\hat{K}_j\begin{bmatrix}
0 & (l_{2j}+l_{3j})^{\mathrm{T}} \\
l_{2j}+l_{3j} & 0
\end{bmatrix} \leqslant 0
\end{cases} \tag{7.24}
$$

**证明**　定义 $J=\dot{V}+\dfrac{1}{r_f^2}y^{\mathrm{T}}y-\xi^{\mathrm{T}}\xi$，其中 $V(x,\tilde{K})=x^{\mathrm{T}}Px+\sum_{j=1}^{m}\dfrac{\tilde{K}_j^2}{\rho_j}$。容错控制器

设计始终使得 $\Omega(P,1)\subset\Xi(L)$ ，注意到：

$$(I-K)\Big[L_1+L_2(\hat{K})+L_3(\hat{K})\Big]=(I-K)L_1+L_2(K)-KL_2(\hat{K})+(I-\hat{K})L_3(\hat{K}) \\ +L_2(\tilde{K})+\tilde{K}L_3(\hat{K}) \tag{7.25}$$

于是有

$$\dot{V}\left(x,\tilde{K}\right)=x^{\mathrm{T}}\left\{PA+A^{\mathrm{T}}P+PB\begin{bmatrix}(I-K)L_1+L_2(K)-KL_2(\hat{K})\\+(I-\hat{K})L_3(\hat{K})+\tilde{K}L_3(\hat{K})\end{bmatrix}+(\cdot)^{\mathrm{T}}\right\}x \\ +2x^{\mathrm{T}}PB\Big[L_2(\tilde{K})+\tilde{K}L_3(\hat{K})\Big]x+2x^{\mathrm{T}}P\Big[g(x,t)+F\xi(t)\Big]+2\sum_{j=1}^{m}\frac{\tilde{K}_j\dot{\hat{K}}_j}{\rho_j} \tag{7.26}$$

其中， $(\cdot)^{\mathrm{T}}=\Big[PB\big((I-K)L_1+L_2(K)-KL_2(\hat{K})+(I-\hat{K})L_3(\hat{K})+\tilde{K}L_3(\hat{K})\big)\Big]^{\mathrm{T}}$ ，由自适应律 $\dot{\hat{K}}_j$ 的表达式可知,当 $\hat{K}_j=\underline{K}_i$ 且 $\sigma_j\leqslant0$ 时,或者 $\hat{K}_j=\bar{K}_i$ 且 $\sigma_j\geqslant0$ 时均有 $\tilde{K}_j\sigma_j\geqslant0$ ，于是有式(7.27)成立：

$$2x^{\mathrm{T}}PB\Big[L_2(\tilde{K})+\tilde{K}L_3(\hat{K})\Big]x+2\sum_{j=1}^{m}\frac{\tilde{K}_j\dot{\hat{K}}_j}{\rho_j}\leqslant0 \tag{7.27}$$

将式(7.27)代入式(7.26)有

$$\dot{V}\left(x,\tilde{K}\right)\leqslant x^{\mathrm{T}}\left\{PA+A^{\mathrm{T}}P+PB\begin{bmatrix}(I-K)L_1+L_2(K)-KL_2(\hat{K})\\+(I-\hat{K})L_3(\hat{K})\end{bmatrix}+(\cdot)^{\mathrm{T}}\right\}x \\ +2x^{\mathrm{T}}P\psi_g\|x\|+2x^{\mathrm{T}}PF\xi(t) \tag{7.28}$$

设 $r_f^2=\sup\limits_{\|\xi(t)\|_2^2\neq0}\dfrac{\|y\|_2^2}{\|\xi(t)\|_2^2}$ ，令 $r_f^2=r$ ，于是由式(7.28)可得

$$J\leqslant x^{\mathrm{T}}\left\{\begin{array}{l}PB\Big[(I-K)L_1+L_2(K)-KL_2(\hat{K})+(I-\hat{K})L_3(\hat{K})\Big]+(\cdot)^{\mathrm{T}}\\+PA+A^{\mathrm{T}}P+2P\psi_g+\dfrac{1}{r}C^{\mathrm{T}}C\end{array}\right\}x \\ +2x^{\mathrm{T}}PF\xi(t)-\xi^{\mathrm{T}}\xi \tag{7.29}$$

由式(7.29)可得

$$
J \leqslant \begin{bmatrix} x^{\mathrm{T}} & \xi^{\mathrm{T}} \end{bmatrix}
\begin{bmatrix}
\begin{aligned}
& PB\big[(I-K)L_1+L_2(K)-KL_2(\hat{K})+(I-\hat{K})L_3(\hat{K})\big] \\
& +(\cdot)^{\mathrm{T}}+PA+A^{\mathrm{T}}P+2P\psi_g+\frac{1}{r}C^{\mathrm{T}}C
\end{aligned} & PF \\
F^{\mathrm{T}}P & -I
\end{bmatrix}
\begin{bmatrix} x \\ \xi \end{bmatrix}
$$

(7.30)

从式(7.30)可以看出,若要满足 $J \leqslant 0$,必须使得

$$
\begin{bmatrix}
\begin{aligned}
& PB\big[(I-K)L_1+L_2(K)-KL_2(\hat{K})+(I-\hat{K})L_3(\hat{K})\big] \\
& +(\cdot)^{\mathrm{T}}+PA+A^{\mathrm{T}}P+2P\psi_g+\frac{1}{r}C^{\mathrm{T}}C
\end{aligned} & PF \\
F^{\mathrm{T}}P & -I
\end{bmatrix} < 0
\qquad (7.31)
$$

令 $Q=P^{-1}$,分别左乘 $\mathrm{diag}\{Q^{\mathrm{T}},I\}$、右乘 $\mathrm{diag}\{Q,I\}$,并运用 Schur 补引理,则不等式(7.31)可等价于:

$$
\begin{aligned}
& AQ+QA^{\mathrm{T}}+B\big[(I-K)L_1+L_2(K)-KL_2(\hat{K})+(I-\hat{K})L_3(\hat{K})\big]Q \\
& +(\cdot)^{\mathrm{T}}+2\psi_g Q+\frac{1}{r}Q^{\mathrm{T}}C^{\mathrm{T}}CQ+FF^{\mathrm{T}}<0
\end{aligned}
$$

(7.32)

令

$$
L_1 Q=l_1 ,\quad L_2(K)Q=l_2(K) ,\quad L_3(K)Q=l_3(K) ,\quad L_2(\hat{K})Q=l_2(\hat{K}) ,\quad L_3(\hat{K})Q=l_3(\hat{K})
$$

(7.33)

于是由式(7.30)、式(7.32)及式(7.33)可得

$$
J \leqslant x^{\mathrm{T}}
\left\{
\begin{aligned}
& AQ+B\big[(I-K)l_1+l_2(K)\big]+(*)^{\mathrm{T}}+\frac{1}{r}(CQ)^{\mathrm{T}}CQ+2\psi_g Q+FF^{\mathrm{T}} \\
& +\sum_{j=1}^{m}\hat{K}_j\Big[Bl_{3j}-BKl_{2j}+\big(Bl_{3j}-BKl_{2j}\big)^{\mathrm{T}}\Big] \\
& +\sum_{j=1}^{m}\sum_{q=1}^{m}\hat{K}_j\hat{K}_q\Big[-B^j l_{3q}-l_{3j}^{\mathrm{T}}\big(B^q\big)^{\mathrm{T}}\Big]
\end{aligned}
\right\} x
\qquad (7.34)
$$

其中,$*$ 的表达式为 $AQ+B\big[(I-K)l_1+l_2(K)\big]$,令 $\bar{y}=\big[\hat{K}_1 I,\hat{K}_2 I,\cdots,\hat{K}_m I\big]^{\mathrm{T}} x$,于

是式 (7.34) 变为

$$J \leqslant \begin{bmatrix} x^{\mathrm{T}} & \bar{y}^{\mathrm{T}} \end{bmatrix} \begin{bmatrix} \varDelta_1 & \varDelta_2 \\ \varDelta_2^{\mathrm{T}} & \varDelta_3 \end{bmatrix} \begin{bmatrix} x \\ \bar{y} \end{bmatrix} \tag{7.35}$$

其中

$$\varDelta_1 = AQ + B[(I - K)l_1 + l_2(K)] + (*)^{\mathrm{T}} + \frac{1}{r_f^2}(CQ)^{\mathrm{T}}CQ + 2\psi_g Q + FF^{\mathrm{T}} \tag{7.36}$$

所以当 $\varDelta = \begin{bmatrix} \varDelta_1 & \varDelta_2 \\ \varDelta_2^{\mathrm{T}} & \varDelta_3 \end{bmatrix} < 0$ 时,$J \leqslant 0$,故系统状态渐近稳定。由 $\varDelta < 0$,运用 Schur 补引理可得如式 (7.24) 中的第一个约束不等式,同时通过最小化 $r$ 值,即可实现最大鲁棒性。为确保系统控制输入始终在多面体线性域内,即对任意的状态点 $x$,定义 $\varOmega_0(P,1) = \{x \in \mathbf{R}^n; x^{\mathrm{T}}Px \leqslant 1\}$,由于 $\varOmega(P,1) \subset \varOmega_0(P,1)$,只需保证 $\varOmega_0(P,1) \subset \varXi(L)$,为此必须使得以下不等式成立:

$$\begin{bmatrix} P & \left[ L_1 + L_2(\hat{K}) + L_3(\hat{K}) \right]^{\mathrm{T}} \\ L_1 + L_2(\hat{K}) + L_3(\hat{K}) & 1 \end{bmatrix} \geqslant 0 \tag{7.37}$$

式 (7.37) 等价于:

$$\begin{bmatrix} -P & -L_1^{\mathrm{T}} \\ -L_1 & -1 \end{bmatrix} - \sum_{j=1}^m \hat{K}_j \begin{bmatrix} 0 & \left( L_{2j} + L_{3j} \right)^{\mathrm{T}} \\ L_{2j} + L_{3j} & 0 \end{bmatrix} \leqslant 0 \tag{7.38}$$

将式 (7.38) 分别左乘对角阵 $\mathrm{diag}\{Q, I\}$ 及右乘 $\mathrm{diag}\{Q^{\mathrm{T}}, I\}$,将式 (7.33) 代入式 (7.38) 便得式 (7.24) 中的第三个 LMI 约束。证毕。

## 7.6 吸引域优化设计

定理 7.1 提出的自适应 $H_\infty$ 容错控制器设计方法,通过引入多面体线性域,能够确保控制输入在饱和约束条件下,系统在椭球体不变集内是鲁棒渐近稳定的,同时为使得所设计的容错控制器具有较小的保守性,即使得系统具有较大的吸引域,本节采用预定义的有界凸集 $X_R$ 作为参考集,来实现最大化容错吸引域 $\varOmega(P,1)$ 的估计。

定义参考凸集 $X_R = \{x \in \mathbf{R}^n; x^T R x \leqslant 1\}$，最大化系统的容错吸引域可通过求解以下凸优化问题来实现：

$$
\min\ 1/\alpha^2
$$
$$
\text{s.t.} \begin{cases} \begin{bmatrix} R/\alpha^2 & I \\ I & Q \end{bmatrix} > 0 \\ \text{式}(7.24) \end{cases} \tag{7.39}
$$

由定理 7.1 可知，当以系统鲁棒性为优化指标时，可以得到如式(7.24)所示的 LMI 不等式；当以系统的最大容错吸引域为优化指标时，有式(7.39)所示的凸优化问题存在。为了兼顾这两个控制性能指标，本章提出多目标折中优化的容错控制器设计方法，将两个控制指标进行折中优化，系统的约束条件不变，于是有

$$
\min\ \varsigma r + (1-\varsigma)\alpha_1
$$
$$
\text{s.t.} \begin{cases} \begin{bmatrix} \alpha_1 R & I \\ I & Q \end{bmatrix} > 0 \\ 0 \leqslant \varsigma \leqslant 1 \\ \alpha_1 = 1/\alpha^2 \\ \text{式}(7.24) \end{cases} \tag{7.40}
$$

其中，$R$ 为选定的正定矩阵；$\varsigma$ 为权重系数。

需要指出的是，如果设定自适应控制器中 $L_{2j} = L_{3j} = 0$，那么定理 7.1 就变为固定增益容错控制器的设计方法，此时控制器与故障估计值无关。为凸显本章自适应容错控制器设计方法的优越性，在数值算例中将本章方法和固定增益控制器方法分别从鲁棒性和吸引域两项指标进行对比分析。

## 7.7　数值算例

为验证本章设计的鲁棒自适应容错控制器的优越性，分别将鲁棒性及吸引域两项指标与固定增益控制器进行对比。以某数值算例为例开展仿真分析，参数矩阵如下：

$$
A = \begin{bmatrix} 0 & 1 & 0 & 0 \\ -1 & 0 & 1 & 0 \\ 0 & 0 & 0 & 1 \\ 1 & 0 & 1 & -1 \end{bmatrix}, \quad B = F = \begin{bmatrix} 0 \\ 0 \\ 0 \\ 1 \end{bmatrix}, \quad g(x,t) = \begin{bmatrix} 0 \\ -10\sin x_1 \\ 0 \\ 0 \end{bmatrix}, \quad C = \begin{bmatrix} 0 & 0 & 1 & 0 \\ 1 & 0 & 0 & 0 \end{bmatrix}
$$

考虑当执行器发生故障时，且有 $0 < k_1 \le 0.5$，$0.5$ 代表执行器在故障模式下的最大失效率；控制输入幅值上界为 1，设系统的干扰为 $\xi(t) = 0.2\sin(100\pi t)$，分别设计固定和自适应增益容错控制器，其中常值矩阵 $R$ 选取为 4 阶单位矩阵，状态初始点设为

$(0.5, 0.5, 0, 0)$，采用本章方法设计控制器，有 $P = \begin{bmatrix} 0.9266 & 0.3295 & 0.0459 & 0.0018 \\ 0.3295 & 0.7684 & 0.1382 & 0.0084 \\ 0.0459 & 0.1382 & 0.1697 & 0.0091 \\ 0.0018 & 0.0084 & 0.0091 & 0.0025 \end{bmatrix}$，

将结果与固定增益控制器进行对比，其中最大吸引域在二维坐标面的投影如图 7.7 所示。

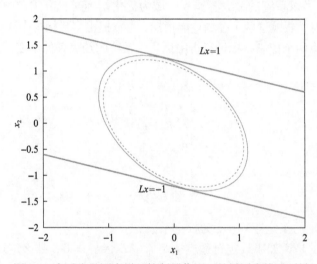

图 7.7　自适应及固定增益控制器作用下的椭圆容错吸引域

图 7.7 中，实线椭圆是本章方法得到的容错吸引域在二维坐标平面内的投影，虚线椭圆是固定增益控制器的容错吸引域在二维坐标平面内的投影，两条实直线分别为控制输入边界，即多面体线性域 $\Xi(L)$ 的边界在二维坐标面的投影，从图 7.7 可以看出，采用本章方法设计的容错控制器可以在一定程度上增大系统的椭圆吸引域，从而可使得设计的容错控制器具有更小的保守性。同时对比分析两种不同控制器的鲁棒性指标，求得在固定增益容错控制器作用下的各优化值为 $\varsigma_{\text{opt1}} = 0.29$、$r_{\text{opt1}} = 1.5009$、$\alpha_{\text{1opt1}} = 1.5027$，自适应容错控制器作用下的各优化值为 $\varsigma_{\text{opt2}} = 0.27$、$r_{\text{opt2}} = 1.4604$、$\alpha_{\text{1opt2}} = 1.2028$，可以发现采用自适应容错控制器可提高系统鲁棒性，从而验证了本章方法的正确性。下面给出在自适应容错控制器作用下系统的状态收敛轨迹如图 7.8 所示。

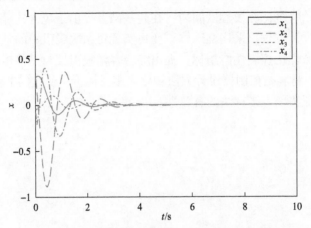

图 7.8　自适应容错控制器作用下系统的状态收敛轨迹

从图 7.8 可看出，采用本章方法设计的控制器在系统故障条件下可以实现状态的渐近稳定。同时为进一步评估采用本章方法求取吸引域的保守性，分别在吸引域边界、内部及外部选择三个初始点进行时域仿真，结果如图 7.9 所示，可以看出初始点 1、2 的状态轨迹始终在吸引域内部，初始点 3 虽然在吸引域外部，但最终收敛到吸引域内部，这说明采用本章方法求取的吸引域具有一定的保守性，即所估计的吸引域在系统真实的吸引域范围之内。

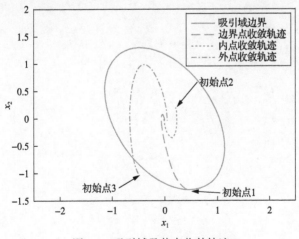

图 7.9　吸引域及状态收敛轨迹

## 7.8　小　　结

本章考虑实际系统存在的控制输入饱和情形，引入了多面体线性域不变集，确保控制输入始终维持在线性区间内，在此基础上提出了包含故障估计值的自适应容错控制器设计方法，采用椭球体不变集实现对系统吸引域的估计，在此基础上，综合吸引域优化控制性能指标，提出综合容错吸引域与以鲁棒性为目标的控制器设计方案，将容错控制器设计方法转化为多目标折中优化的 LMI 问题，最后通过数值算例证实了容错算法的有效性。

# 第 8 章 应 用 研 究

## 8.1 引  言

本书提出了基于滑模观测器的鲁棒故障重构以及饱和主动容错控制等方法。本章将在理论成果的基础上,以飞行模拟转台伺服系统和飞机飞行控制系统(简称飞控系统)为对象,进行理论的应用验证研究。针对飞行模拟转台伺服系统,在简化的系统模型基础上,考虑非线性摩擦环节的影响,对系统执行器及角度传感器同时故障的情形进行故障重构和容错控制研究,分别设计自适应鲁棒滑模重构观测器、广义自适应滑模观测器及滑模容错控制器,并开展仿真分析,以检验故障重构滑模观测器及跟踪容错控制器设计方法的有效性。针对受外扰及舵面故障影响的飞控系统,阐述飞机的运动学和动力学方程,分析飞机舵面故障的数学模型,在此基础上以常规布局和多操纵面布局两种飞机为例,重点针对失效故障设计饱和容错跟踪控制器,并通过仿真分析验证本章所提容错控制器设计方法的有效性。

## 8.2  飞行模拟转台伺服系统应用

飞行模拟转台是在地面条件下,模拟飞机等飞行器在空中飞行姿态的仿真设备[129]。其中飞行姿态模拟主要通过三轴伺服系统来实现,因而伺服系统工作正常与否直接影响转台性能的发挥。一般而言,转台的主要组成包括控制器、脉宽调制功率放大器及直流伺服电机等。

在飞行模拟转台伺服系统中,摩擦是必须要考虑的因素之一。非线性摩擦力矩对系统的性能有很大影响,尤其是转台在低速非线性程度强的运行阶段,可能会造成跳动或爬行现象,不能保证速度的平稳性,转台会出现低速抖动现象[130]。针对系统存在的非线性摩擦环节常见的处理方法是进行摩擦补偿,一般的处理方法包括两种[130],分别是基于非模型的摩擦补偿和基于模型的摩擦补偿。基于非模型的摩擦补偿主要将摩擦环节等效为外部扰动,设计先进的鲁棒控制器或改变控制结构,以克服摩擦带来的不利影响,这种处理方法可以在一定程度上改善系统的跟踪性能,但并未考虑到摩擦非线性的存在对整个系统稳定性的影响,尤其是转台对系统控制精度要求的提高,开展非线性摩擦特性研究及性能分析十分必要。基于模型的摩擦补偿是通过建立摩擦环节的非线性模型,得到不同工作情形下的摩擦力矩估计值,然后对控制力矩进行前馈补偿,以减小摩擦对系统性能的影响，这种处理方法对摩擦模型的精度要求较高，尤其需要得到模型的准确参数。在基于非模型的摩擦补偿方面，智能控制为解决摩擦环节提供一种思路，但同时也存在智能算法计算时间长、无法实现实时在线补偿等缺点。总体而言，已经提出的摩擦补偿方法各有优劣，通常的处理方法是针对具体不同问题，建立系统模型和摩擦非线性模型，并设计相应的补偿技术以提高跟踪精度，本章采用基于模型的摩擦补偿方法。一般而言，典型的摩擦模型有库伦模型、静态 Stribeck 摩擦模型以及动态 Dahl 模型、动态 Bristle 模型、动态 LuGre 模型等[130]，本章采用动态 LuGre模型对系统的摩擦现象进行描述，并以此为基础开展故障重构与跟踪控制研究。

　　伺服系统中，控制回路会经常发生用于执行控制命令的伺服电机恒增益变化或恒偏差、时变偏差等变化，甚至卡死而不能正确执行控制命令的现象，此时系统出现通常意义上的执行器故障。同时用于姿态控制的角度、角速度传感器可能会出现失效、偏差、漂移及精度下降等故障，未知故障的引入会使得系统完全偏离基准值，造成无法完成正常的控制指令。由以上分析可以看出，飞机模拟转台伺服系统中执行器、传感器故障的存在，加上本身存在的非线性摩擦环节，再考虑运行过程中受到的外界扰动负载力矩等不确定因素，会造成系统的跟踪精度显著下降，甚至输出会出现波形畸变、极限环畸变等失稳现象[4]，因而在非线性摩擦、未知干扰以及多故障并发等因素影响下，开展飞行模拟转台伺服系统的跟踪容错控制研究具有十分重要的意义。

　　本节以飞行模拟转台伺服系统为研究对象，考虑系统存在的非线性动态 LuGre模型，依据前文所设计鲁棒滑模故障重构观测器，实现执行器故障及多故障并发时的故障重构，并以此为基础按照第 6 章所提滑模跟踪容错控制器设计方法，开展伺服系统的跟踪容错控制验证研究，以检验所提方法的可行性。

### 8.2.1　系统模型

　　当飞行模拟转台伺服系统正常工作时，依据伺服系统的各组成部分，忽略伺服电机的电枢电感，电流环和速度环为开环，将伺服电机简化为一个线性二阶环节，简化的飞行模拟转台伺服系统如图 8.1 所示[4]。

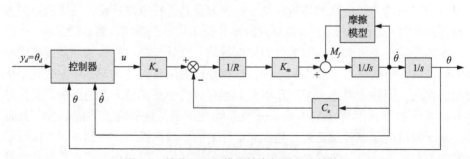

图 8.1　简化的飞行模拟转台伺服系统结构图

已知 $\theta_d$ 为设定的角度信号，$K_u$ 为脉冲宽度调制(pulse width modulation, PWM)功率放大器的放大倍数，$R$ 为电枢电阻，$u$ 为设计的控制输入电压，$K_m$ 为电机力矩系数，$J$ 为电机的转动惯量，$C_e$ 为电压反馈系数，$\theta$ 为角位置，$\dot{\theta}$ 为角速度，$\ddot{\theta}$ 为角加速度，$M_f$ 为非线性摩擦力矩。于是有系统方程：

$$\ddot{\theta} = -\frac{K_m C_e}{JR}\dot{\theta} + \frac{K_u K_m}{JR}u - \frac{M_f}{J} \tag{8.1}$$

令

$$x_1 = \theta, \quad x_2 = \dot{\theta}, \quad a = -\frac{K_m C_e}{JR}, \quad b = \frac{K_u K_m}{JR} \tag{8.2}$$

将式(8.2)代入式(8.1)，考虑伺服系统本身存在的不确定因素，以角度信号作为系统的输出，此时可以得到飞行模拟转台伺服系统状态方程描述如下：

$$\begin{cases} \dot{x}_1 = x_2 \\ \dot{x}_2 = ax_2 + bu - \dfrac{M_f}{J} + \xi(t) \\ y = x_1 \end{cases} \tag{8.3}$$

其中，$\xi(t)$ 为不确定项。另外式(8.3)给出了飞行模拟转台伺服系统的动态模型。

为了便于后文设计故障重构观测器和开展容错控制研究，首先给出摩擦的动态 LuGre 模型。

LuGre 模型是一种能够较为精确描述摩擦环节静态和动态特性的模型，一经 Carlos Canudas de Wit 提出便在伺服系统中得到了广泛应用[130]。LuGre 模型假设相对运动的两个刚性物体，在微观上通过弹性刚毛相接触，当有切向力作用时，刚毛变形从而产生摩擦力，当变形程度较大时，刚毛便开始滑动，当刚毛平稳运行时变形程度由速度决定，也就是说，刚毛的稳态变形程度随着速度增加而增大。假设接触面刚毛的平均变形用 $z$ 表示，于是有

$$\frac{\mathrm{d}z}{\mathrm{d}t} = \dot{\theta} - \frac{\sigma_0|\dot{\theta}|}{l(\dot{\theta})}z \tag{8.4}$$

其中，$\sigma_0$ 是刚毛刚性系数常量；$l(\dot{\theta})$ 是由 Stribeck 效应描述的函数，不受系统的材质、温度和润滑程度影响，其大小随着角速度 $\dot{\theta}$ 的增加而上升，数学表达式为

$$l(\dot{\theta}) = M_c + (M_s - M_c)\exp(-\dot{\theta}/\dot{\theta}_s)^2 \tag{8.5}$$

其中，$M_c$ 为库伦摩擦力矩；$M_s$ 为最大静摩擦力矩；$\dot{\theta}_s$ 为 Stribeck 临界速度。于是由刚毛的弹性变形及黏性摩擦产生的摩擦力矩为

$$M_f = \sigma_0 z + \sigma_1 \frac{\mathrm{d}z}{\mathrm{d}t} + \sigma_2 \dot{\theta} \tag{8.6}$$

其中，$\sigma_0$、$\sigma_1$、$\sigma_2$ 分别为刚毛刚度系数、刚毛阻尼系数以及黏性摩擦系数常量，由式 (8.6) 可以看出，摩擦环节 $M_f$ 是与角速度 $\dot{\theta}$ 相关的非线性项。

　　通过以上分析可以看出，式 (8.3) 描述的是飞行模拟转台伺服系统正常工作时的工作特性，同时也注意到，作为伺服系统执行机构的直流电机不可避免地会发生定子、转子等多种类型的故障，使得执行器输出出现恒增益或恒偏差、时变偏差等变化，甚至卡死而不能正确执行控制命令的现象，此时系统的输入变为 $u + f_a(t)$，$f_a(t)$ 为执行器故障项；同时用于系统控制和量测的角度及速度传感器可能会出现失效、偏差、漂移及精度下降等故障，此时系统的输出变为 $x_1 + f_s(t)$，$f_s(t)$ 为传感器故障项，由此可以得到受多故障、摩擦及未知干扰影响的飞行模拟转台伺服系统的状态方程和输出方程为

$$\begin{cases} \dot{x}_1 = x_2 \\ \dot{x}_2 = ax_2 + b\left[u + f_a(t)\right] - \dfrac{M_f}{J} + \xi(t) \\ y = x_1 + f_s(t) \end{cases} \tag{8.7}$$

飞行模拟转台伺服系统参数如表 8.1 所示[130]。

**表 8.1　飞行模拟转台伺服系统的参数值**

| 参数 | 单位 | 数值 |
|---|---|---|
| $R$ | $\Omega$ | 7.77 |
| $K_m$ | $(\mathrm{N \cdot m}) / \mathrm{A}$ | 6 |
| $J$ | $\mathrm{kg \cdot m^2}$ | 0.6 |
| $K_u$ | | 11 |
| $C_e$ | $\mathrm{V} / (\mathrm{rad} / \mathrm{s})$ | 1.2 |
| $\sigma_0$ | $\mathrm{N \cdot m}$ | $10^5$ |
| $\sigma_1$ | $\mathrm{N \cdot m}$ | 0.5 |
| $\sigma_2$ | $(\mathrm{N \cdot m \cdot s}) / \mathrm{rad}$ | 2 |
| $M_c$ | $\mathrm{N \cdot m}$ | 26 |
| $M_s$ | $\mathrm{N \cdot m}$ | 36 |
| $\dot{\theta}_s$ | $\mathrm{rad} / \mathrm{s}$ | 0.517 |

将表 8.1 中的参数代入式 (8.4)~式 (8.6) 所描述的摩擦模型，可以得到摩擦力矩随角速度的变化曲线，如图 8.2 所示。

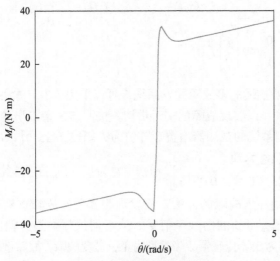

图 8.2　摩擦的 LuGre 模型

由图 8.2 可以看出，采用动态 LuGre 模型描述的非线性摩擦环节，能够满足第 5 章提到的非线性项 Lipschitz 条件，基于此在飞行模拟转台伺服系统中验证第 5 章所提理论和方法的有效性。针对式 (8.7) 所示的飞行转台模拟伺服系统，考虑系统可能出现的执行器及角度传感器故障，分别设计鲁棒滑模故障重构观测器，并开展主动容错控制研究，确保实现系统输出能准确地跟踪指定角度值。

### 8.2.2　基于自适应鲁棒滑模观测器的伺服系统故障重构

针对式 (8.7) 所描述的飞行模拟转台伺服系统，当系统同时发生执行器故障和角度传感器故障时，可以按照 5.3 节所提方法设计含自适应律的鲁棒滑模观测器，以实现故障的鲁棒重构。依据伺服系统的各参数值，可以得到如式 (8.8) 所示的系统动态方程：

$$\begin{cases} \dot{x} = \begin{bmatrix} 0 & 1 \\ 0 & -1.544 \end{bmatrix} x + g(x,t) + \begin{bmatrix} 0 \\ 14.157 \end{bmatrix} f_a(t) + \begin{bmatrix} 0 \\ 1 \end{bmatrix} \xi(t) + \begin{bmatrix} 0 \\ 14.157 \end{bmatrix} u \\ y = \begin{bmatrix} 1 & 0 \end{bmatrix} x \end{cases} \tag{8.8}$$

其中，Lipschitz 项 $g(x,t)$ 为式 (8.7) 中的摩擦模型，具体表达式为 $g(x,t) = \left[ 0, -\dfrac{M_f}{J} \right]^{\mathrm{T}}$。通过验算可以发现，式 (8.8) 描述的系统不满足滑模观测器的匹配条件，此时可以采用第 3 章所提方法构造辅助输出 $Y$，以确保系统满足假设条件，

构造辅助输出之后的系统可以写为

$$\begin{cases} \dot{x} = \begin{bmatrix} 0 & 1 \\ 0 & -1.544 \end{bmatrix} x + g(x,t) + \begin{bmatrix} 0 \\ 14.157 \end{bmatrix} f_a(t) + \begin{bmatrix} 0 \\ 1 \end{bmatrix} \xi(t) + \begin{bmatrix} 0 \\ 14.157 \end{bmatrix} u \\ Y = \begin{bmatrix} 1 & 0 \\ 0 & 1 \end{bmatrix} x + \begin{bmatrix} 1 \\ 0 \end{bmatrix} f_s(t) \end{cases} \tag{8.9}$$

针对式(8.9)所描述的多故障并发系统,可以采用 5.3 节方法设计含自适应律的鲁棒滑模观测器,以实现故障的实时重构。按照 5.3 节提出的观测器设计步骤和方法,可以得到系统的观测器增益矩阵值为 $L = [12.4835, 0]$,$W = [14.2224, 0]$,$P_1 = 1.1393$,$P_2 = \begin{bmatrix} 62.7714 & 0 \\ 0 & 0.0916 \end{bmatrix}$,滑模增益为 $\eta_0 = 5$,自适应律常数值为 $\rho = 2$。

在此基础上,采用注入故障的方法,检验观测器鲁棒故障重构的效果,设定系统所受干扰为幅值是 1.5 的白噪声信号,执行器故障类型为幅值是 2 的突变信号,故障注入时间为 3s,传感器故障类型为正弦缓变故障,故障重构结果如图 8.3～图 8.6 所示。

由图 8.3～图 8.6 可以看出,采用 5.3 节方法设计滑模观测器,可以实现执行器及角度传感器同时故障时的重构,同时也可以看出,采用该方法可以实现一定程度的鲁棒重构,仿真时设定的干扰类型为幅值是 1.5 的白噪声,通过图 8.4 和图 8.6 的故障重构波形可以看出,干扰对重构波形的影响远远小于 1.5,说明采用该方法能够实现一定程度上的鲁棒故障重构,说明了采用 5.3 节方法设计鲁棒故障重构的有效性。同时为进一步检验 5.4 节设计的广义滑模鲁棒重构观测器的有效性,8.2.3 节针对伺服系统模型开展故障重构仿真,并在此基础上设计主动容错跟踪控制器。

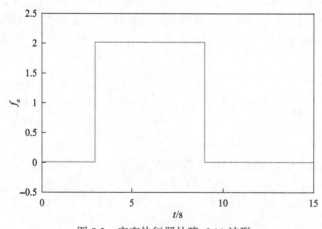

图 8.3　突变执行器故障 $f_a(t)$ 波形

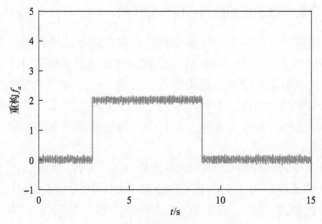

图 8.4 重构执行器故障 $f_a(t)$ 波形

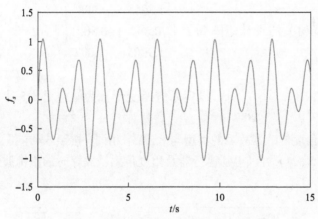

图 8.5 缓变角度传感器故障 $f_s(t)$ 波形

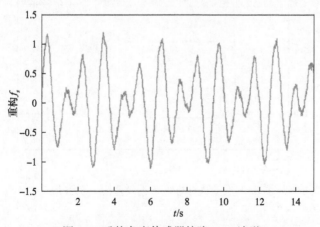

图 8.6 重构角度传感器故障 $f_s(t)$ 波形

### 8.2.3　多故障并发伺服系统的主动容错跟踪控制

对于飞行模拟转台伺服系统可能出现执行器及角度传感器同时故障的情形，8.2.2 节采用 5.3 节方法实现了鲁棒故障重构，仿真结果验证了 5.3 节提出的自适应鲁棒故障重构观测器设计方法的正确性。为进一步验证广义滑模鲁棒观测器在多故障并发重构中的有效性，本节将采用 5.4 节方法实现执行器及角度传感器同时故障时的鲁棒重构，并在此基础上设计伺服系统的角度主动容错控制器，检验系统的跟踪效果。

针对飞行模拟转台伺服系统的动态方程(8.8)，为使系统满足 5.4 节的广义滑模观测器设计条件，与 8.2.2 节处理方法相同，构造辅助输出建立系统的增维动态方程如式(8.9)所示。针对式(8.9)所描述的动态系统，当考虑系统同时发生执行器故障及角度传感器故障时，采用 5.4 节方法设计广义滑模观测器，可

以得到观测器相关的设计矩阵为 $L = \begin{bmatrix} 1.3905 & 0.998 \\ 0.002 & -0.5021 \\ 1.3905 & -1.002 \end{bmatrix}$，$M = \begin{bmatrix} 0 & 26.0778 \\ 0 & 1.842 \end{bmatrix}$，

$P = \begin{bmatrix} 3.6887 & 0 & 0 \\ 0 & 3.6841 & 0 \\ 0 & 0 & 3.6887 \end{bmatrix}$。设定系统所受干扰为幅值是 1.5 的白噪声信号，

执行器故障和角度传感器故障的类型与 8.2.2 节相同，按照 5.4 节提出的故障重构式(5.77)及式(5.82)，可以得到执行器及角度传感器故障时的重构波形如图 8.7 和图 8.8 所示。

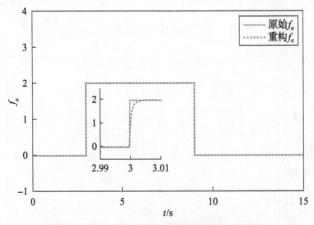

图 8.7　突变执行器故障 $f_a$ 及重构 $f_a$ 的波形

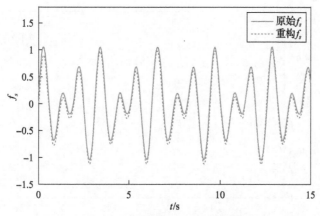

图 8.8　缓变角度传感器故障 $f_s$ 及重构 $f_s$ 的波形

　　由图 8.7 和图 8.8 的结果可以看出，采用 5.4 节设计的滑模重构观测器，可以实现飞行模拟转台伺服系统同时发生执行器及角度传感器故障情形时的鲁棒重构，且与图 8.3～图 8.6 的结果相比，采用 5.4 节方法的鲁棒故障重构具有更高的精度。在设计鲁棒滑模故障重构观测器的基础上，基于状态估计值 $\hat{\theta}$、$\hat{\dot{\theta}}$ 及故障重构值 $\hat{f}_a(t)$、$\hat{f}_s(t)$，对发生角度传感器故障的系统输出进行补偿：$\bar{y} = y - \hat{f}_s(t) = x_1 - e_{fs}$，$e_{fs} = f_s(t) - \hat{f}_s(t)$。令角度跟踪误差为 $e_\theta = \bar{y} - \theta_d$，其中 $\theta_d$ 为伺服系统设定的指定跟踪指令，滑模面设计为 $s = \dot{e}_\theta + \tau e_\theta$，基于滑模主动容错控制输入设计为

$$u = \frac{1}{14.157}\Big[\, \tau \dot{e}_\theta + \eta_1 s + \eta_2 \mathrm{sgn}(s) + \ddot{\theta}_d - 1.544\hat{x}_2 + M_f(\hat{x}_2) - 14.157\hat{f}_a(t)\,\Big]，$$ 同时符号函数 $\mathrm{sgn}(\cdot)$ 引入边界层保护的设计方法，以减小滑模抖振现象对伺服系统角度跟踪效果的影响。设定伺服系统的角度跟踪指令为 $\theta_d = 0.5\sin(\pi t)$，考虑系统同时发生执行器及角度传感器故障的情形，在主动容错控制器的作用下，飞行模拟转台伺服系统角度跟踪输出曲线如图 8.9 所示，此时主动容错控制的输入电压如图 8.10 所示。若在设计控制器过程中，不采用主动容错控制器的设计方法，仅采用滑模控制设计方法，当系统出现多故障并发的情形时，飞行模拟转台伺服系统的角度跟踪输出曲线如图 8.11 所示。

　　由图 8.9～图 8.11 的仿真结果可以看出，在故障重构基础上设计的主动容错控制器跟踪效果好，当伺服系统出现执行器及角度传感器故障时，跟踪的角度输出仍能较好地跟踪指令转角信号，而仅采用滑模控制的控制器不能确保系统输出能够跟踪上给定的指令角度信号，这一结果表明采用 5.4 节方法设计的鲁棒故障重构观测器，能够实现故障的在线重构，确保当飞行模拟转台伺服系统同时出现执行器故障、角度传感器偏差故障时，系统角度输出仍能较好地跟踪指令信号，保证各种飞行模拟实验的可靠进行。

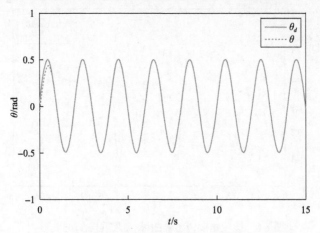

图 8.9 主动容错跟踪控制器作用下的角度跟踪曲线

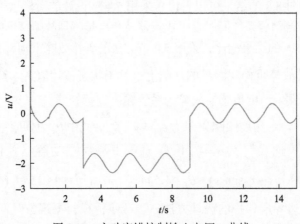

图 8.10 主动容错控制输入电压 $u$ 曲线

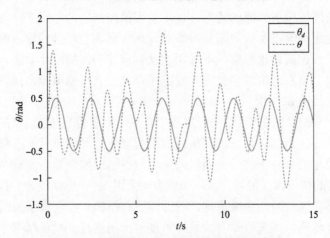

图 8.11 滑模控制器作用下角度跟踪输出曲线

# 8.3 飞控系统应用

飞控系统是飞机的重要组成部分之一,直接决定飞机的飞行性能和飞行安全,飞控系统的可靠性和安全性是飞机设计过程中需要考虑的关键问题。一般而言,为保证飞机安全飞行的可靠性要求,现代飞控系统在设计过程中多采用余度技术,如飞控系统的关键传感器、主控计算机均包含硬件冗余,这一技术大幅提升了飞控系统的可靠性,但同时也要看到,作为执行飞控系统操纵指令的作动器(飞机舵面)出现如战伤、损伤故障时,硬件冗余几乎无能为力,此时基于故障诊断与容错控制技术的解析冗余就十分重要。

飞控系统的常见故障类型包括传感器故障、执行机构故障及结构性故障,作为执行机构的舵面,经常与大气流相互作用,当其遭遇恶劣天气或者战斗机空战损伤时,极易出现故障,此时针对舵面故障的容错控制技术就十分必要。飞机舵面包括主操纵面和非主操纵面两类,如常规布局飞机的主操纵面包括升降舵、副翼和方向舵,鸭翼布局飞机的主操纵面有鸭翼、外侧升降副翼、内侧升降副翼和方向舵。一般而言,非主操纵面故障时会引起飞机的性能降低,而主操纵面则不同,故障条件下轻则引起飞机性能下降,重则危及飞机飞行安全,为此,本节的飞控系统容错控制应用研究主要针对的是飞机的主操纵面舵面故障。

本节将第 6 章的容错控制方法应用在飞控系统,首先简要阐述飞机的运动学和动力学方程,分析舵面故障模型,然后基于常规布局和鸭氏布局两类飞控系统算例,开展仿真应用研究,检验第 6 章所提理论和方法的有效性。

## 8.3.1 飞控系统模型

飞机特性模型是飞控系统的重要组成部分,也是开展故障重构与容错控制研究的前提。建立飞机一般运动方程[131-134]的目的在于研究飞机在外力作用下的运动参数、状态参数随时间的变化规律,以及对飞机运动规律的原始描述,同时也是研究人机闭环系统稳定性的基础。

### 1. 坐标轴系

为定义飞机运动变量以及建立飞机运动方程,首先定义一组坐标系,坐标系均符合右手定则[133]。

1)地面坐标系 $O_g x_g y_g z_g$

原点 $O_g$ 固连于地面某一点;$O_g x_g$ 轴指向地平面某任意选定方向;$O_g z_g$ 轴铅

垂向下；$O_g y_g$ 轴垂直 $O_g x_g z_g$ 平面，指向右。

　　2) 机体坐标系 $Ox_b y_b z_b$

　　机体坐标系固连于飞机并随飞机运动，其原点位于飞机的质心。$Ox_b$ 轴位于飞机对称平面内，平行于机身轴线，向前为正；$Oy_b$ 轴垂直于飞机对称平面，向右为正；$Oz_b$ 轴位于对称平面内，垂直于 $Ox_b$ 轴，向下为正。

　　3) 稳定轴系 $Ox_s y_s z_s$

　　如果 $Ox_b$ 轴取沿基准运动(未扰动运动)飞行速度 $V_*$ 在对称平面的投影方向；$Oz_b$ 轴仍在对称平面内，垂直 $Ox_b$ 指向下；$Oy_b$ 轴垂直于对称平面，向右为正，则这种在扰动运动中固连于飞机的坐标系又称为稳定坐标系，可用 $Ox_s y_s z_s$ 表示。

　　4) 气流坐标系 $Ox_a y_a z_a$

　　气流坐标系又称速度坐标系或风轴系，其原点 $O$ 位于飞机质心，$Ox_a$ 轴始终沿飞机的空速方向，向前为正；$Oz_a$ 轴位于对称平面内，垂直于 $Ox_a$ 轴，向下为正；$Oy_a$ 轴垂直于 $Ox_a z_a$ 平面，向右为正。

　　**2. 飞机的全量运动方程**

　　本书的飞机动力学模型基于假设：①忽略地球的旋转运动和地球质心的曲线运动；②将固连于地球的地轴系视为惯性坐标系；③忽略地球的曲率，略去飞机运动对地球产生的离心加速度以及地球旋转与飞机的线速度合成的哥氏加速度；④忽略飞行高度变化引起的重力加速度的变化；⑤忽略飞机机体旋转部件在飞机运动时产生的陀螺力矩；⑥将飞机视为刚体，忽略飞机的弹性变形及机体内活动部件的运动。

　　关于飞机全量运动方程的详细推导过程，可参考文献[131]~[134]，本书只给出与本书研究相关的内容。

　　选择机体坐标系作为动坐标系，惯性积 $I_{xy}$ 和 $I_{yz}$ 为零，其余惯性积为常数，各个转动惯量也为常数。

　　刚性飞机的一般运动方程为

$$\dot{u} = rv - qw - g\sin\theta + F_x / m$$
$$\dot{v} = -ru + pw + g\sin\phi\cos\theta + F_y / m \tag{8.10}$$
$$\dot{w} = qu - pv + g\cos\phi\cos\theta + F_z / m$$

$$\bar{L}_a = \dot{p}I_x - \dot{r}I_{xz} + qr(I_z - I_y) - pqI_{xz}$$
$$M_a = \dot{q}I_y + pr(I_x - I_z) + (p^2 - r^2)I_{xz} \tag{8.11}$$
$$N_a = \dot{r}I_z - \dot{p}I_{xz} + pq(I_y - I_x) + qrI_{xz}$$

为得到飞机在空间中的位置，给出飞机质点移动的运动学方程：

$$\dot{x}_g = u\cos\psi\cos\theta + v(\cos\psi\sin\theta\sin\phi - \sin\psi\cos\phi)$$
$$+ w(\cos\psi\sin\theta\cos\phi + \sin\psi\sin\phi)$$
$$\dot{y}_g = u\sin\psi\cos\theta + v(\sin\psi\sin\theta\sin\phi + \cos\psi\cos\phi) \qquad (8.12)$$
$$+ w(\sin\psi\sin\theta\cos\phi - \cos\psi\sin\phi)$$
$$\dot{z}_g = -u\sin\theta + v\sin\phi\cos\theta + w\cos\phi\sin\theta$$

为得到飞机角速度与姿态角的关系，给出飞机转动的运动学方程：

$$\dot{\phi} = p + \tan\theta(q\sin\phi + r\cos\phi)$$
$$\dot{\theta} = q\cos\phi - r\sin\phi \qquad (8.13)$$
$$\dot{\psi} = (q\sin\phi + r\cos\phi)/\cos\theta$$

式(8.10)~式(8.13)中，$m$ 为飞机质量；$u$、$v$、$w$ 分别为飞机飞行速度 $V$ 在机体坐标系中的三个分量；$p$、$q$、$r$ 分别为机体坐标系相对于惯性坐标系的旋转角速度 $\Omega$ 在机体坐标系中的三个分量；$\theta$、$\phi$、$\psi$ 分别为俯仰角、滚转角、偏航角；$x_g$、$y_g$、$z_g$ 分别为飞机在地面坐标系三个方向上的位置；$F_x$、$F_y$、$F_z$ 分别为飞机所受合外力在机体坐标系中的三个分量；$\bar{L}_a$、$M_a$、$N_a$ 分别为飞机所受合力矩在机体坐标系中的三个分量；$I_x$、$I_y$、$I_z$ 为惯性矩；$I_{xz}$ 为惯性积。

### 3. 飞机小扰动线性化状态方程模型

在飞行控制系统研究中，绝大多数学者均以飞机小扰动线性化模型[135-138]为基础，这使得研究人员可以通过解析求解的方式得到飞机某些构型参数对人机闭环系统稳定性的影响，从而能够忽略次要因素，在保证一定精度的前提下达到工程应用的目的。

小扰动法的基本思想[133]在于将飞机的运动分为基准运动和扰动运动。假设扰动运动偏离基准运动非常小，这样可得到受扰运动参数与基准运动参数的微小偏量。在将那些含有扰动运动参数与基准运动参数之间差值高于一阶小量略去之后，以微小偏量为状态变量，即可得到线性化的飞机运动方程。

设飞机的一般运动方程形式为

$$f(x, y, \cdots, w) = 0 \qquad (8.14)$$

其中，变量 $x, y, \cdots, w$ 可以是运动参数或其对时间的导数。

设基准运动方程和扰动运动方程分别为

$$f(x_0, y_0, \cdots, w_0) = 0 \tag{8.15}$$

$$f(x_0 + \Delta x, y_0 + \Delta y, \cdots, w_0 + \Delta w) = 0 \tag{8.16}$$

其中，$x_0, y_0, \cdots, w_0$ 为基准运动参数或其对时间的导数；$\Delta x, \Delta y, \cdots, \Delta w$ 为受扰运动参数的偏量。

在基准点 $x_0, y_0, \cdots, w_0$ 处对式(8.16)进行泰勒级数展开，仅保留一阶项，可得

$$f(x_0, y_0, \cdots, w_0) + \left(\frac{\partial f}{\partial x}\right)_0 \Delta x + \left(\frac{\partial f}{\partial y}\right)_0 \Delta y + \cdots + \left(\frac{\partial f}{\partial w}\right)_0 \Delta w = 0 \tag{8.17}$$

用式(8.17)减去式(8.15)可得

$$\left(\frac{\partial f}{\partial x}\right)_0 \Delta x + \left(\frac{\partial f}{\partial y}\right)_0 \Delta y + \cdots + \left(\frac{\partial f}{\partial w}\right)_0 \Delta w = 0 \tag{8.18}$$

即为运动方程线性化的一般公式。

在对飞机运动方程小扰动线性化之前,必须确保飞机基准运动满足如下条件：①基准运动为直线定常平飞平衡状态，且无风干扰，基准运动的参数以下标"0"表示；②不考虑飞行高度微小变化对气动力的影响；③扰动运动是在基准运动的基础上产生的，且扰动量足够小，扰动运动用 $\Delta$ 表示；④飞行器具有对称平面(气动外形和质量分布均对称)，在基准运动附近，横侧向小扰动量与纵向小扰动量互相不影响各自方向上的气动力以及气动力矩。

具体推导过程可参考文献[133]，此处仅给出相应结果。

1)纵向小扰动状态方程模型

将飞机纵向小扰动状态方程表示成如下的标准形式：

$$\dot{x} = Ax + Bu \tag{8.19}$$

其中，$x$ 是状态变量；$A$ 是 $n \times n$ 的系统矩阵；$B$ 是 $n \times m$ 的控制矩阵；$u$ 是 $m$ 维控制矢量。

令 $x = [\Delta V, \Delta \alpha, \Delta q, \Delta \theta, \Delta H]^{\mathrm{T}}$ 作为状态变量，$u = [\Delta \delta_e, \Delta \delta_p]^{\mathrm{T}}$ 作为控制变量，其中，$\Delta V$ 表示飞机纵向速度变化量；$\Delta \alpha$ 表示飞机迎角变化量；$\Delta q$ 表示飞机角速度变化量；$\Delta \theta$ 表示飞机俯仰角变化量；$\Delta H$ 表示飞机高度变化量；$\Delta \delta_e$ 表示升降舵角变化量；$\Delta \delta_p$ 表示油门杆变化量。

纵向小扰动运动方程的矩阵形式为

$$
\begin{bmatrix} \Delta \dot{V} \\ \Delta \dot{\alpha} \\ \Delta \dot{q} \\ \Delta \dot{\theta} \\ \Delta \dot{H} \end{bmatrix} = \begin{bmatrix} X_V & X_\alpha + g\cos\gamma_0 & 0 \\ -\dfrac{Z_V}{1+Z_{\dot{\alpha}}} & -\dfrac{Z_\alpha - g\sin\gamma_0/V_0}{1+Z_{\dot{\alpha}}} & \dfrac{1-Z_q}{1+Z_{\dot{\alpha}}} \\ \bar{M}_V - \dfrac{\bar{M}_{\dot{\alpha}} Z_V}{1+Z_{\dot{\alpha}}} & \bar{M}_\alpha - \dfrac{\bar{M}_{\dot{\alpha}}(Z_\alpha - g\sin\gamma_0/V_0)}{1+Z_{\dot{\alpha}}} & \bar{M}_q - \dfrac{\bar{M}_{\dot{\alpha}}(1-Z_q)}{1+Z_{\dot{\alpha}}} \\ 0 & 0 & 1 \\ -\sin\gamma_0 & V_0\cos\gamma_0 & 0 \end{bmatrix}
$$

$$
\begin{bmatrix} -g\cos\gamma_0 & X_H \\ \dfrac{-g\sin\gamma_0/V_0}{1+Z_{\dot{\alpha}}} & -\dfrac{Z_H}{1+Z_{\dot{\alpha}}} \\ \dfrac{-\bar{M}_{\dot{\alpha}}\, g\sin\gamma_0/V_0}{1+Z_{\dot{\alpha}}} & \bar{M}_H - \dfrac{\bar{M}_{\dot{\alpha}} Z_H}{1+Z_{\dot{\alpha}}} \\ 0 & 0 \\ -V_0\cos\gamma_0 & 0 \end{bmatrix} \begin{bmatrix} \Delta V \\ \Delta \alpha \\ \Delta q \\ \Delta \theta \\ \Delta H \end{bmatrix} + \begin{bmatrix} -D_{\delta_e}/m & X_{\delta_p} \\ -\dfrac{Z_{\delta_e}}{1+Z_{\dot{\alpha}}} & -\dfrac{Z_{\delta_p}}{1+Z_{\dot{\alpha}}} \\ \bar{M}_{\delta_e} - \dfrac{\bar{M}_{\dot{\alpha}} Z_{\delta_e}}{1+Z_{\dot{\alpha}}} & \bar{M}_{\delta_p} - \dfrac{\bar{M}_{\dot{\alpha}} Z_{\delta_p}}{1+Z_{\dot{\alpha}}} \\ 0 & 0 \\ 0 & 0 \end{bmatrix} \begin{bmatrix} \Delta \delta_e \\ \Delta \delta_p \end{bmatrix} \tag{8.20}
$$

其中，$V_0$ 为基准运动状态下的飞行速度；$\gamma_0$ 为基准运动状态下的航迹倾角；$g$ 为基准运动状态下的重力加速度；$\delta_e$ 为升降舵偏角；$\delta_p$ 为油门位置；$D_{\delta_e}$ 为升降舵对应的空气阻力分量。

以下给出式 (8.20) 中一些导数的表达式和计算方法：

$$
X_V = \big[T_V\cos(\alpha_0 + \varphi) - D_V\big]\big/m
$$

其中，$T_V = (\partial T/\partial V)_0$，$T$ 为发动机产生的推力，$T_V$ 可通过发动机特性曲线得到；$D_V = (\partial D/\partial V)_0$，$D$ 为总空气动力在速度坐标系中的阻力分量，若 $C_D = C_D(\alpha, Ma)$ 代表阻力系数，则 $C_{D_0} = C_D(\alpha_0, Ma_0)$ 为基准运动状态下的阻力系数，$C_{D_M} = (\partial C_D/\partial Ma)_0$ 为基准状态下 $C_{D_0}$ 处阻力系数 $C_D$ 对马赫数 $Ma$ 的导数，那么 $D_V = \rho V_0^2 S(2C_{D_0} + Ma_0 C_{D_M})/(2V_0)$，$S$ 为机翼面积，$\rho$ 为空气密度。

$$
X_\alpha = \big[-T_0\sin(\alpha_0 + \varphi) - D_\alpha\big]\big/m
$$

其中，$\varphi$ 为发动机安装角；$\alpha_0$ 为基准运动状态下的迎角；$D_\alpha = (\partial D/\partial \alpha)_0 = C_{D_\alpha} \rho V_0^2 S/2$，$C_{D_\alpha} = (\partial C_D/\partial \alpha)_0$ 为基准运动状态下 $C_{D_0}$ 处 $C_D$ 对 $\alpha$ 的导数。

$$
X_H = \big[T_H\cos(\alpha_0 + \varphi) - D_H\big]\big/m
$$

其中，$T_H = (\partial T/\partial H)_0$；$D_H = (\partial D/\partial H)_0$，$(\partial D/\partial H)_0 = \dfrac{\partial C_D}{\partial Ma}\left(\dfrac{\partial Ma}{\partial a}\right)_0 \left(\dfrac{\partial a}{\partial H}\right)_0 \dfrac{1}{2}\rho V_0^2 S +$

$\dfrac{1}{2}V_0^2 S C_{D_0}\left(\dfrac{\partial \rho}{\partial H}\right)_0$，$a$ 代表声速。

$$X_{\delta_p} = T_{\delta_p}\cos(\alpha_0 + \varphi)\big/m$$

其中，$T_{\delta_p} = \left(\partial T/\partial \delta_p\right)_0$，可通过发动机特性曲线获得。

$$Z_V = \left[T_V \sin(\alpha_0 + \varphi) + L_V\right]\big/(mV_0)$$

其中，$T_V = (\partial T/\partial V)_0$；$L_V = (\partial L/\partial V)_0$，$L$ 为总空气动力在速度坐标系中的升力分量，令　$C_L = C_L(\alpha, Ma, \delta_e)$，　则　$(\partial L/\partial V)_0 = C_{L_0}\rho V_0 S + Ma_0 C_{L_M}\dfrac{1}{2}\rho V_0 S$，$C_{L_0} = C_L(\alpha_0, Ma_0,\ \delta_{e_0})$ 为飞机基准运动状态下的升力系数，$C_{L_M} = (\partial C_L/\partial Ma)_0$ 为基准运动状态下 $C_{L_0}$ 处升力系数 $C_L$ 对马赫数 $Ma$ 的导数值。

$$Z_\alpha = \left[L_\alpha + T_0\cos(\alpha_0 + \varphi)\right]\big/(mV_0)$$

其中，$L_\alpha = (\partial L/\partial \alpha)_0 = C_{L_\alpha}\dfrac{1}{2}\rho V_0^2 S$，$C_{L_\alpha} = (\partial C_L/\partial \alpha)_0$ 为飞机基准运动状态下 $C_{L_0}$ 处 $C_L$ 对 $\alpha$ 的导数。

$$Z_{\dot\alpha} = L_{\dot\alpha}\big/(mV_0)$$

其中，$L_{\dot\alpha} = (\partial L/\partial \dot\alpha)_0 = C_{L_{\dot\alpha}}\dfrac{1}{2}\rho V_0^2 c_A S$，$c_A$ 为机翼平均空气动力弦长，$C_{L_{\dot\alpha}} = (\partial C_L/\partial \bar{\dot\alpha})$，$\bar{\dot\alpha} = (\dot\alpha c_A/V_0)$。

$$Z_q = L_q\big/(mV_0)$$

其中，$L_q = (\partial L/\partial q)_0 = C_{L_{\bar q}}\dfrac{1}{2}\rho V_0 c_A S$。

$$Z_H = \left[T_H \sin(\alpha_0 + \varphi) + L_H\right]\big/(mV_0)$$

其中，$L_H = (\partial L/\partial H)_0$。

$$Z_{\delta_e} = L_{\delta_e}\big/(mV_0)$$

其中，$L_{\delta_e}=(\partial L/\partial\delta_e)_0=C_{L_{\delta_e}}\dfrac{1}{2}\rho V_0^2 S$，$C_{L_{\delta_e}}=(\partial C_L/\partial\delta_e)_0$ 为飞机在基准运动状态下 $C_{L_0}$ 处 $C_L$ 对 $\delta_e$ 的导数。

$$Z_{\delta_p}=T_{\delta_p}\sin(\alpha_0+\varphi)/(mV_0)$$

其中，$T_{\delta_p}=(\partial T/\partial\delta_p)_0$，可通过发动机特性曲线获得。

$$\bar{M}_V=M_V/I_y$$

其中，令 $M=\dfrac{1}{2}\rho V^2 C_m S c_A$，$M$ 为空气动力产生于机体坐标系中的俯仰力矩，$C_m$ 为俯仰力矩系数，可表示成 $C_m=C_m(\alpha,Ma,\dot{\alpha},q,\delta_e)$，则 $M_V=\left(\dfrac{\partial M}{\partial V}\right)_0=C_{m_0}\rho V_0 S c_A+Ma_0 C_{m_M}\dfrac{1}{2}\rho V_0 S c_A$，$C_{m_0}=C_m(\alpha_0,Ma_0,\dot{\alpha}_0,q_0,\delta_{e_0})$ 为基准运动状态下的力矩系数，$C_{m_M}=\left(\dfrac{\partial C_m}{\partial Ma}\right)_0$ 为基准运动状态下 $C_{m_0}$ 处力矩系数 $C_m$ 对马赫数 $Ma$ 的导数。

$$\bar{M}_\alpha=M_\alpha/I_y$$

其中，$M_\alpha=\left(\dfrac{\partial M}{\partial\alpha}\right)_0=C_{m_\alpha}\dfrac{1}{2}\rho V_0^2 S c_A$，$C_{m_\alpha}=\left(\dfrac{\partial C_m}{\partial\alpha}\right)_0$ 为基准运动状态下 $C_{m_0}$ 处 $C_m$ 对 $\alpha$ 的导数。

$$\bar{M}_{\dot{\alpha}}=M_{\dot{\alpha}}/I_y$$

其中，$M_{\dot{\alpha}}=\left(\dfrac{\partial M}{\partial\dot{\alpha}}\right)_0=C_{m_{\dot{\alpha}}}\left(\dfrac{1}{2}\rho V_0^2\right)\dfrac{c_A^2}{2V_0}S$，$C_{m_{\dot{\alpha}}}=\left(\dfrac{\partial C_m}{\partial(\dot{\alpha}c_A/2V_0)}\right)_0$ 为基准运动状态下 $C_{m_0}$ 处 $C_m$ 对 $\bar{\dot{\alpha}}$ 的导数。

$$\bar{M}_q=M_q/I_y$$

其中，$M_q=\left(\dfrac{\partial M}{\partial q}\right)_0=C_{m_q}\left(\dfrac{1}{2}\rho V_0^2\right)\dfrac{c_A^2}{2V_0}S$，$C_{m_q}=\left(\dfrac{\partial C_m}{\partial(qc_A/2V_0)}\right)_0$ 为基准运动状态下 $C_{m_0}$ 处 $C_m$ 对 $\bar{q}$ 的导数。

$$\bar{M}_{\delta_e}=M_{\delta_e}/I_y$$

其中，$M_{\delta_e} = \left(\dfrac{\partial M}{\partial \delta_e}\right)_0 = C_{m_{\delta_e}} \left(\dfrac{1}{2} \rho V_0^2\right) S c_A$，$C_{m_{\delta_e}} = \left(\dfrac{\partial C_m}{\partial \delta_e}\right)_0$ 为基准运动状态下 $C_{m_0}$ 处 $C_m$ 对 $\delta_e$ 的导数。

$$\bar{M}_H = M_H / I_y$$

其中，若同时考虑高度因素，则 $M_H = \left(\dfrac{\partial M}{\partial H}\right)_0$。

2) 固定油门杆位置时的纵向小扰动状态方程模型

假设发动机油门杆位置不变，忽略飞行高度的变化和小项 $D_{\delta_e}$、$L_{\dot{\alpha}}$、$L_q$ 后，飞机纵向小扰动运动方程可简化为

$$\dot{x}_1 = A_1 x_1 + B_1 u_1 \tag{8.21}$$

其中，$x_1 = [\Delta V, \Delta \alpha, \Delta q, \Delta \theta]^{\mathrm{T}}$ 为状态变量；$A_1$ 是 $4 \times 4$ 的系统矩阵；$B_1$ 是 $4 \times 1$ 的控制矩阵；$u_1 = [\Delta \delta_e]$，为控制变量。

$$A_1 = \begin{bmatrix} X_V & X_\alpha + g\cos\gamma_0 & 0 & -g\cos\gamma_0 \\ -Z_V & -Z_\alpha + \dfrac{g}{V_0}\sin\gamma_0 & 1 & -\dfrac{g}{V_0}\sin\gamma_0 \\ \bar{M}_V - \bar{M}_{\dot{\alpha}} Z_V & \bar{M}_\alpha - \bar{M}_{\dot{\alpha}}\left(Z_\alpha - \dfrac{g}{V_0}\sin\gamma_0\right) & \bar{M}_q - \bar{M}_{\dot{\alpha}} & -\bar{M}_{\dot{\alpha}}\dfrac{g}{V_0}\sin\gamma_0 \\ 0 & 0 & 1 & 0 \end{bmatrix}$$

$$B_1 = \begin{bmatrix} 0 & -Z_{\delta_e} & \bar{M}_{\delta_e} - \bar{M}_{\dot{\alpha}} Z_{\delta_e} & 0 \end{bmatrix}^{\mathrm{T}}$$

其中，$X_V$、$X_\alpha$、$Z_V$、$Z_\alpha$、$\bar{M}_V$、$\bar{M}_{\dot{\alpha}}$、$\bar{M}_\alpha$、$\bar{M}_q$ 的表达式与式 (8.20) 中表达式相同。

3) 横侧向小扰动状态方程模型

将飞机横侧向小扰动状态方程表示成如下的标准形式：

$$\dot{x}_2 = A_2 x_2 + B_2 u_2 \tag{8.22}$$

其中，$x_2 = [\beta, p, r, \phi]^{\mathrm{T}}$ 作为状态变量；$A_2$ 是 $4 \times 4$ 的系统矩阵；$B_2$ 是 $4 \times 2$ 的控制矩阵；$u_2$ 是 $2 \times 1$ 的控制变量。

飞机横侧向小扰动状态方程为

$$
\begin{bmatrix} \dot{\beta} \\ \dot{p} \\ \dot{r} \\ \dot{\phi} \end{bmatrix} = \begin{bmatrix} -Y_\beta / (mV_0) & 0 & -1 & -g/V_0 \\ \dfrac{I_{xz}N_\beta + I_z\overline{L}_\beta}{I_xI_z - I_{xz}^2} & \dfrac{I_{xz}N_p + I_z\overline{L}_p}{I_xI_z - I_{xz}^2} & \dfrac{I_{xz}N_r + I_z\overline{L}_r}{I_xI_z - I_{xz}^2} & 0 \\ \dfrac{I_{xz}\overline{L}_\beta + I_xN_\beta}{I_xI_z - I_{xz}^2} & \dfrac{I_{xz}\overline{L}_p + I_xN_p}{I_xI_z - I_{xz}^2} & \dfrac{I_{xz}\overline{L}_r + I_xN_r}{I_xI_z - I_{xz}^2} & 0 \\ 0 & 1 & 0 & 0 \end{bmatrix} \begin{bmatrix} \beta \\ p \\ r \\ \phi \end{bmatrix}
$$

$$
+ \begin{bmatrix} 0 & -Y_{\delta_r} / (mV_0) \\ \dfrac{I_{xz}N_{\delta_a} + I_z\overline{L}_{\delta_a}}{I_xI_z - I_{xz}^2} & \dfrac{I_{xz}N_{\delta_r} + I_z\overline{L}_{\delta_r}}{I_xI_z - I_{xz}^2} \\ \dfrac{I_{xz}\overline{L}_{\delta_a} + I_xN_{\delta_a}}{I_xI_z - I_{xz}^2} & \dfrac{I_{xz}\overline{L}_{\delta_r} + I_xN_{\delta_r}}{I_xI_z - I_{xz}^2} \\ 0 & 0 \end{bmatrix} \begin{bmatrix} \delta_a \\ \delta_r \end{bmatrix}
\tag{8.23}
$$

以下给出式(8.23)中一些导数的简单计算式,详细的计算公式可参考相关文献:

$$
Y_\beta = \left(\frac{\partial Y}{\partial \beta}\right)_0 = \frac{1}{2}\rho V_0^2 C_{Y_\beta} S , \quad C_{Y_\beta} = \left(\frac{\partial C_Y}{\partial \beta}\right)_0
$$

$$
Y_{\delta_r} = \left(\frac{\partial Y}{\partial \delta_r}\right)_0 = \frac{1}{2}\rho V_0^2 C_{Y_{\delta_r}} S , \quad C_{Y_{\delta_r}} = \left(\frac{\partial C_Y}{\partial \delta_r}\right)_0
$$

$$
\overline{L}_\beta = \left(\frac{\partial \overline{L}}{\partial \beta}\right)_0 = \frac{1}{2}\rho V_0^2 C_{l_\beta} Sb , \quad C_{l_\beta} = \left(\frac{\partial C_l}{\partial \beta}\right)_0
$$

$$
\overline{L}_p = \left(\frac{\partial \overline{L}}{\partial p}\right)_0 = \frac{1}{2}\rho V_0^2 C_{l_{\overline{p}}} \frac{b^2}{2V_0} S , \quad C_{l_{\overline{p}}} = \left(\frac{\partial C_l}{\partial \overline{p}}\right)_0
$$

$$
\overline{L}_r = \left(\frac{\partial \overline{L}}{\partial \overline{r}}\right)_0 = \frac{1}{2}\rho V_0^2 C_{l_{\overline{r}}} \frac{b^2}{2V_0} S , \quad C_{l_{\overline{r}}} = \left(\frac{\partial C_l}{\partial \overline{r}}\right)_0
$$

$$
\overline{L}_{\delta_a} = \left(\frac{\partial \overline{L}}{\partial \delta_a}\right)_0 = \frac{1}{2}\rho V_0^2 C_{l_{\delta_a}} bS , \quad C_{l_{\delta_a}} = \left(\frac{\partial C_l}{\partial \delta_a}\right)_0
$$

$$
\overline{L}_{\delta_r} = \left(\frac{\partial \overline{L}}{\partial \delta_r}\right)_0 = \frac{1}{2}\rho V_0^2 C_{l_{\delta_r}} bS , \quad C_{l_{\delta_r}} = \left(\frac{\partial C_l}{\partial \delta_r}\right)_0
$$

$$
N_\beta = \left(\frac{\partial N}{\partial \beta}\right)_0 = \frac{1}{2}\rho V_0^2 C_{n_\beta} Sb , \quad C_{n_\beta} = \left(\frac{\partial C_n}{\partial \beta}\right)_0
$$

$$N_p = \left(\frac{\partial N}{\partial \bar{p}}\right)_0 = \frac{1}{2}\rho V_0^2 C_{n_{\bar{p}}} \frac{b^2}{2V_0}S , \quad C_{n_{\bar{p}}} = \left(\frac{\partial C_n}{\partial \bar{p}}\right)_0$$

$$N_r = \left(\frac{\partial N}{\partial \bar{r}}\right)_0 = \frac{1}{2}\rho V_0^2 C_{n_{\bar{r}}} \frac{b^2}{2V_0}S , \quad C_{n_{\bar{r}}} = \left(\frac{\partial C_n}{\partial \bar{r}}\right)_0$$

$$N_{\delta_a} = \left(\frac{\partial N}{\partial \delta_a}\right)_0 = \frac{1}{2}\rho V_0^2 C_{n_{\delta_a}} bS , \quad C_{n_{\delta_a}} = \left(\frac{\partial C_n}{\partial \delta_a}\right)_0$$

$$N_{\delta_r} = \left(\frac{\partial N}{\partial \delta_r}\right)_0 = \frac{1}{2}\rho V_0^2 C_{n_{\delta_r}} bS , \quad C_{n_{\delta_r}} = \left(\frac{\partial C_n}{\partial \delta_r}\right)_0$$

其中，$\delta_a$ 为副翼偏角；$\delta_r$ 为方向舵偏角；$Y$ 为总空气动力在速度坐标系中的侧力分量；$\bar{L}$ 为气动力矩在机体坐标系中的滚转力矩分量；$N$ 为气动力矩在机体坐标系中的偏航力矩分量；$C_Y$ 为侧力系数；$C_l$ 为滚转力矩系数；$b$ 为翼展；$C_n$ 为偏航力矩系数。

通过分析飞控系统的故障诊断与容错控制的研究成果可以发现，按照不同的控制要求，基于飞机小扰动线性化模型的容错控制研究简单、有效。本书的飞控系统容错控制研究也是基于飞机的小扰动模型展开的。具体飞机小扰动线性化模型简化过程见文献[139]，本书不再叙述。

### 8.3.2　飞机舵面故障模型分析

一般而言，飞机飞控系统可能发生的故障主要包括三类，分别是传感器故障、舵面故障和结构性故障[140]。由于飞控系统在设计过程中都包含冗余的传感器，当传感器发生故障时大都可以被冗余传感器替代，因而传感器故障不会显著改变飞机的飞行性能。当飞控系统出现执行器故障或者结构性故障时，将会改变飞机的操作常数，影响飞机的飞行姿态，降低飞机的飞行品质，严重的将会导致空难事故。对于飞机而言，姿态控制主要通过准确控制操纵面来实现。作为执行机构的主舵面出现未知故障，尤其是严重的卡死故障，将会造成不可估量的后果。为此，本节主要研究飞行姿态控制系统出现舵面故障时的容错控制策略。

飞机在飞行过程中舵面与气流相互作用，很容易遭到大气紊流、结冰等气候影响，再加上控制输入的电子元器件极易失效，从而引起舵面故障。从飞机的模型可知，当舵面出现故障时，飞机所有的力矩将受到影响，将会改变飞机的三个角速率，然后影响飞机的姿态角，进而引起飞机的飞行速度、位置量的变化。一般来说，飞机舵面的主要故障主要包括卡死、饱和、随机漂移及控制效能损失等。飞机舵面偏转示意图如图 8.12 所示。

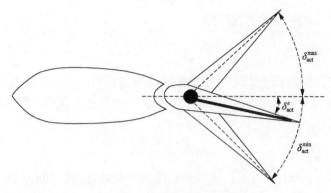

图 8.12　飞机舵面偏转示意图

1. 卡死

卡死指舵面偏转卡死在某个未知的固定位置 $\delta_{\text{act}}^{\varepsilon}$ 处，对输入不产生任何动作，该种故障类型可能是由机械缺乏润滑引起的。假设舵面 $i$ 正常工作时产生的控制信号为 $u_{ci}(t)$，$u_i(t)$ 为舵面的实际输出，于是舵面的卡死故障数学模型可以描述如下：

$$u_i(t) = u_{ci}(t_{fi}) \tag{8.24}$$

其中，$t_{fi}$ 为舵面发生故障的时刻；$u_{ci}(t_{fi})$ 为常值，代表舵面卡死的程度。

2. 饱和

饱和或飞车指舵面以最大移动速率到达上下极限位置处 $\delta_{\text{act}}^{\max}$、$\delta_{\text{act}}^{\min}$，之后对输入不再响应，卡死在极限位置，该种故障类型是最严重的故障之一，如方向舵的控制元器件故障，产生错误的指令使舵面偏转至极限位置，给飞控系统带来与故障幅值成比例的扰动可能引起系统失稳。舵面 $i$ 的饱和故障数学模型可以描述如下：

$$u_i(t) = u_{i\min} \text{ 或 } u_{i\max} \tag{8.25}$$

其中，$u_{i\min}$、$u_{i\max}$ 为舵面最小、最大输出极限值。

3. 随机漂移

随机漂移指舵面输出在正常值附近波动且呈现随机无规律性，于是舵面的输出可以等效为正常值输出叠加一个随机干扰信号，则舵面随机漂移故障的数学模型可以描述如下：

$$u_i(t) = u_{ci}(t) + d_i \tag{8.26}$$

其中，$d_i$ 为不规则的随机干扰信号。

### 4. 控制效能损失

失效又称控制效能损失，指控制通道的增益损失，从而造成舵面效能降低，如方向舵遭遇部分结冰影响会导致控制失效。舵面损伤故障的数学模型可以描述如下：

$$u_i(t) = k_i u_{ci}(t) \tag{8.27}$$

其中，$0 \leqslant k_i \leqslant 1$，当 $k_i = 0$ 时，表明舵面发生了浮松故障，如升降舵执行器液压力的丧失，将使执行器在攻角方向自由移动而不能在俯仰轴产生任何有效的力矩，$k_i = 1$ 表示舵面工作完全正常，$0 < k_i < 1$ 表示舵面部分失效。

### 8.3.3　控制输入幅值饱和的飞控系统容错控制

本节将第 6 章所提的容错控制设计方法在两个飞机算例中进行仿真应用，其中算例 8.1 是常规布局的无人机，即飞机的主舵面包括升降舵、副翼和方向舵，算例 8.2 是鸭翼布局的多操纵面飞机，基于第 6 章理论设计的容错控制器，验证所提方法的有效性。

**算例 8.1**　以某型无人机为例[118]，在高度为 50m、速度为 10m/s 的直线平飞配平条件下，对飞机运动方程进行降阶线性化处理。将飞机纵向的俯仰角和横侧向的滚转运动作为姿态控制的目标，根据飞机的飞行姿态运动方程，结合舵面偏转的饱和约束，考虑到执行器及传感器受到噪声等未知干扰的影响，在飞行姿态控制系统发生执行器损伤故障的情形下，可以得到故障系统模型如式(8.28)所示：

$$\begin{cases} \dot{x} = Ax + BK \cdot \mathrm{sat}(u) + F\xi(t) \\ y = Cx + \omega(t) \end{cases} \tag{8.28}$$

其中，$x = [\theta, \phi, p, q, r]^{\mathrm{T}}$，$u = [\delta_e, \delta_a, \delta_r]^{\mathrm{T}}$，$\delta_e$、$\delta_a$、$\delta_r$ 分别为升降舵偏角、副翼偏角、方向舵偏角，$\xi(t)$、$\omega(t)$ 为系统所受的噪声、干扰信号，系统的系数矩阵如下：

$$A = \begin{bmatrix} 0 & 0 & 0 & 1 & -0.0001 \\ 0 & 0 & 1 & 0 & 0.1665 \\ 0 & 0 & -2.5369 & 0 & 1.3228 \\ 0 & 0 & 0 & -5.6319 & 0 \\ 0 & 0 & 0.1817 & 0 & -3.4009 \end{bmatrix}, \quad B = \begin{bmatrix} 0 & 0 & 0 \\ 0 & 0 & 0 \\ 0 & 4.8744 & 6.3103 \\ -20.8139 & 0 & 0 \\ 0 & 3.6834 & -1.848 \end{bmatrix},$$

$C = \begin{bmatrix} 1 & 0 & 0 & 0 & 0 \\ 0 & 1 & 0 & 0 & 0 \end{bmatrix}$，$F$ 为 5 阶单位矩阵，$K$ 为舵面偏转效率构成的矩阵，$\theta$、

$\phi$、$p$、$q$、$r$ 分别表示俯仰角、滚转角、滚转角速率、俯仰角速率和偏航角速率。各舵面偏转的饱和上下界为：$\delta_e \in [-25°, 25°]$，$\delta_a \in [-21.5°, 21.5°]$，$\delta_r \in [-30°, 30°]$。参考指令设置如下，俯仰角指令 $\theta_d = \begin{cases} 0°, & t < 6s \\ 10°, & t \geqslant 6s \end{cases}$，滚转角指令 $\phi_d = \begin{cases} 0°, & t < 5s \\ 20°, & 5s \leqslant t < 35s \\ 0°, & t \geqslant 35s \end{cases}$。另外设置系统所受的干扰信号为幅值是 2.5 的白噪声。针对上述飞机模型及设定的指令参数，考虑飞机升降舵及副翼发生失效故障的情形，其中升降舵在第 7.5s 损失 90% 的效能，副翼在第 5.2s 出现 80% 的效能损失，采用第 6 章方法设计饱和容错控制器，可以得到控制器的主要参数矩阵如下：

$$L = \begin{bmatrix} 29.0721 & 0.003 & 0.0009 & 9.021 & -0.0003 & -23.0975 & -0.0023 \\ 0.0109 & -51.7697 & -10.7461 & 0.0001 & -35.7127 & -0.0088 & 41.3468 \\ -0.0039 & -51.9142 & -21.2635 & 0.0017 & 27.1566 & 0.003 & 41.4634 \end{bmatrix}$$

$$P = \begin{bmatrix} 6.3069 & 0.0001 & 0 & 0.0193 & 0 & -5.0212 & 0 \\ 0.0001 & 6.1966 & 0.0217 & 0 & 0.0036 & 0 & -4.9586 \\ 0 & 0.0217 & 0.0072 & 0 & 0 & 0 & -0.0174 \\ 0.0193 & 0 & 0 & 0.0062 & 0 & -0.0153 & 0 \\ 0 & 0.0036 & 0 & 0 & 0.0087 & 0 & -0.0029 \\ -5.0212 & 0 & 0 & -0.0153 & 0 & 7.0308 & 0 \\ 0 & -4.9586 & -0.0174 & 0 & -0.0029 & 0 & 7.0151 \end{bmatrix}$$

在此基础上开展容错控制仿真，可以得到飞控系统的输出响应如图 8.13 和图 8.14 所示。舵面效能偏角响应如图 8.15 所示，系统状态响应如图 8.16 所示。

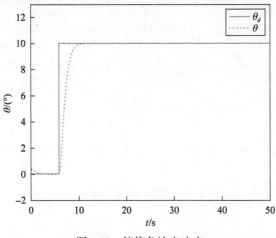

图 8.13　俯仰角输出响应

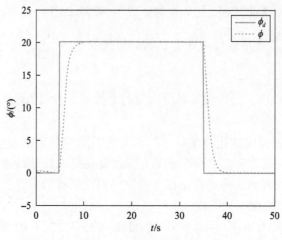

图 8.14　滚转角输出响应

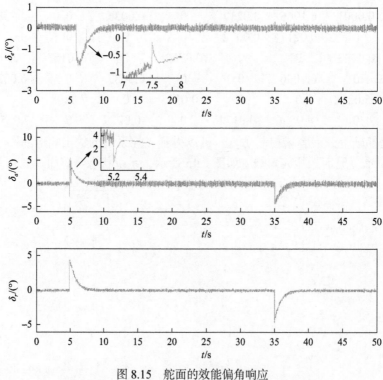

图 8.15　舵面的效能偏角响应

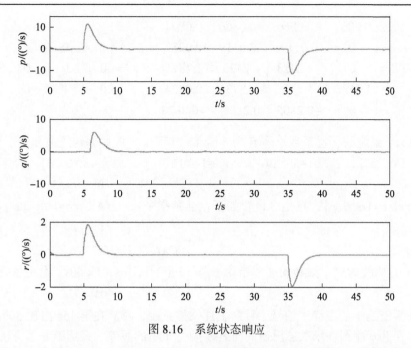

图 8.16 系统状态响应

由图 8.13 和图 8.14 可以看出，当飞控系统同时出现升降舵及副翼舵面部分失效故障时，采用第 6 章方法设计的容错控制器，可以确保飞机的飞行姿态能够跟踪上预定的指令信号，且系统存在的噪声干扰信号对系统输出的影响较小，说明第 6 章设计的控制器具有一定的鲁棒性。由于舵面出现失效故障时，舵面输出效能降低，为此本书定义舵面的效能偏角，将实际舵偏角转化为舵面效能偏角，定义为损失 40%效能的实际舵面偏转 10°等于舵面效能 6°偏角[141]，由图 8.15 和图 8.16 可知，采用第 6 章方法设计的控制器可以迅速补偿舵面失效故障对系统舵面输出的影响，确保飞机在有限时间内迅速到达指令姿态。

**算例 8.2** 基于文献[141]给出的多操纵面鸭翼布局的飞机非线性模型，在高度 $H = 3000\text{m}$、马赫数 $Ma = 0.22$ 的飞行状态下，对飞机模型进行降阶线性化处理，可以得到如式 (8.28) 所示飞机方程的形式，其中系统状态为 $x = [\alpha, \beta, p, q, r]^{\text{T}}$，分别表示迎角、侧滑角、滚转角速率、俯仰角速率和偏航角速率；输入向量为 $u = [\delta_c, \delta_{re}, \delta_{le}, \delta_r]^{\text{T}}$，表示四组舵面控制量，分别代表鸭翼、右升降副翼、左升降副翼、方向舵的偏角，系统系数如下：

$$A = \begin{bmatrix} -0.5432 & 0.0137 & 0 & 0.9778 & 0 \\ 0 & -0.1179 & 0.2215 & 0 & -0.9661 \\ 0 & -10.5128 & -0.9967 & 0 & 0.6176 \\ 2.6221 & -0.0030 & 0 & -0.5057 & 0 \\ 0 & 0.7075 & -0.0939 & 0 & -0.2127 \end{bmatrix}$$

$$
B = \begin{bmatrix} 0.0069 & -0.0866 & -0.0866 & 0.0004 \\ 0 & 0.0119 & -0.0119 & 0.0287 \\ 0 & -4.2423 & 4.2423 & 1.4871 \\ 1.6532 & -1.2735 & -1.2735 & 0.0024 \\ 0 & -0.2805 & 0.2805 & -0.8823 \end{bmatrix}, \quad C = \begin{bmatrix} 1 & 0 & 0 & 0 & 0 \\ 0 & 1 & 0 & 0 & 0 \\ 0 & 0 & 1 & 0 & 0 \end{bmatrix}
$$

另外，系统的干扰系数矩阵 $F$ 为 5 阶单位矩阵。各舵面偏转的饱和上下界为：$\delta_c \in [-55°, 25°]$，$\delta_{re} \in [-30°, 30°]$，$\delta_{le} \in [-30°, 30°]$，$\delta_r \in [-30°, 30°]$。参考指令选择为 $r(t) = [\alpha, \beta, p]$，且指令设置如下，迎角指令 $\alpha_d = \begin{cases} 0°, & t < 5s \\ 4°, & 5s \leqslant t < 40s \\ 0°, & t \geqslant 40s \end{cases}$，侧滑

角指令 $\beta_d$ 始终为 0°，滚转角速率指令 $p_d = \begin{cases} 0(°)/s, & t < 10s \\ 30(°)/s, & 10s \leqslant t < 40s \\ 0(°)/s, & t \geqslant 40s \end{cases}$。设定系统所受

干扰为幅值是 1 的白噪声信号。针对上述飞控系统，鸭翼在第 15s 出现 50% 损伤故障，左升降副翼在第 25s 出现舵面效率损失 40% 的故障，采用第 6 章方法设计容错控制器，运用 LMI 工具箱可以得到控制器的主要参数矩阵，具体如下：

$$
L = \begin{bmatrix} 15.8121 & 0.0057 & 0 & -1.0184 & 0.0015 & -26.1592 & 0.0068 & -0.0007 \\ 31.2208 & -4.624 & 0.5489 & -0.1603 & 1.0219 & -51.0398 & 3.788 & -1.4668 \\ 31.2202 & 4.5995 & -0.5494 & -0.161 & -1.0059 & -51.0389 & -3.7199 & 1.4592 \\ 0.0013 & -17.4128 & -0.1315 & 0.0012 & 3.8774 & -0.0019 & 15.7332 & -1.9512 \end{bmatrix}
$$

$$
P = \begin{bmatrix} 0.1114 & 0 & 0 & 0 & 0 & -0.1698 & 0 & 0 \\ 0 & 8.6674 & 0.0263 & 0 & 0.0454 & 0 & -7.7297 & 1.1099 \\ 0 & 0.0263 & 0.1111 & 0 & 0.0043 & 0 & -0.037 & -0.1686 \\ 0 & 0 & 0 & 0.1078 & 0 & 0 & 0 & 0 \\ 0 & 0.0454 & 0.0043 & 0 & 0.06 & 0 & -0.0395 & -0.0032 \\ -0.1698 & 0 & 0 & 0 & 0 & 3.5094 & 0 & 0 \\ 0 & -7.7297 & -0.037 & 0 & -0.0395 & 0 & 10.0847 & -0.6938 \\ 0 & 1.1099 & -0.1686 & 0 & -0.0032 & 0 & -0.6938 & 3.7079 \end{bmatrix}
$$

此时系统的输出响应如图 8.17 所示，舵面效能偏角响应如图 8.18 所示，系统的状态响应如图 8.19 所示。

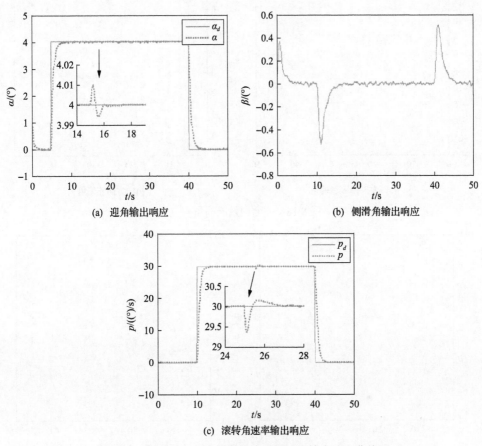

(a) 迎角输出响应　　　　　(b) 侧滑角输出响应

(c) 滚转角速率输出响应

图 8.17　鸭翼与左升降副翼故障时的系统输出响应曲线图

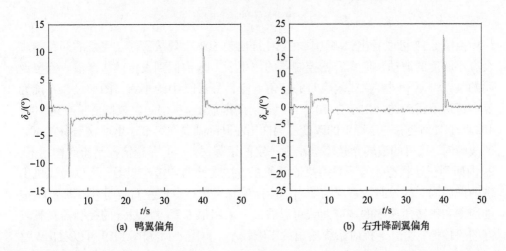

(a) 鸭翼偏角　　　　　(b) 右升降副翼偏角

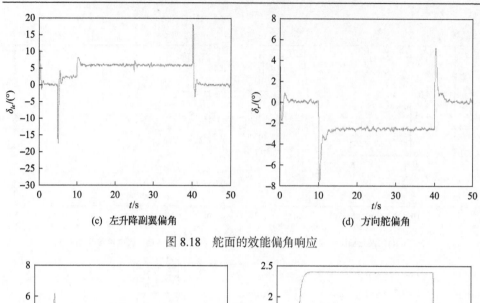

图 8.18　舵面的效能偏角响应

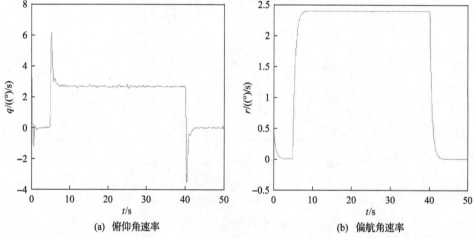

图 8.19　系统的状态响应

由图 8.17 可以看出，当鸭翼在第 15s 出现 50%失效故障时，飞机的迎角响应会有小幅度的波动，但在容错控制器的作用下，2s 内回到设定的指令值。需要说明的是，为便于观察鸭翼故障时的迎角响应，图 8.17 中的小窗口图形是在系统无噪声情形下得到的。由于在 10~40s 设定了滚转角速率信号，故侧滑角在这 10s、40s 两个时刻会有一定程度的改变。同样当左升降副翼在第 25s 出现效率损失 40%的故障时，飞机的滚转角速率会出现一定的跟踪误差，但在容错控制器的作用下，2s 内回到正常状态，表明采用第 6 章所提方法设计的容错控制器，可以使飞机出现两舵面同时故障时，系统的输出响应能够稳定在指令值左右。同时由图 8.17 中的迎角和滚转角速率的响应曲线可以看出，采用第 6 章方法设计的控制器具有较好的鲁棒性，噪声干扰对系统输出的影响较小。由图 8.18 和图 8.19 可以看出，鸭翼和左升降副翼分别发生故障时，在容错控制器的作用下，各舵面的效能偏角很快恢复到正常状态，确保飞机到达预定的指令，同时飞机的俯仰角速率和偏航角速率也会快速地回到正常状态值。

## 8.4  小  结

本章主要研究了基于滑模观测器的故障重构和容错控制器设计方法的应用问题，以飞行模拟转台伺服系统和飞控系统为对象，开展了故障重构与容错设计的验证分析。对于飞行模拟转台伺服系统，考虑非线性摩擦、不确定干扰及执行器、角度传感器故障同时存在的情形，首先在简化系统模型的基础上采用第 5 章方法设计了自适应鲁棒滑模故障重构观测器，然后为实现角度跟踪的控制目标，设计了广义滑模观测器和滑模容错控制器，并开展了仿真分析，结果表明第 5 章提出的滑模观测器设计方法，在匹配条件不满足、干扰上界未知的条件下可以实现鲁棒故障重构，同时采用滑模容错控制器的跟踪效果较好。对于飞控系统，考虑飞机主操纵舵面失效故障类型，在控制输入饱和及干扰等约束条件下，基于第 6 章方法采用 LMI 技术设计了主动容错跟踪控制器，并开展了数值仿真算例研究，结果验证了第 6 章所提容错控制器设计方法的有效性。

# 参 考 文 献

[1] 于金泳. 基于滑模观测器的故障重构方法研究[D]. 哈尔滨: 哈尔滨工业大学, 2010.

[2] Edwards C, Spurgeon S K, Patton R J. Sliding mode observers for fault detection and isolation[J]. Automatica, 2000, 36(4): 541-553.

[3] 高为炳. 变结构控制的理论及设计方法[M]. 北京: 科学出版社, 1996.

[4] 王坚浩. 非线性系统 Backstepping 滑模变结构控制及其应用研究[D]. 西安: 空军工程大学, 2012.

[5] 刘金琨, 孙富春. 滑模变结构控制理论及其算法研究与进展[J]. 控制理论与应用, 2007, 24(3): 407-418.

[6] Chen M S, Hwang Y R, Tomizuka M. A state-dependent boundary layer design for sliding mode control[J]. IEEE Transactions on Automatic Control, 2002, 47(10): 1677-1681.

[7] Chung S C Y, Lin C L. A transformed Lure problem for sliding mode control and chattering reduction[J]. IEEE Transactions on Automatic Control, 1999, 44(3): 563-568.

[8] Ha Q P, Nguyen Q H, Rye D C, et al. Fuzzy sliding mode controllers with applications[J]. IEEE Transactions on Industrial Electronics, 2001, 48(1): 38-46.

[9] Levant A. Sliding order and sliding accuracy in sliding mode control[J]. International Journal of Control, 1993, 58(6): 1247-1263.

[10] Bartolini G, Ferrara A, Usai E. Applications of a sub-optimal discontinuous control algorithm for uncertain second order systems[J]. International Journal of Robust and Nonlinear Control, 1997, 7(4): 299-319.

[11] 何静. 基于观测器的非线性系统鲁棒故障检测与重构方法研究[D]. 长沙: 国防科技大学, 2009.

[12] Tan C P, Edwards C. Sliding mode observers for robust detection and reconstruction of actuator and sensor faults[J]. International Journal of Robust and Nonlinear Control, 2003, 13(5): 443-463.

[13] Tan C P, Crusca F, Aldeenc M. Extended results on robust state estimation and fault detection[J]. Automatica, 2008, 44(8): 2027-2033.

[14] Tan C P, Edwards C, Kuang Y C. Robust sensor fault reconstruction using right eigenstructure assignment[C]. Proceedings of the Third IEEE International Workshop on Electronic Design, Test and Applications, Kuala Lumpur, 2006: 1-5.

[15] Tan C P, Edwards C. Robust fault reconstruction using multiple sliding mode observers in cascade: Development and design[C]. American Control Conference, City of Saint Louis, 2009: 3411-3416.

[16] Tan C P, Edwards C. Robust fault reconstruction in uncertain linear systems using multiple sliding mode observers in cascade[J]. IEEE Transactions on Automatic Control, 2010, 55(4): 855-867.

[17] Ng K Y, Tan C P, Akmeliawati R, et al. Disturbance decoupled fault reconstruction using sliding mode observers[J]. Asian Journal of Control, 2010, 12(5): 656-660.

[18] Ng K Y, Tan C P, Man Z H, et al. New results in disturbance decoupled fault reconstruction in linear uncertain systems using two sliding mode observers in cascade[J]. International Journal of Control, Automation and Systems, 2010, 8(3): 506-518.

[19] Ng K Y, Tan C P, Oetomo D. Disturbance decoupled fault reconstruction using cascaded sliding mode observers[J]. Automatica, 2012, 48(5): 794-799.

[20] Yan X G, Edwards C. Nonlinear robust fault reconstruction and estimation using a sliding mode observer[J]. Automatica, 2007, 43(9): 1605-1614.

[21] Yan X G, Edwards C. Adaptive sliding-mode-observer-based fault reconstruction for nonlinear systems with parametric uncertainties[J]. IEEE Transactions on Industrial Electronics, 2008, 55(11): 4029-4036.

[22] Raoufi R, Marquez H J, Zinober A S I. $H_\infty$ sliding mode observers for uncertain nonlinear Lipschitz systems with fault estimation synthesis[J]. International Journal of Robust and Nonlinear Control, 2010, 20(16): 1785-1801.

[23] Dhahri S, Sellami A, Ben Hmida F. Robust $H_\infty$ sliding mode observer design for fault estimation in a class of uncertain nonlinear systems with LMI optimization approach[J]. International Journal of Control, Automation, and Systems, 2012, 10(5): 1032-1041.

[24] Lee D J, Park Y, Park Y S. Robust $H_\infty$ sliding mode descriptor observer for fault and output disturbance estimation of uncertain systems[J]. IEEE Transactions on Automatic Control, 2012, 57(11): 2928-2934.

[25] Dimassi H, Loria A, Belghith S. Continuously-implemented sliding-mode adaptive unknown-input observers under noisy measurements[J]. Systems & Control Letters, 2012, 61(12): 1194-1202.

[26] Veluvolu K C, Soh Y C. Fault reconstruction and state estimation with sliding mode observers for Lipschitz non-linear systems[J]. IET Control Theory and Applications, 2011, 5(11): 1255-1263.

[27] Zhu F L, Cen F. Full-order observer-based actuator fault detection and reduced-order observer-based fault reconstruction for a class of uncertain nonlinear systems[J]. Journal of Process Control, 2010, 20(10): 1141-1149.

[28] 朱芳来, 岑峰, 董学平. 一种基于全维和降维观测器的故障检测和重构方法[J]. 控制与决策, 2011, 26(2): 258-262, 270.

[29] Jiang B, Shi P, Mao Z H. Sliding mode observer-based fault estimation for nonlinear networked control systems[J]. Circuits Systems, and Signal Processing, 2011, 30(1): 1-16.

[30] 于金泳, 刘志远, 陈虹. 基于滑模观测器的车辆电子稳定性控制系统故障重构[J]. 控制理论与应用, 2009, 26(10): 1057-1063.

[31] 赵瑾, 申忠宇, 顾幸生. 一类不匹配不确定动态系统的鲁棒执行器故障检测与重构[J]. 化工学报, 2008, 59(7): 1797-1802.

[32] Ng K Y, Tan C P, Edwards C, et al. New result in robust actuator fault reconstruction with application to an aircraft[C]. IEEE International Conference on Control Applications, Singapore, 2007: 801-806.

[33] Liu J J, Jiang B, Zhang Y M. Sliding mode observer-based fault detection and isolation in flight control systems[C]. IEEE International Conference on Control Applications, Singapore, 2007: 1049-1054.

[34] 闫鑫. 基于滑模的航天器执行机构故障诊断与容错控制研究[D]. 哈尔滨: 哈尔滨工程大学, 2012.

[35] Zhang J, Swain A K, Nguang S K. Robust sensor fault estimation scheme for satellite attitude control systems[J]. Journal of the Franklin Institute, 2013, 350(9): 2581-2604.

[36] 栾家辉. 故障重构技术在卫星姿控系统故障诊断中的应用研究[D]. 哈尔滨: 哈尔滨工业大学, 2006.

[37] Capisani L M, Ferrara A, de Loza A F, et al. Manipulator fault diagnosis via higher order sliding mode observers[J]. IEEE Transactions on Industrial Electronics, 2012, 59(10): 3979-3986.

[38] Zhu F L. State estimation and unknown input reconstruction via both reduced-order and high-order sliding mode observers[J]. Journal of Process Control, 2012, 22(1): 296-302.

[39] 王昆, 朱芳来. 基于高阶滑模观测器的状态和未知输入同时估计方法[J]. 信息与控制, 2012, 41(5): 596-601.

[40] Bejarano F J, Figueroa M, Pacheco J, et al. Robust fault diagnosis of disturbed linear systems via a sliding mode high order differentiator[J]. International Journal of Control, 2012, 85(6): 648-659.

[41] Alwi H, Edwards C. Application of second order sliding mode observers for fault reconstruction on the ADDSAFE Benchmark[C]. AIAA Guidance, Navigation, and Control Conference, Portland, 2011: 1-24.

[42] Chen W T, Saif M. Actuator fault diagnosis for uncertain linear systems using a high-order sliding-mode robust differentiator(HOSMRD)[J]. International Journal of Robust and Nonlinear Control, 2008, 18(4/5): 413-426.

[43] Fridman L, Shtessel Y, Edwards C, et al. Higher-order sliding-mode observer for state estimation and input reconstruction in nonlinear systems[J]. International Journal of Robust and

Nonlinear Control, 2008, 18(4/5): 399-412.

[44] Alwi H, Edwards C. An adaptive sliding mode differentiator for actuator oscillatory failure case reconstruction[J]. Automatica, 2013, 49(2): 642-651.

[45] Tan C P, Edwards C. Sliding mode observers for reconstruction of simultaneous actuator and sensor faults[C]. IEEE International Conference on Decision and Control, Maui, 2004: 1455-1460.

[46] Ben Brahim A, Dhahri S, Ben Hmida F, et al. Robust and simultaneous reconstruction of actuator and sensor faults via sliding mode observer[C]. International Conference on Electrical Engineering and Software Applications, 2013 International Conference on Date of Conference, Hammamet, 2013: 1-6.

[47] Liu M, Cao X B, Shi P. Fuzzy-model-based fault-tolerant design for nonlinear stochastic systems against simultaneous sensor and actuator faults[J]. IEEE Transactions on Fuzzy Systems, 2013, 21(5): 789-799.

[48] Raoufi R, Marquezz H J. Simultaneous sensor and actuator fault reconstruction and diagnosis using generalized sliding mode observers[C]. 2010 American Control Conference, Baltimore, 2010: 7016-7021.

[49] Hermann R, Krener A J. Nonlinear controllability and observability[J]. IEEE Transactions on Automatic Control, 1977, 22(5): 728-740.

[50] Sontag E D. A concept of local observability[J]. Systems & Control Letters, 1984, 5(1): 41-47.

[51] Palis J J, de Melo W. Geometric Theory of Dynamical Systems: An Introduction[M]. New York: Springer, 1982.

[52] Smale S. Differentiable dynamical systems[J]. Bulletin of the American Mathematical Society, 1967, 73(6): 747-817.

[53] Aeyels D. Global observability of morse-smale vector fields[J]. Journal of Differential Equations, 1982, 45(1): 1-15.

[54] 刘粉林, 刘媛, 王银河, 等. 基于状态观测器的非理想输入不确定组合大系统的输出反馈分散镇定[J]. 控制理论与应用, 2001, 18(1): 21-25, 30.

[55] 韩正之, 潘丹杰, 张钟俊. 非线性系统的能观性和状态观测器[J]. 控制理论与应用, 1990, 7(4): 1-9.

[56] 程代展. 非线性系统的几何理论[M]. 北京: 科学出版社, 1998.

[57] Bornard G, Hammouri H. A high gain observer for a class of uniformly observable systems[C]. IEEE Proceedings of the 30th Conference on Decision and Control, Brighton, 1991: 1494-1496.

[58] Ibarra-Rojas S, Moreno J, Espinosa-Pérez C. Global observability analysis of sensorless induction motors[J]. Automatica, 2004, 40(6): 1079-1085.

[59] Chadli M, Aouaouda S, Karimi H R, et al. Robust fault tolerant tracking controller design for a

VTOL aircraft[J]. Journal of the Franklin Institute, 2013, 350 (9): 2627-2645.

[60] 冯纯伯, 费树岷. 非线性控制系统分析与设计[M]. 2 版. 北京: 电子工业出版社, 1998.

[61] 陈维桓. 微分流形初步[M]. 北京: 高等教育出版社, 1998.

[62] 吴丽娜. 基于模型的不确定系统鲁棒故障检测与估计方法研究[D]. 哈尔滨: 哈尔滨工业大学, 2013.

[63] 李令莱. 非线性系统的鲁棒故障诊断[D]. 北京: 清华大学, 2006.

[64] Caliskan F, Genc I. A robust fault detection and isolation method in load frequency control loops[J]. IEEE Transactions on Power Systems, 2008, 23 (4): 1756-1767.

[65] Hamdi H, Rodrigues M, Mechmeche C, et al. Robust fault detection and estimation for descriptor systems based on multi-models concept[J]. International Journal of Control, Automation, and Systems, 2012, 10 (6): 1260-1266.

[66] Xu J, Lum K Y, Loh A P. Fault detection and isolation for nonlinear F16 models using a gain-varying UIO approach[C]. IEEE International Conference on Control and Automation, Christchurch, 2009: 1330-1335.

[67] Zarei J, Poshtan J, Poshtan M. Robust fault detection of non-linear systems with unknown disturbances[C]. IEEE International Conference on Control Applications, Yokohama, 2010: 725-730.

[68] Zhang C F, Huang Y S, Shao R. Robust sensor faults detection for induction motor using observer[J]. Journal of Control Theory and Applications, 2012, 10 (4): 528-532.

[69] Said S H, M'Sahli F, Farza M. Simultaneous state and unknown input reconstruction using cascaded high-gain observers[J]. International Journal of Systems Science, 2017, 48 (15): 3346-3354.

[70] Floquet T, Barbot J P, Perruquetti W, et al. On the robust fault detection via a sliding mode disturbance observer[J]. International Journal of Control, 2004, 77 (7): 622-629.

[71] 于维倩, 姜斌, 刘剑慰. 一类非线性飞行控制系统鲁棒故障诊断[J]. 控制工程, 2011, 18 (1): 147-151, 160.

[72] Dai X W, Gao Z W, Breikin T, et al. Disturbance attenuation in fault detection of gas turbine engines: A discrete robust observer design[J]. IEEE Transactions on Systems, Man and Cybernetics, 2009, 39 (2): 234-239.

[73] Karimi H R, Zapateiro M, Luo N. A linear matrix inequality approach to robust fault detection filter design of linear systems with mixed time-varying delays and nonlinear perturbations[J]. Journal of the Franklin Institute, 2010, 347 (6): 957-973.

[74] Li X B, Zhou K M. A time domain approach to robust fault detection of linear time-varying systems[J]. Automatica, 2009, 45 (1): 94-102.

[75] 董全超, 钟麦英. 一类非线性时滞系统的 $H_\infty$ 鲁棒故障检测滤波器设计[J]. 控制与决策,

2009, 24(1): 107-112.

[76] 朱喜华, 李颖晖, 李宁, 等. 基于观测器的非线性不确定系统鲁棒故障检测新方法[J]. 控制理论与应用, 2013, 30(5): 644-648.

[77] Yan B Y, Tian Z H, Shi S J. A novel distributed approach to robust fault detection and identification[J]. International Journal of Electrical Power and Energy Systems, 2008, 30(5): 343-360.

[78] Belkhiat D E C, Messai N, Manamanni N. Design of a robust fault detection based observer for linear switched systems with external disturbances[J]. Nonlinear Analysis: Hybrid Systems, 2011, 5(2): 206-219.

[79] Bouattour M, Chadli M, Chaabane M, et al. Design of robust fault detection observer for Takagi-Sugeno models using the descriptor approach[J]. International Journal of Control, Automation, and Systems, 2011, 9(5): 973-979.

[80] Miao L J, Shi J. Model-based robust estimation and fault detection for MEMS-INS/GPS integrated navigation systems[J]. Chinese Journal of Aeronautics, 2014, 27(4): 947-954.

[81] Li T, Wu L Y, Wei X J. Robust fault detection filter design for uncertain LTI systems based on new bounded real lemma[J]. International Journal of Control, Automation, and Systems, 2009, 7(4): 644-650.

[82] Bai L S, Tian Z H, Shi S J. Robust fault detection for a class of nonlinear time-delay systems[J]. Journal of the Franklin Institute, 2007, 344(6): 873-888.

[83] 马传峰. 基于观测器的鲁棒 $H_\infty$ 故障检测问题研究[D]. 济南: 山东大学, 2007.

[84] Zhang X D, Polycarpou M M, Parisini T. A robust detection and isolation scheme for abrupt and incipient faults in nonlinear systems[J]. IEEE Transactions on Automatic Control, 2002, 47(4): 576-593.

[85] Garimella P, Yao B. Robust model-based fault detection using adaptive robust observers[C]. Proceedings of the 44th IEEE Conference on Decision and Control, Seville, 2005: 3073-3078.

[86] 冒泽慧, 姜斌. 基于神经网络观测器的一类非线性系统的故障调节[J]. 控制与决策, 2007, 22(1): 11-15.

[87] 李殿璞. 非线性控制系统[M]. 西安: 西北工业大学出版社, 2009.

[88] Esfandiari F, Khalil H K. Output feedback stabilization of fully linearizable systems[J]. International Journal of Control, 1992, 56(5): 1007-1037.

[89] Khalil H K. High gain observers in nonlinear feedback control[M]//Nijmeijer H, Fossen T I. New Directions in Nonlinear Observer Design. London: Springer, 2007: 249-268.

[90] Besancon G. Further results on high-gain observers for nonlinear systems[C]. Proceedings of the 38th Conference on Decision and Control, Phoenix, 1999: 2904-2910.

[91] Rehbinder H, He X M. Nonlinear pitch and roll estimation for walking robots[C]. Proceedings

of the IEEE International Conference on Robotics and Automation, San Francisco, 2000: 2617-2622.

[92] de Leon J, Busawon K, Acosta G. Digital implementation of an observer-based control for a rigid robot[J]. International Journal of Robotics and Automation, 2000, 15(3): 131-136.

[93] 彭宇. 非线性智能观测器及其应用研究[D]. 杭州: 浙江大学, 2000.

[94] 贺昱曜, 闫茂德, 许世燕, 等. 非线性控制理论及应用[M]. 北京: 清华大学出版社, 2021.

[95] Gauthier J P, Hammouri H, Othman S. A simple observer for nonlinear systems applications to bioreactors[J]. IEEE Transactions on Automatic Control, 1992, 37(6): 875-880.

[96] Atassi A N, Khalil H K. Separation results for the stabilization of nonlinear systems using different high-gain observer designs[J]. Systems & Control Letters, 2000, 39(3): 183-191.

[97] 俞立. 鲁棒控制——线性矩阵不等式处理方法[M]. 北京: 清华大学出版社, 2002.

[98] Ahrens J H, Khalil H K. High-gain observers in the presence of measurement noise: A switched-gain approach[J]. Automatica, 2009, 45(4): 936-943.

[99] Zhang J A, Swain A K, Nguang S K. Robust $H_\infty$ adaptive descriptor observer design for fault estimation of uncertain nonlinear systems[J]. Journal of the Franklin Institute, 2014, 351(11): 5162-5181.

[100] 梅生伟, 申铁龙, 刘康志. 现代鲁棒控制理论与应用[M]. 2 版. 北京: 清华大学出版社, 2008.

[101] Abbaszadeh M, Marquez H J. LMI optimization approach to robust $H_\infty$ observer design and static output feedback stabilization for discrete-time nonlinear uncertain systems[J]. International Journal of Robust and Nonlinear Control, 2009, 19(3): 313-340.

[102] Corless M, Tu J. State and input estimation for a class of uncertain systems[J]. Automatica, 1998, 34(6): 757-764.

[103] 杨俊起, 朱芳来. 未知输入和可测噪声重构之线性矩阵不等式非线性系统观测器设计[J]. 控制理论与应用, 2014, 31(4): 538-544.

[104] 周东华, 叶银忠. 现代故障诊断与容错控制[M]. 北京: 清华大学出版社, 2000.

[105] 马永梅. 基于 LMI 技术的含输入饱和系统的研究[D]. 沈阳: 东北大学, 2008.

[106] 关威. 基于 LMI 技术的受限系统稳定性分析与容错控制[D]. 沈阳: 东北大学, 2008.

[107] Fan J H, Zheng Z Q, Zhang Y M. Fault-tolerant control for output tracking systems subject to actuator saturation and constant disturbances: An LMI approach[C]. AIAA Guidance, Navigation, and Control Conference, Portland, 2011: 1-15.

[108] 范金华, 郑志强, 吕鸣. 二阶饱和线性系统的线性最优容错吸引域[J]. 控制与决策, 2011, 26(1): 123-128.

[109] Guan W, Yang G H. Adaptive fault-tolerant control of linear systems with actuator saturation and $L_2$-disturbances[J]. Journal of Control Theory and Applications, 2009, 7(2): 119-126.

[110] Gu Z, Yue D, Peng C, et al. Fault tolerant control for systems with interval time-varying delay and actuator saturation[J]. Journal of the Franklin Institute, 2013, 350(2): 231-243.

[111] 胡庆雷, 张爱华, 李波. 推力器故障的刚体航天器自适应变结构容错控制[J]. 航空学报, 2013, 34(4): 909-918.

[112] 霍星, 胡庆雷, 肖冰, 等. 带有饱和受限的挠性卫星变结构姿态容错控制[J]. 控制理论与应用, 2011, 28(9): 1063-1068.

[113] Xiao B, Hu Q L, Zhang Y M. Adaptive sliding mode fault tolerant attitude tracking control for flexible spacecraft under actuator saturation[J]. IEEE Transactions on Control Systems Technology, 2012, 20(6): 1605-1612.

[114] Zuo Z Q, Ho D W C, Wang Y J. Fault tolerant control for singular systems with actuator saturation and nonlinear perturbation[J]. Automatica, 2010, 46(3): 569-576.

[115] Khalil H K. 非线性系统[M]. 3版. 朱义胜, 董辉, 李作渊, 等译. 北京: 电子工业出版社, 2005.

[116] 周丽明. 饱和控制系统理论及应用研究[D]. 哈尔滨: 哈尔滨工程大学, 2009.

[117] 魏爱荣. 饱和控制系统稳定性及干扰抑制研究[D]. 济南: 山东大学, 2006.

[118] 范金华. 针对执行器故障的抗饱和容错控制方法研究[D]. 长沙: 国防科技大学, 2013.

[119] 曹慧超, 李炜. 执行器饱和不确定 NCS 非脆弱鲁棒容错控制[J]. 控制与决策, 2013, 28(12): 1874-1883.

[120] Shen Q, Wang D W, Zhu S Q, et al. Finite-time fault-tolerant attitude stabilization for spacecraft with actuator saturation[J]. IEEE Transactions on Aerospace and Electronic Systems, 2015, 51(3): 2390-2405.

[121] Wang N, Deng Z C. Finite-time fault estimator based fault-tolerance control for a surface vehicle with input saturations[J]. IEEE Transactions on Industrial Informatics, 2020, 16(2): 1172-1181.

[122] Zhang X B, Zhou Z P. Integrated fault estimation and fault tolerant attitude control for rigid spacecraft with multiple actuator faults and saturation[J]. IET Control Theory and Applications, 2019, 13(15): 2365-2375.

[123] Zheng Z, Qian M S, Li P, et al. Distributed adaptive control for UAV formation with input saturation and actuator fault[J]. IEEE Access, 2019, 7: 144638-144647.

[124] 张登峰, 谢德晓, 王宏, 等. 控制输入约束下非线性系统输出反馈容错控制[J]. 南京航空航天大学学报, 2011, 43(S1): 45-49.

[125] Qin H D, Wu Z Y, Sun Y C, et al. Fault tolerant prescribed performance control algorithm for underwater acoustic sensor network nodes with thruster saturation[J]. IEEE Access, 2019, 7: 69504-69515.

[126] 刘利军. 故障诊断与容错控制一体化设计及其在飞行器控制中的应用[D]. 哈尔滨: 哈尔

滨工业大学, 2012.

[127] 曹启蒙. 电传飞机非线性人机闭环系统稳定性问题研究[D]. 西安: 空军工程大学, 2013.

[128] 曹启蒙, 李颖晖, 徐浩军. 考虑作动器速率饱和的人机闭环系统稳定域[J]. 北京航空航天大学学报, 2013, 39(2): 215-219.

[129] 陈廷楠. 飞机飞行性能品质与控制[M]. 北京: 国防工业出版社, 2007.

[130] 翟百臣. 直流 PWM 伺服系统低速平稳性研究[D]. 长春: 中国科学院长春光学精密机械与物理研究所, 2005.

[131] 孟捷. 非线性 PIO 机理及其预测与抑制方法研究[D]. 西安: 空军工程大学, 2010.

[132] 刘继权. 基于速率限制的驾驶员诱发振荡研究[D]. 西安: 西北工业大学, 2011.

[133] 蔡满意. 飞行控制系统[M]. 北京: 国防工业出版社, 2007.

[134] 高浩, 朱培申, 高正红. 高等飞行动力学[M]. 北京: 国防工业出版社, 2004.

[135] Duda H. Effects of rate limiting element in flight control system—A new PIO criterion[R]. AIAA-95-3304, 1995.

[136] Amato L, Verde S. New criteria for the analysis of PIO based on robust stability methods[R]. AIAA-99-4006, 1999.

[137] Chapa M J. A nonlinear pre-filter to prevent departure and/or pilot induced oscillations (PIO) due to actuator rate limiting[D]. Dayton: Air Force Institute of Technology, 1999.

[138] Katayanagi R. Pilot-induced oscillation analysis with actuator rate limiting and feedback control loop[C]. AIAA Guidance, Navigation, and Control Conference, Providence, 2004: 1162-1168.

[139] Biannic J M, Roos C, Tarbouriech S. A practical method for fixed-order anti-windup design[C]. The 7th IFAC Symposium on Nonlinear Control Systems, Pretoria, 2007: 22-24.

[140] 郭玉英. 基于多模型的飞机舵面故障诊断与主动容错控制[D]. 南京: 南京航空航天大学, 2009.

[141] 王发威. 多操纵面飞机飞控系统快速故障诊断与容错控制分配技术研究[D]. 西安: 空军工程大学, 2014.